全国高等职业教育应用型人才培养规划教材

用符号法学
电气控制技术（第2版）

麦崇裔　编著

U0312055

电子工業出版社·

Publishing House of Electronics Industry

北京·BEIJING

内 容 简 介

本书根据高职高专教育的特点和培养目标进行编写,融入了"工学结合"的教学理念,将理论与实践、知识与能力有机结合起来,使学生在做中学、学中做、边学边做、教学做合一,使学生的实践技能和应用技能有较大的提高。

本书共分 5 章,分别是常用低压电器、电气控制系统的基本控制环节、机床电气控制系统、桥式起重机电气控制系统及电气控制系统设计。本书取材丰富、结构严谨、重点突出,特别是采用了独特的符号法分析控制电路工作原理,希望这种简单、直观、清晰、层次分明的方法能够对读者有所启迪和启发。

本书可作为高职高专院校电气自动化、机电一体化、机械制造与自动化、数控技术等专业"电气控制技术"及类似课程的教学用书,也可作为成人教育、电大等相关专业的教材,还可供电气工程技术人员参考。

图书在版编目(CIP)数据

用符号法学电气控制技术/麦崇裔编著.—2 版.—北京:电子工业出版社,2016.8
ISBN 978 – 7 – 121 – 29610 – 9

Ⅰ. ①用… Ⅱ. ①麦… Ⅲ. ①符号法 – 应用 – 电气控制 – 高等职业教育 – 教材 Ⅳ. ①TM921.5

中国版本图书馆 CIP 数据核字(2016)第 181572 号

策划编辑:王昭松
责任编辑:王昭松
印　　刷:北京京海印刷厂
装　　订:北京京海印刷厂
出版发行:电子工业出版社
　　　　　北京市海淀区万寿路 173 信箱　邮编 100036
开　　本:787×1 092　1/16　印张:19　字数:486.4 千字
版　　次:2010 年 4 月第 1 版
　　　　　2016 年 8 月第 2 版
印　　次:2016 年 8 月第 1 次印刷
印　　数:3 000 册　定价:39.80 元

第 2 版前言

　　我国要从"制造大国"向"制造强国"转变，必须加强职业技术教育，培养出大量的应用型、实用型人才、工匠、大师。这就对教育部门提出了更高的要求：首先得有好的教材，其次是提高教书育人的水平。

　　高等职业教育的教材，其核心就是实用性，不追求高深理论，要通俗易懂，能够解决实际问题，且便于自学。因此在本书编写过程中，注重理论结合实际，突出各种电器及电路的常见故障及排除方法，并将理论教学与大量的实训教学穿插进行编排，打破了理论课和实践课互相脱节的现象，使学生在做中学、学中做，边学边做，做到教、学、做合一，使学生的实践技能和应用技能有较大的提升。

　　对于一位电气工匠，首先是要看懂电气原理图，然后才谈得上对设备的操作、维护和保养。通观国内同类书籍，都是采用文字来描述电路图的工作原理的。通常，对于线路的一个动作是如此表述的：在某一电器线路上的某用途第几个电器的某个触点以某种形式动作，使得该电器做某种方式动作。这种描述就非常烦琐，而且表述不清，往往一个并不复杂的电路要花费大量的篇幅才能说得清楚。读者在学习时因要图文对照，故而要不断翻书页观看，相当麻烦。为了解决这个难题，笔者在不断的教学实践中，总结出用符号法分析控制电路工作原理的方法。其优点是简单、直观、清晰、层次分明，各电器触点的作用及动作先后次序一目了然，不会遗漏，易懂易学，而且所占篇幅少，阅读方便。上述线路的一个动作仅用两个符号表示即可。

　　由此可见，本书应是一本培养电气工匠较好的教材。

　　作为教师，应该培养学生具有工匠精神。窃以为，工匠精神可以概括为：摒弃浮躁、精雕细琢、精益求精、善于钻研、追求卓越、勇于创新。在工作中体现为：爱岗敬业、心怀梦想、不懈追求；同时要坚定、踏实、耐得住寂寞，不轻易被困难、困境打倒，最终成为一名大国工匠。

　　在教学方法上，首先要针对不同学生群体的不同理解能力，因材施教。认真备好每一节课，上好每一堂课。每一堂课都要突出一、二个重点，解决一、二个问题。上新课之前先回顾一下上一堂课的主要内容，便于前后连贯、温故知新。下课前总结本堂课的重点所在，应该注意的问题，以利于学生掌握新学的知识，避免胡子眉毛一把抓。讲课前应深入钻研，吃透教材内容，开讲时力求深入浅出，务必使学生理解、掌握所学知识。对于难点、重点内容，可用尽人皆知的电工基础知识讲解，并辅以日常生活现象进行类比，以增强理解能力。例如，在讲述起重机制动下放货物时，用左手定则和右手定则说明工作原理比一般的理论描述要通俗易懂得多。在讲解起重机制动下放货物时，可用人类从高处下放重物时，只要人所施之力与重物的重量相等，便可匀速下放比喻。又如，在讲到起重机倒拉反接制动下放货物时，可比喻为小孩到水井打水时，由于施力不足，反被盛着水的水桶拽着倒拉载入井中，为了不掉入井内，则施以与水桶和水的重量一致之力，使水桶缓缓落入井内。这样的讲解既形象生动、富于趣味性，又贴近主题，使学生更容易理解所学内容。

在进行技能实训时，要求学生在完全了解设备电气原理图工作原理的基础上，熟练、无差错地进行接线、实操。更为关键的是：要模拟设备实际可能出现的故障，认为设置一些故障类点，让学生查找、排除，以培养学生不怕困难、认真细致的工作作风。

最后，上课时不要背对学生，切忌平铺直叙，照本宣科。要注意学生在课堂上的反应，尽量引导学生跟着老师的思路去思考问题，亦可提一些不是太难的问题让学生即席回答，提高学生的注意和兴趣，或以此问题作为下一个知识点的切入点。要安排好各个内容的讲授时间，下课铃响不要再讲下去，否则其效果适得其反。板书时要布置好版面，最好分成若干区分别擦拭，切忌随写随擦，以便于学生做笔记。

只要做到上述几点，就能达到唐代大文学家韩愈倡导的："师者，传道、授业、解惑也"的境界。

以上所说，可能是老生常谈，亦为一家之言，难免有偏颇、谬误之处，敬请广大读者不吝赐教。

编著者

2016 年 6 月

目　录

绪　　论

一、电气控制技术的发展概况

电气控制技术是随着科学技术的不断发展及生产机械对其生产工艺不断提出新的要求而得到飞速发展的。从最早的手动控制发展到自动控制，从简单的控制设备发展到复杂的控制系统，从有触点的硬接线继电器－接触器控制系统发展到以计算机为中心的软件控制系统。随着新的电气元件的不断出现及计算机技术的迅猛发展，电气控制技术仍在持续发展中。现代电气控制技术是计算机技术、自动控制技术、电子技术、精密测量技术等先进科学技术的集大成者。

生产过程中的电气控制技术，其主要控制对象是电动机或执行电器。电动机对生产机械的拖动方式，在早期由一台电动机拖动多台设备，或者一台机床的多个动作由一台电动机拖动，称为集中拖动。随着生产机械功能的增多，结构更加复杂，为了简化机械传动机构，更好地满足设备各部分对拖动电动机机械特性的不同要求，发展成为一台机械的几个运动部件分别由不同的电动机拖动，称为多电机拖动。此时，生产机械的电气控制系统不但可对多台电动机的启动、制动、反转、调速、停车等进行控制，还具有各台电动机间相互协调、联锁、顺序切换、显示工作状态的功能。对于生产过程比较复杂的系统，亦能对各种工艺参数如温度、压力、流量、速度、时间等进行自动测量和自动调节，构成了功能完善的电气自动化系统。

在电力拖动的控制方式方面，早期的自动控制系统是由继电器、接触器、按钮、行程开关等组成的继电器－接触器控制系统。这种控制系统的输入、输出信号只有通和断两种状态，因而这种控制是断续的，不能反映连续变化的信号，所以又称为断续控制系统。该系统具有结构简单、价格低廉、维护容易、抗干扰强等优点。其缺点是采用固定的接线形式，在生产工艺改变时，可能要增、减电气元件并重新布线，控制的灵活性较差；另外，系统为有触点控制，元器件动作频率低，触点易损坏，系统可靠性不高。

机械加工行业为了提高生产率，采用自动生产线加工不同的零部件，生产线承担的加工对象不同，其控制程序就需要改变，使生产线的机械设备按新的工艺流程运行。继电器－接触器控制系统由于采用固定接线，很难适应这个要求。用软件手段来实现各种控制功能，以微处理器为核心的新型工业控制器——可编程控制器（PLC）在 20 世纪 70 年代便应运而生。它把计算机的完备功能、灵活性、通用性好等优点和继电器－接触器控制系统的操作简便、价格低、简单易学等优点结合起来，是一种适应工业环境需要的通用控制装置；并且采用以继电器梯形图为基础的形象编程语言和模块化的软件结构，使编程方法和程序输入方法简化，即使不熟悉计算机的人员也能很快掌握其使用技术。现在 PLC 已作为一种标准化通用设备普遍应用于工业控制，由最初的以逻辑控制为主发展到能进行模拟量控制，具有数字运算、数据处理和通信连网等功能，它已成为电气控制系统中应用最为广泛的控制装置。

20 世纪 70 年代以来，电气控制相继出现了直接数字控制系统（DDC）、柔性制造系统（FMS）、计算机集成制造系统（CIMS）、智能机器人、集散控制系统（DCS）、计算机辅助设计（CAD）、计算机辅助制造（CAM）、现场总线控制系统等多项高新技术，形成了从产品设计、制造到生产管理智能化的完整体系，将电气自动化技术推进到更高的水平。

二、本课程的性质和任务

本课程是一门实用性很强的专业课，主要内容是以电动机或执行电器为控制对象，介绍继电器－接触器控制系统的工作原理，典型机械的电气控制电路及电气控制系统的设计方法。虽然继电器－接触器控制系统简单、功能单一，但从我国目前的国情看，该系统仍然是机械设备和小型生产机械最常用的电气控制方式。而且低压电器正在向小型化、长寿命发展，出现了功能多样的电子式电器，使继电器－接触器控制系统性能不断提高，因此它在今后的电气控制技术中仍然占有相当重要的地位。此外，尽管可编程控制器取代了继电器，但它所取代的主要是逻辑控制部分，而电气控制系统中的信号采集和驱动输出部分仍要由电气元件及控制电路来完成，因此，掌握继电器－接触器控制技术也是学习和掌握可编程序控制器应用技术所必需的基础知识。

本课程的基本任务为：

（1）熟悉常用控制电器的结构、原理、用途，具有合理选择、使用主要控制电器的能力。

（2）掌握继电器－接触器控制系统的基本控制环节，具备阅读和分析电气控制电路工作原理的能力。

（3）熟悉典型设备的电气控制系统，具有从事电气设备安装、调试、维护和管理的能力。

（4）初步掌握设计和改进一般机械设备电气控制电路的基本能力。

第1章 常用低压电器

本章主要介绍常用低压电器的结构、工作原理、规格、型号、用途、使用方法及各种电器的图形符号和文字符号。

1.1 低压电器的基本知识

低压电器是指工作在交流 1200V、直流 1500V 及以下的电路中，以实现对电路或非电对象的控制、检测、保护、变换、调节等作用的电器。采用电磁原理构成的低压电器称为电磁式低压电器；利用集成电路或电子元件构成的低压电器称为电子式低压电器；利用现代控制原理构成的低压电器称为自动化电器、智能化电器或可通信电器。

1.1.1 低压电器的分类

低压电器种类繁多、结构各异、原理不同、用途广泛，有不同的分类法。习惯上按用途可分为以下几类。

1. 低压配电电器

用于供、配电系统中进行电能输送和分配的电器称为低压配电电器，如刀开关、低压断路器、隔离开关、转换开关和熔断器等。对这类电器要求分断能力强、限流效果好、动稳定及热稳定性能好。

2. 低压控制电器

用于各类控制电路和控制系统的电器称为低压控制电器，如转换开关、按钮、接触器、继电器、电磁阀、热继电器、熔断器、各种控制器等。对这类电器要求有一定的通断能力，操作频率高，电气和机械寿命长。

3. 低压主令电器

用于发送控制指令的电器称为低压主令电器，如按钮、主令开关、行程开关、主令控制器、凸轮控制器、万能转换开关等。对这类电器要求操作频率高，电气和机械寿命长，抗冲击。

4. 低压保护电器

用于对电路和电气设备进行安全保护的电器称为低压保护电器，如熔断器、热继电器、电压继电器、电流继电器等。对这类电器要求可靠性高，反应灵敏，具有一定的通/断能力。

5. 低压执行电器

用于执行某种动作和传动功能的电器称为低压执行电器，如电磁铁、电磁离合器等。

低压电器按使用场合可分为一般工业用电器、特殊工矿用电器、航空电器、船用电器、建筑电器、农用电器等；按操作方式可分为手动电器和自动电器；按工作原理可分为电磁式电器、非电量控制电器等，其中电磁式低压电器是应用最广泛、结构最典型的一种。

1.1.2 电磁式低压电器

从结构上看，电器一般由感测部分和执行部分组成。感测部分接收外界输入信号，通过转换、放大、判断，做出相应的反应，使执行部分动作，输出相应的指令，实现对电路通断的控制。对于有触点的电磁式电器，感测部分指电磁机构，执行部分指触点系统。

1. 电磁机构

1）电磁机构的结构形式

电磁机构由吸引线圈，铁芯和衔铁组成。其结构形式按衔铁相对铁芯的运动方式可分为直动式和拍合式两种。图1-1和图1-2分别为直动式和拍合式电磁机构的几种常用结构形式。

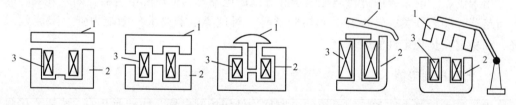

注：1—衔铁；2—铁芯；3—吸引线圈   注：1—衔铁；2—铁芯；3—吸引线圈

图1-1　直动式电磁机构　　　　　　图1-2　拍合式电磁机构

吸引线圈的作用是将电能转换为磁能，按吸引线圈通入电流性质的不同，电磁机构又分为直流电磁机构和交流电磁机构，它们的线圈分别称为直流电磁线圈和交流电磁线圈。对于直流电磁机构：由于铁芯不发热，只有线圈发热，所以线圈一般做成无骨架、高而薄的瘦高型，线圈与铁芯直接接触，以利于线圈散热；铁芯和衔铁用软钢或工程纯铁制成。对于交流电磁机构，除交流电流流过线圈引起发热外，还在铁芯中产生涡流和磁滞损耗，造成铁芯发热，为此，铁芯与衔铁用硅钢片叠制而成；且线圈做成短而厚的矮胖型，并设有骨架，使铁芯和线圈隔开，便于线圈和铁芯散热。另外，根据线圈在电路中的连接方式，又分串联线圈和并联线圈。串联线圈匝数少、线径粗，用做电流线圈；并联线圈匝数多、线径较细，用做电压线圈。

2）电磁机构的工作原理

当电流通过吸引线圈时，电流产生的磁通 Φ 通过铁芯、衔铁和气隙形成闭合回路，如图1-3中虚线所示。衔铁受到电磁吸力，被吸向铁芯，但衔铁受反力弹簧拉力的牵引，只有当电磁吸力大于反力弹簧的拉力时，铁芯才能可靠地吸住衔铁。但电磁吸力不宜过大，否则在吸合时两者会发生严重的撞击。当吸引线圈断电时，电磁吸力消失，衔铁在反力弹簧作用下与铁芯脱离，称衔铁释放。

电磁线圈通入交流电时，每秒有100次瞬间为零，因此电磁机构产生的电磁吸力也随时间从零至最大吸力之间周期变化，其结果将使衔铁每秒发生100次振动，这种振动不但产生很大的噪声，而且很容易损坏电磁机构。为此可在铁芯中加设短路环消除振动。

在交流电磁机构铁芯柱距端面1/3处开一个槽，槽内嵌入铜环，又称短路环或分磁环，如图1-4所示。吸引线圈通入交流电时，由于短路环的作用，在铁芯中产生的磁通分为两部分，即通过短路环的磁通 Φ_2 和不通过短路环的磁通 Φ_1。两部分的磁通存在相位差，它们分别产生的电磁吸力也存在一定的相位差。这样，虽然这两部分的电磁吸力各自都有达到零值的时候，但达到零值的时刻已经错开，二者的合力大于零。只要短路环设计合适，合成电磁吸力始终大于反力弹簧拉力，衔铁吸合时就不会产生振动和噪声。

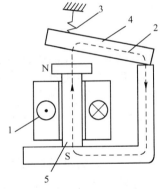

注：1—吸引线圈；2—磁力线；3—反力弹簧；4—衔铁；5—铁芯

图1-3　电磁机构示意图

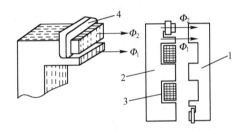

注：1—衔铁；2—铁芯；3—吸引线圈；4—短路环

图1-4　交流电磁机构的短路环

2. 触点系统

触点系统是电磁式电器的执行部分，起接通和断开电路的作用。触点按其所控制的电路可分为主触点和辅助触点。主触点用于接通或断开主电路，允许通过较大的电流；辅助触点用于接通或断开控制电路，只能通过较小的电流。

触点按其原始状态可分为常开触点和常闭触点。在原始状态（吸引线圈未通电）时触点分断，线圈通电后触点闭合，该触点称常开触点，又称动合触点。在原始状态时闭合，线圈通电后分断的触点，称常闭触点，又称动断触点。线圈断电后，所有触点均回到原始状态。无论是常开触点还是常闭触点，它们均由静触头和动触头组成，如图1-5所示。触点分断时，静、动触头分开，触点闭合时，静、动触头接通。

触点按其结构形式可分为桥式触点和指形触点，如图 1 – 5 所示。桥式触点在接通与断开电路时由两个触点共同完成，对灭弧有利。这类结构触点的接触形式一般是点接触和面接触。点接触的每个触点由两个半球形触头构成，如图 1 – 5 （a）所示，或者由一个半球形与一个平面形触头构成，它们适于电流不大且触点压力小的场合，如用做接触器的辅助触点和继电器触点。面接触中每个触点由两个平面触头构成，如图 1 – 5 （b）所示，并在触头表面镶有合金，允许通过较大的电流，作为中小容量接触器的主触点。

图 1 – 5 （c）所示为指形触点，其接触区为一直线，触头在接通与分断时产生滚动摩擦，可以去掉触头表面的氧化膜，故其触头可用纯铜制造，特别适用于触点分合次数多、电流大的场合，如大容量接触器的主触点。

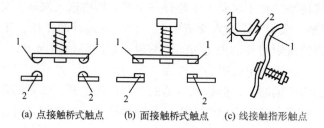

(a) 点接触桥式触点　　(b) 面接触桥式触点　　(c) 线接触指形触点

注：1—动触头；2—静触头

图 1 – 5　触点的结构形式

为使触点具有良好的接触性能，触头常采用铜质材料制成。在使用中，由于铜的表面容易氧化而生成一层氧化铜，使触头接触电阻增大，容易引起触头过热，影响电器的使用寿命。因此，对电流容量较小的电器（如接触器、继电器等），常采用银质材料，因为银的氧化膜电阻率与纯银相似，从而避免因触头表面氧化膜电阻率增加而造成触头接触不良的现象产生。

触点系统通常装有触头弹簧，在触点刚接触时产生初压力，随着触点的闭合压力增大，使接触电阻减小，触点接触更加紧密，并消除触点开始闭合时产生的振动现象。

1.1.3　电弧的产生和灭弧方法

1. 电弧的产生

当电器触点在通电状态下开始分断时，两触头间的间隙 d 很小，电路电压 u 几乎全部降到触头间隙上，使该处电场强度 $E = u/d$ 很高。于是阴极触头的自由电子就会逸出到气隙中，并向阳极触头加速运动，并在前进途中撞击气体原子，使此原子分裂成带负电的电子和带正电的离子。这些电子在向阳极运动时又撞击其他原子，此现象称撞击电离。而正离子则向阴极运动，撞击阴极，使阴极温度逐渐升高。当温度升到一定值后，一部分电子有足够动能从阴极逸出再参与撞击电离，称热电子发射。当温度达到或超过 3000℃时，气体分子热运动速度加快，发生强烈的不规则运动并相互撞击，使中性原子也出现电离，称热游离。于是，在触头间呈现大量向阳极飞驰的电子流，就形成了电弧。

电弧会造成如下危害：延长电器切断故障的时间；由于电弧温度很高，如果长期燃烧，不仅将触头表面金属熔化或蒸发，而且会使触头附近绝缘材料烧坏，引起事故；形成飞弧会造成电源短路。因此，在电器中应采取灭弧措施。

2. 灭弧方法

应当指出，伴随着电离的进行也存在着消电离的现象，主要是通过正、负带电质点的复合完成的。温度越低，带电质点运动越慢，越容易复合。可见，欲使电弧熄灭，应设法降低电场强度和温度，以加强消电离作用，只要电离速度低于消电离速度，则电弧熄灭。据此灭弧原则，有如下几种灭弧装置。

（1）电动力吹弧。图1-6所示为一种桥式结构双断口触点。当触点断开电路时，在断口处产生电弧，电弧电流在两电弧之间产生磁场，其方向用右手螺旋定则决定。再根据左手定则，电弧将受到指向外侧的电动力 F 的作用，使电弧向外运动并被拉长，从而迅速冷却并熄灭，该法多用于小容量交流接触器中。

（2）磁吹式灭弧。如图1-7所示为磁吹式灭弧原理示意图，磁吹线圈由扁铜条弯成，中间装有铁芯，它们间有绝缘套，铁芯两端装有两片铁质的导磁夹板，在灭弧罩内的动静触头就处在夹板间。磁吹线圈和触头串联，负载电流流过触头和磁吹线圈，其方向如图1-7所示。触头刚分断时产生电弧，电弧电流形成的磁场用右手螺旋定则确定，在电弧上方磁通方向是⊙，电弧下方磁通方向是⊗。流过磁吹线圈的电流产生磁通并经过一边夹板，穿过夹板间隙进入另一边夹板而形成闭合磁路，其方向用×表示。两个磁场在电弧上方方向相反，被削弱，在电弧下方方向相同而增强。受磁场力 F 的作用，用左手定则可以判定电弧被向上拉长。引弧角与静触头相连，引导电弧向上快速运动进入灭弧罩中，使其迅速冷却熄灭。此法利用电流灭弧，电流越大，吹弧能力越强，广泛用于直流接触器中。

（3）窄缝灭弧。当触点分断时，电弧在电动力的作用下被拉长，进入灭弧罩的窄缝

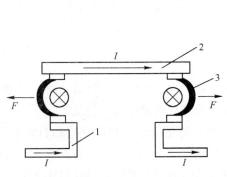

注：1—静触头；2—动触头；3—电弧

图1-6　电动力吹弧原理示意图

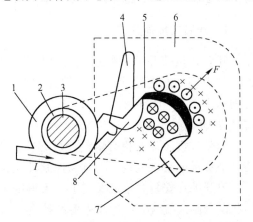

注：1—磁吹线圈；2—绝缘套；3—铁芯；4—引弧角；
5—导磁夹板；6—灭弧罩；7—动触头；8—静触头

图1-7　磁吹式灭弧原理示意图

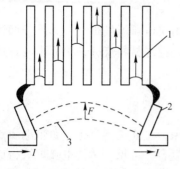

注：1—灭弧栅片；2—触头；3—电弧

图 1 - 8 栅片灭弧原理示意图

中，几条纵缝将电弧分割成数段并与缝壁紧密接触，使电弧受冷却而迅速熄灭。灭弧罩通常用陶土、石棉水泥或耐弧塑料制成。此法多用于交流接触器中。

（4）栅片灭弧。如图 1 - 8 所示为栅片灭弧原理示意图，电弧被电动力推入一组栅片中，被栅片分割成数段。栅片互相绝缘，每片相当于一个电极，每对电极都有 150～250V 的绝缘强度，使整个灭弧栅的绝缘强度大大加强，以致外电压无法维持，电弧迅速熄灭。同时，栅片还能吸收电弧热量，使电弧迅速冷却。

1.2 开关电器

开关电器广泛用于配电系统，用做电源开关，起隔离电源、保护电气设备的作用。也可直接控制小容量电动机的启动、停止和反转。

1.2.1 刀开关

刀开关是低压电器中结构比较简单、应用十分广泛的一类手动操作电器，常用于电路的电源开关、隔离开关和小容量交流异步电动机非频繁启动的操作开关。刀开关的种类很多，按刀的极数不同可分为单极、双极和三极；按灭弧装置不同可分为带灭弧装置和不带灭弧装置；按刀的转换方向不同可分为单掷和双掷；按接线方式不同可分为板前接线和板后接线；按操作方式不同可分为直接手柄操作和远距离联杆操作；按有无熔断器可分为带熔断器式刀开关（负荷开关）和不带熔断器式刀开关（普通刀开关）。在电力拖动控制电路中，最常用的是负荷开关，它又分为开启式与封闭式两种。

1. 开启式负荷开关

开启式负荷开关又称胶壳闸刀开关，如图 1 - 9 所示，它由操作手柄、熔丝、触刀、触刀座和底座组成。普通刀开关和负荷开关在电路图中的图形符号与文字符号分别示于图 1 - 10 和图 1 - 11 中，其中普通刀开关的文字符号为 Q，负荷开关的文字符号为 QS。

开启式负荷开关装有熔丝，可起短路保护作用，主要用于电气照明电路、电热电路、小容量电动机电路的不频繁控制开关，也可作为分支电路的配电开关。

刀开关在安装时手柄要向上，不得倒装或平装，避免由于手柄因重力而自动下落，引起误合闸。接线时，应将电源线接在上端，负载线接在下端。这样，拉闸后刀开关的刀片与电源隔离，既便于更换熔丝，又可防止意外事故发生。HK 系列开启式负荷开关无灭弧装置，分闸和合闸时应动作迅速，使电弧较快熄灭，以防电弧灼伤人手，同时减少电弧对刀片和触刀座的灼损。

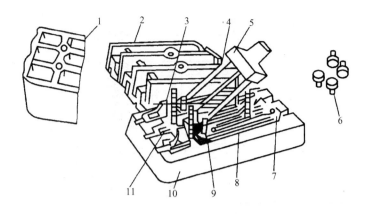

注：1—上胶盖；2—下胶盖；3—插座；4—触刀，5— 宽柄；6—胶盖紧固螺母；
7—出线座；8—熔丝；9—触刀座；10—瓷底板；11—进线座

图1-9　开启式负荷开关的结构图

图1-10　普通刀开关的图形符号与文字符号　　图1-11　负荷开关的图形符号与文字符号

2. 封闭式负荷开关

封闭式负荷开关又称铁壳开关，常用的 HH 系列铁壳开关如图 1-12 所示，它由铸铁或铸钢外壳、触刀、操作机构和熔断器等组成。铁壳开关用于手动不频繁通、断负载的电路，电路末端的短路保护及控制 15kW 以下的交流电动机不频繁直接启动和停止。

铁壳开关的操作机构采用储能合闸方式，在开关上装有速断弹簧，用钩子扣在转轴上。当转动手柄开始分闸（或合闸）时，U 形动触刀并不移动，只拉伸了弹簧，积累了能量。当转轴转到某一角度时，弹簧力使动触刀迅速从静触座中拉开（或迅速嵌入静触座），电弧迅速熄灭，因此具有较高的分、合闸速度。此开关的外壳还装有机械联锁装置，使开关合闸后不能打开箱盖，箱盖打开后不能再合开关，保证了用电安全。

3. 刀开关的主要技术数据和常用型号

刀开关的主要技术数据有如下几个。

（1）额定电压。刀开关在长期工作中能承受的最大电压称为额定电压。一般交流为 500V 以下，直流为 440V 以下。

（2）额定电流。刀开关在合闸位置长期通过的最大工作电流称为额定电流。小电流刀开关的额定电流有 10A、15A、20A、30A、60A 五级；大电流刀开关的额定电流有 100A、200A、400A、600A、1000A、1500A 六级。

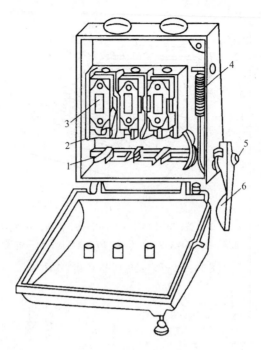

注：1—触刀；2—夹座；3—熔断器；4—速断弹簧；5—转轴；6—手柄

图 1 - 12　铁壳开关的结构图

（3）动稳定电流。当电路发生短路故障时，刀开关不因短路电流产生的电动力作用而发生变形、损坏或触刀自动弹出的现象，此短路电流峰值即为刀开关的动稳定电流，可高达额定电流的数十倍。

（4）热稳定电流。当电路发生短路故障时，刀开关在一定时间（通常为 1s）通过短路电流，不会因温度急剧升高而发生熔焊现象，此短路电流峰值称为刀开关的热稳定电流，可高达额定电流的数十倍。

刀开关常用型号：普通刀开关有 HD14（单投）、HD17（单投）和 HS13（双投）等系列。开启式负荷开关有 HK2. HD13BX 等系列，后者比较先进，操作方式为旋转型。封闭式负荷开关有 HH4、HH10、HH11 等系列。如表 1 - 1 所示为 HK2 系列负荷开关主要技术数据。

表 1 - 1　HK2 系列负荷开关主要技术数据

额定电压/V	额定电流/A	极数	熔断体额定分断能力/A	控制电动机功率/kW	机械寿命/次	电气寿命/次
250	10	2	500	1.1	10 000	2000
	15		500	1.5		
	30		1000	3.0		
500	15	3	500	2.2	10 000	2000
	30		1000	4.0		
	60		1000	5.5		

4. 负荷开关的型号含义

负荷开关的型号含义：

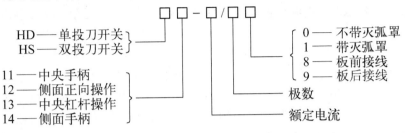

- HD——单投刀开关
- HS——双投刀开关
- 11——中央手柄
- 12——侧面正向操作
- 13——中央杠杆操作
- 14——侧面手柄
- 0——不带灭弧罩
- 1——带灭弧罩
- 8——板前接线
- 9——板后接线
- 极数
- 额定电流

5. 刀开关的选用

（1）根据使用场合，选择刀开关的类型、极数及操作方法。

（2）刀开关的额定电压应大于或等于线路电压。

（3）刀开关的额定电流应大于或等于线路的额定电流。对于电动机负载，开启式负荷开关额定电流可取为电动机额定电流的 3 倍，封闭式负荷开关额定电流可取为电动机额定电流的 5 倍。

6. 倒顺开关

倒顺开关用于控制电动机的正、反转及停车。它由带静触头的基座、带动触头的鼓轮和定位机构组成。开关有三个位置：向左 45°（正转）、中间（停止）、向右 45°（反转）。倒顺开关的图形符号及触点接通表如图 1-13 所示。图 1-13（a）中水平虚线表示操作位置，不同操作位置各对触点的通断状态表示于触点右侧，与虚线相交的位置上涂黑点（或打×）表示接通，没有黑点（或无×）表示断开。触点的通/断状态亦可列表表示，如图 1-13（b）所示，表中的"＋"表示触点闭合，"－"表示触点分断。在电路图中其文字符号为 SA。

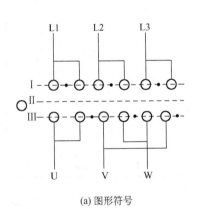

(a) 图形符号

触点 \ 操作位置	Ⅰ 正转	Ⅱ 停止	Ⅲ 反转
L1－U	＋	－	＋
L2－V	＋	－	－
L3－W	＋	－	－
L2－W	－	－	＋
L3－V	－	－	＋

(b) 触点通/断表

图 1-13　倒顺开关的图形符号及触点通/断表

1.2.2 组合开关

组合开关又称转换开关，是一种多触点、多位置、可控制多个回路的电器。一般用于非频繁地通/断电路、电源和负载的互换，测量三相电压及控制小容量异步电动机的正/反转等。

常用的组合开关 HZ10 系列的外形、图形符号与文字符号、结构如图 1-14 所示。开关的三个静触头分别装在三层绝缘垫板上，并附有接线柱，用来与电源和用电设备相接。三个动触头由磷、铜片或硬紫铜片和消弧性能良好的绝缘钢片铆合而成，并和绝缘垫板一起套在附有手柄的绝缘方杆上。绝缘方杆可正向或反向每次做 90°的转动，带动三个动触片与三个静触片接通或分断，实现通、断电路的控制。其主要技术数据见表 1-2。

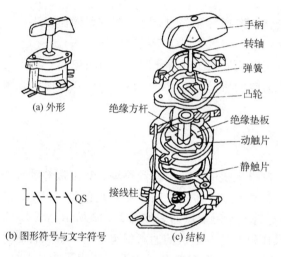

(a) 外形

手柄
转轴
弹簧
凸轮
绝缘方杆
绝缘垫板
动触片
静触片
接线柱

QS

(b) 图形符号与文字符号　(c) 结构

图 1-14　HZ10 系列转换开关

表 1-2　HZ10 系列组合开关主要技术数据

型　号	额定电压 /V	额定电流 /A	极数	极限操作电流/A		可控制电动机最大容量和额定电流		额定电压及额定电流下的通/断次数			
								AC cosφ		直流时间常数/s	
				接通	分断	容量/kW	额定电流 /A	≥0.8	≥0.3	≤0.0025	≤0.01
HZ10-10	DC：220 AC：380	6	单极	94	62	3	7	20 000	10 000	20 000	10 000
		10									
HZ10-25		25	2.3	155	108	5.5	12				
HZ10-60		60									
HZ10-100		100						10 000	5000	10 000	5000

如果组合开关用于控制小容量（7kW 以下）电动机的启动、停止时，其额定电流应为电动机额定电流的 3 倍，如通过组合开关接通电源，其额定电流稍大于电动机额定电流即可。

1.2.3　低压断路器

低压断路器又称自动空气开关或自动空气断路器，是低压配电系统和电力拖动系统中非常重要的电器，它相当于刀开关、熔断器、过电流、欠电压和失电压及热继电器的组合，集多种控制与保护功能于一身，具有操作安全、使用方便、工作可靠、安装简单、分断能力高等优点，而且在分断故障电流后一般不需要更换零部件，因而获得了广泛的应用。

1. 低压断路器的结构

低压断路器由触点系统、灭弧罩、各种脱扣器、自由脱扣机构和操作机构组成，如图 1 – 15 所示。

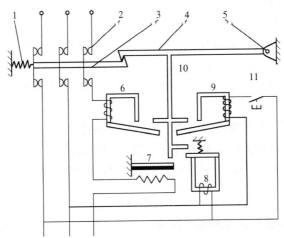

注：1—分闸弹簧；2—主触点；3—传动杆；4—锁扣；5—轴；6—过电流脱扣器；7—热脱扣器；
8—欠电压和失电压脱扣器；9—分励脱扣器；10—杠杆；11—分闸按钮

图 1 – 15　低压断路器的结构原理图

触点系统由主触点和辅助触点组成。主触点由耐弧合金制成，它是低压断路器的执行元件，用来接通和断开主电路；另有常开、常闭辅助触点各一对，发出低压断路器接通或分断的指令。

灭弧罩有相互绝缘的镀铜钢片组成的灭弧栅片，便于在切断短路电流时，加速灭弧和提高断流能力。

各种脱扣器是低压断路器的感测元件，当电路出现故障时，脱扣器感测到故障信号后，经自由脱扣机构使主触点分断，从而起到保护作用。

自由脱扣机构是用来连接操作机构和主触点的机构，当操作机构处于闭合位置时，也可以操作分励脱扣器进行脱扣，将主触点分断。

操作机构是实现低压断路器闭合、分断的机构。电力拖动控制系统用的断路器通常采用手动操作机构，低压配电系统用的断路器采用电磁铁或电动机操作机构。

2. 低压断路器的工作原理

当手动合闸或电动合闸后，经操作机构使主触点的动、静触头闭合，此时传动杆由锁扣钩住。保持主触点的闭合状态，同时分闸弹簧被拉伸。下面介绍电路出现故障时各脱扣器是如何起保护作用的。

（1）过电流脱扣器。过电流脱扣器的线圈串联于主电路，线圈通过工作电流产生的电磁吸力不足以使其衔铁吸合，此时三对主触点闭合。当严重过载或短路时，过电流脱扣器的电磁吸力大增，将衔铁吸合并向上撞击杠杆，使锁扣脱离传动杆，在分闸弹簧的反力的作用下，将三对主触点的动触头拉开，实现自动分闸，达到切断电路的目的。

（2）欠压和失压脱扣器。当电路电压正常时，欠压和失压脱扣器并联于电源的线圈，产生正常的电磁吸力，其衔铁被吸合，衔铁与杠杆脱离，主触点闭合。电路电压下降或消失时，欠压或失压脱扣器的吸力减少或消失，衔铁释放，向上撞击杠杆，使锁扣脱离传动杆，主触点分断，实现自动分闸。它作为电动机的失压保护用。

（3）热脱扣器。热脱扣器的热元件串联在主电路中，当热元件流过工作电流时，热元件发热，使双金属片受热微微弯曲，但不足以撞击杠杆，主触点闭合。当受控电路长期过载时，双金属片因受热而严重弯曲，向上推动杠杆，使锁扣脱离传动杆，主触点分断，从而切断电路，使用电设备不因过载而烧毁。分闸后要经过 1～3min，待双金属片冷却复位后才能再合闸。

（4）分励脱扣器。当需要断开电路时，按下分闸按钮，分励脱扣器线圈通入电流，产生电磁吸力吸合其衔铁，向上撞击杠杆，使锁扣脱离传动杆，主触点分断。它只用于远距离控制分闸，对电路不起保护作用。当在工作场所发生人身触电事故时，可远距离切断电源，进行保护。

3. 低压断路器的主要技术数据和类型

低压断路器的主要技术数据有：额定电压、额定电流、极数、脱扣器类型、整定电流范围、分断能力、动作时间等。国产 DW15 系列低压断路器主要技术数据见表 1－3。

表 1－3　DW15 系列低压断路器主要技术数据

型　号	额定电压/V	额定电流/A	额定短路接通分断能力/kA					外形尺寸/mm（宽×高×深）
			电压/V	接通最大值	分断有效值	cosφ	短延时最大延时/s	
DW15－200	380	200	380	40	20	—	—	242×420×341 386×420×316
DW15－400	380	400	380	52.5	25	—	—	242×420×341 386×420×316
DW15－630	380	630	380	63	30	—	—	242×420×341 386×420×316
DW15－1000	380	1000	380	84	40	0.2	—	441×531×508
DW15－1600	380	1600	380	84	40	0.2	—	441×531×508
DW15－2500	380	2500	380	132	60	0.2	0.4	687×571×631 897×571×631
DW15－4000	380	4000	380	196	80	0.2	0.4	687×571×631 897×571×631

低压断路器种类繁多，按用途和结构特点可分为以下几种。

（1）框架式低压断路器（万能式低压断路器）：具有绝缘衬底的框架结构底座，将所有的构件组装在一起，常用于配电电网的保护，主要型号为 DW10 和 DW15 系列。

（2）塑料外壳式低压断路器（装置式低压断路器）：具有用模压绝缘材料制成的封闭式外壳，将所有构件组装在一起，用做配电电网的保护和电动机、照明电路及电热器等的控制开关，主要型号有 DZ5、DZ10、DZ20 系列。

（3）直流式快速断路器：具有快速电磁铁和强有力的灭弧装置，最快动作时间在 0.02s 内，用于半导体整流元件和整流装置的保护，主要型号有 DS 系列。

（4）限流式断路器：利用短路电流产生的巨大电动吸力使触点迅速分断，能在交流短路电流尚未达到峰值之前把故障电路切断，避免出现最大短路电流，适用于要求分断能力较高的场合（可分断高达 70kA 短路电流的电路），主要型号有 DWX15、DZX10 系列。

4. 低压断路器的型号含义、图形符号与文字符号

低压断路器的型号含义：

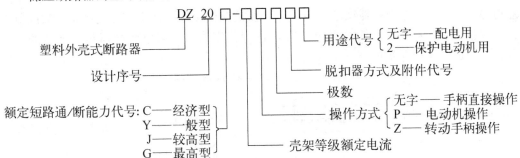

低压断路器的图形符号与文字符号如图 1-16 所示。

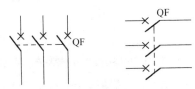

图 1-16　低压断路器的图形符号与文字符号

5. 低压断路器的选择

（1）低压断路器的额定电压应大于或等于线路的额定电压。

（2）低压断路器的额定电流应大于或等于线路或设备的额定电流。

（3）低压断路器的通/断能力应大于或等于线路中可能出现的最大短路电流。

（4）欠电压和失电压脱扣器的额定电压等于线路额定电压。

（5）分励脱扣器的额定电压等于控制电源电压。

（6）长延时电流整定值等于电动机额定电流。

（7）瞬时整流电流：对于保护笼型异步电动机的低压断路器，瞬时整定电流为电动

机额定电流的 8～15 倍，对于保护绕线型异步电动机的低压断路器，瞬时整定电流为电动机额定电流的 3～6 倍。

6. 漏电保护式低压断路器

漏电保护式低压断路器（漏电自动开关）是为了防止低压电路发生人身触电、设备漏电事故的一种电器，当发生上述事故时能迅速切断故障电路，从而避免人身和设备受到伤害。它实际上是装有检漏保护元件的装置式低压断路器，常见的有电磁式电流动作型、电压动作型和晶体管（集成电路）电流动作型几种。

电磁式电流动作型漏电自动开关原理图如图 1-17 所示。其结构是在一般的装置式低压断路器中增加一个能检测漏电的感测元件（零序电流互感器）和漏电脱扣器。从图 1-17 可见，主电路的三相导线一起穿过零序电流互感器的环形铁芯，零序电流互感器输出端和漏电脱扣器线圈相接，漏电脱扣器的衔铁被用永久磁铁制成的铁芯吸住，拉紧了释放弹簧。电路正常运行时，各相电流的相量和为零，零序电流互感器二次侧无输出，漏电脱扣器不动作。当出现漏电或人身触电事故时，漏电或触电电流通过大地回到变压器中性点，因而三相电流的相量和不为零，零序电流互感器的二次回路中就产生感应电流 I_s，这时漏电脱扣器铁芯中出现 I_s 产生的交变磁通，此交变磁通的正半波或负半波总要抵消永久磁铁对衔铁的吸力，当 I_s 达到一定值时，漏电脱扣器释放弹簧的反力使衔铁释放，主电路被断开。

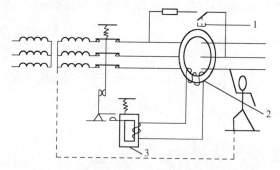

注：1—试验按钮；2—零序电流互感器；3—漏电脱扣器

图 1-17　电磁式电流动作型漏电自动开关原理图

为了检测漏电开关的动作可靠性，设有试验按钮，该按钮和与人体电阻值相等的电阻串联后，跨接于两相之间。在漏电开关闭合后，按下试验按钮，如果开关断开，则证明漏电开关正常。

1.3　接触器

接触器是用来远距离频繁接通和断开交、直流主电路及大容量控制电路的一种自动切换电器，其主要控制对象是电动机、电热设备、电焊机等。它具有操作频率高、工作可靠、价格便宜、维护方便等优点，并能实现远距离操作和自动控制。

接触器按其主触点控制的电流种类分，有交流接触器和直流接触器。它们的线圈电流种类既有与各自主触点电流相同的，也有不同的，如用于重要场合的交流接触器，为了工作可靠，其线圈可采用直流励磁方式。

按其主触点的极数（即个数）分，直流接触器有单极和双极两种，交流接触器有三极、四极和五极三种。

按其电压线圈工作电压的种类分，有交流、直流和交直流两用三种。

1.3.1 交流接触器

1. 交流接触器的结构

交流接触器主要由电磁机构、触点系统和灭弧装置三部分组成，其外形与结构示意图如图 1-18 所示。

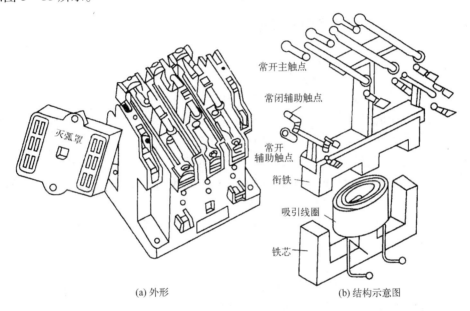

(a) 外形   (b) 结构示意图

图 1-18 交流接触器的外形与结构示意图

电磁机构由线圈、铁芯和衔铁组成，铁芯一般都是双 E 形衔铁直动式，有的衔铁采用绕轴转动的拍合式。

触点系统由主触点和辅助触点组成。主触点用于接通和断开主电路或大电流电路，它有桥式触点和指形触点两种。辅助触点用于控制电路中接通或断开其他元件的电路及实现电气联锁。

大容量接触器常采用纵缝灭弧罩及灭弧栅片灭弧，小容量接触器常采用电动力吹弧或灭弧罩灭弧。

2. 交流接触器的工作原理

接触器线圈通电后产生磁场，使铁芯产生大于反作用弹簧弹力的电磁吸力，将衔铁吸合，使常开触点闭合，常闭触点分断。当接触器线圈断电或电压显著下降时，电磁吸力消失或过小，触点在反作用弹簧反力作用下恢复原始状态。

1.3.2 直流接触器

直流接触器主要用于远距离接通和断开直流电路，还用于直流电动机的频繁启动、停止、反转和反接制动。直流接触器的结构和工作原理与交流接触器基本相同，亦由电磁机构、触点系统和灭弧装置组成。电磁机构采用沿棱角转动拍合式铁芯，由于线圈中通入直流电，铁芯不会产生涡流，可用整块铸铁或铸钢制成，不需要短路环。触点系统有主触点和辅助触点，主触点通断电流大，采用滚动接触的指形触点；辅助触点通断电流小，采用点接触的桥式触点。由于直流电弧比交流电弧难以熄灭，故直流接触器采用磁吹灭弧装置和石棉水泥灭弧罩。直流接触器因通入直流电，吸合时没有冲击启动电流，不会产生猛烈撞击现象，因此使用寿命长，适宜操作频繁的场合。

1.3.3 接触器的主要技术数据及型号

1. 接触器的主要技术数据

（1）额定电压。接触器额定电压是指主触点正常工作的额定电压，即主触点所在电路的电源电压。交流接触器的额定电压等级有：127V、220V、380V、660V，直流接触器的额定电压等级有：110V、220V、440V、660V。

（2）额定电流。接触器额定电流是指主触点的额定电流。交流接触器的额定电流等级有：10A、20A、40A、60A、100A、150A、250A、400A、600A，直流接触器的额定电流等级有：40A、80A、100A、150A、250A、400A、600A。

（3）线圈的额定电压。线圈的额定电压指接触器吸引线圈正常工作电压值。交流线圈额定电压等级有：36V、127V、220V、380V，直流线圈额定电压等级有：24V、48V、110V、220V、440V。

（4）允许操作频率。允许操作频率指接触器在每小时内可实现的最多操作次数。交、直流接触器额定操作频率分别为：600次/小时、1200次/小时。

（5）机械寿命和电气寿命。机械寿命是指接触器在需要修理或更换机构零件前所能承受的无载操作次数。电气寿命是指在规定的正常工作条件下，接触器不需要修理或更换机构零件前的有载操作次数。

（6）接触器线圈的启动功率和吸持功率。交流接触器的启动视在功率为吸持视在功率的5～8倍，直流接触器的启动功率与吸持功率相同，吸持功率即线圈的工作功率。

（7）主触点的接通和分断能力。主触点的接通和分断能力指主触点在规定的条件下能可靠地接通和断开电路的电流值。此时，主触点接通不发生熔焊，分断时不会产生长时间的燃弧。

接触器使用类别不同，即用于不同负载时，对主触点的接通和分断能力要求也不同。常见的接触器使用类别、典型用途及主触点的接通和分断能力见表1－4。

表1-4　常见接触器使用类别、典型用途及主触点的接通和分断能力

电流种类	使用类别	主触点接通和分断能力	典型用途
AC（交流）	AC1	允许接通和断开额定电流	无感或微感负载，电阻炉
	AC2	允许接通和断开4倍额定电流	绕线型异步电动机的启动和制动
	AC3	允许接通6倍额定电流和断开额定电流	笼型异步电动机的启动和运转中断开
	AC4	允许接通和断开6倍额定电流	笼型异步电动机的启动、反转、反接制动和点动
DC（直流）	DC1	允许接通和断开额定电流	无感或微感负载，电阻炉
	DC3	允许接通和断开4倍额定电流	并励直流电动机的启动、反转、反接制动和点动
	DC5	允许接通和断开4倍额定电流	串励直流电动机的启动、反转、反接制动和点动

国产部分 CJ20 系列交流接触器主要技术数据见表1-5。

表1-5　部分 CJ20 系列交流接触器主要技术数据

型　号	极　数	额定工作电压/V	额定工作电流/A	额定操作频率AC3/次/小时	寿命/万次 机械	寿命/万次 电气	380、AC3类工作制下控制电动机功率/kW	辅助触点组合
CJ20-10		220	10	1200			2.2	1开3闭
		380	10	1200			4	2开2闭
		660	5.8	600			7	3开1闭
CJ20-16		220	16	1200			4.5	
		380	16	1200			7.5	
		660	13	600			11	
CJ20-25	3	220	25	1200	1000	100	5.5	2开2闭
		380	25	1200			11	
		660	16	600			13	
CJ20-40		220	40	1200			11	
		380	40	1200			22	
		660	25	600			22	

2. 接触器的型号含义、图形符号与文字符号

接触器的型号含义：

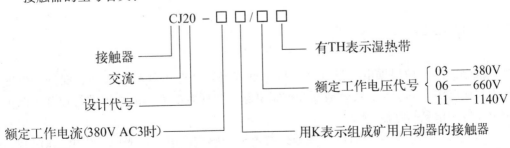

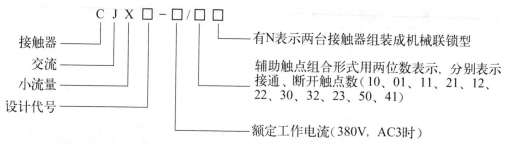

交、直流接触器的图形符号与文字符号如图 1-19 所示。

图 1-19　交、直流接触器的图形符号与文字符号

3. 接触器的选用

（1）根据负载电流的种类来决定选择交流接触器还是直流接触器。三相交流系统中一般选用三极交流接触器，当需要同时控制中线时，则选用四极交流接触器，单相交流系统和直流系统中常用二极接触器或三极接触器。一般场合选用电磁式接触器，易燃易爆场合应选用防爆型或真空接触器。

（2）根据接触器所控制负载的工作任务（轻任务、一般任务和重任务）来选择相应使用类别的接触器。如果负载是一般任务，则选用 AC3 使用类别；如果负载为重任务，则选用 AC4 类别；如果负载为一般任务与重任务混合，则可根据实际情况选用 AC3 或 AC4 类别，如选用 AC3 类别时，接触器的容量应降低一级使用。

（3）根据负载功率和操作情况来确定接触器主触点的电流等级。当接触器使用类别与所控制负载的工作任务相对应时，一般按控制负载电流值来决定主触点的额定电流值，若不对应，应降低主触点电流等级使用。

（4）根据接触器主触点接通与断开主电路电压等级来决定接触器的额定电压。

（5）接触器吸引线圈的额定电压由所接控制电路电压确定。

（6）接触器触点数和种类应满足主电路和控制电路要求。

1.4　继电器

继电器是一种根据电气量（如电压、电流等）或非电气量（如热、时间、温度、压力、速度等）的变化，接通或断开控制电路，实现对电力拖动装置进行控制、保护、调节及传递信息的电器。

继电器种类繁多。按动作原理分，有电磁、感应、电动、光电、压电、电子、时间、热继电器；按输入量不同分，有交流、直流、电压、电流、速度、温度、压力继电

器；按动作时间分，有瞬时、延时继电器。下面介绍几种常用的继电器。

1.4.1 电磁式继电器

1. 电磁式继电器的结构

电磁式继电器的结构和工作原理与电磁式接触器相似，其结构图如图 1 - 20 所示。它由电磁机构和触点系统组成。因继电器的触点均接在控制电路中，电流小，其触点额定电流不超过 5A，无须再设灭弧装置。但继电器为满足控制要求，需调节动作参数，故有调节装置。

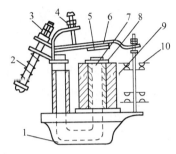

交流继电器的电磁机构有 U 形拍合式、E 形自动式、螺管式等结构，铁芯与衔铁由硅钢片叠制而成，且在铁芯柱端面上嵌有短路环。直流继电器的电磁机构均为 U 形拍合式，铁芯和衔铁同为电工软铁制成，为了改变衔铁闭合后的气隙，在衔铁内侧面上装有非磁性垫片，铁芯铸在铝基座上。

注：1—底座；2—反作用弹簧；3、4—调节螺钉；
5—非磁性垫片；6—衔铁；7—铁芯；
8—极靴；9—电磁线圈；10—触点系统

图 1 - 20　电磁式继电器结构图

继电器的触点通常为桥式触点，有常开和常闭两种。

为了改变继电器的动作参数，应设有改变继电器反作用弹簧松紧程度的调节螺钉和改变衔铁释放时初始状态磁路气隙大小的非磁性垫片。

2. 继电器的特性

继电器的特性是指继电器的输出量 Y 随输入量 X 变化的关系，即输入 – 输出特性。这种特性为跳跃式回环特性，又称"继电特性"，如图 1 - 21 所示。对于电磁式继电器，输入量为线圈的电压或电流，输出量为衔铁的移动位置。

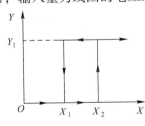

图 1 - 21　继电特性曲线

当继电器输入量 X 由零增加超过 X_1 并增至 X_2 之前，继电器输出量 Y 为零。当 X 增至 X_2 时，继电器吸合，输出量为 Y_1，如 X 再增大，$X > X_2$，输出量保持 Y_1 不变。当 X 减小到 $X < X_2$，输出量仍为 Y_1，当 X 减小到 X_1 时，继电器释放，输出量由 Y_1 突降为零。X 再减小，$X < X_1$，Y 值均为零。X_2 为继电器吸合值，欲使继电器吸合，输入量必须等于或大于 X_2；X_1 为继电器的释放值，欲使继电器释放，输入量必须等于或小于 X_1，$X_1 < X_2$。

3. 电磁式继电器的主要技术数据

（1）额定参数。继电器的线圈在正常时允许的电压值称为继电器的额定电压。触点在正常工作时允许通过的电流称为继电器的额定电流。

（2）动作参数。动作参数指继电器的吸合值与释放值。对于电压继电器，有吸合电压与释放电压；对于电流继电器，有吸合电流与释放电流。

（3）整定值。根据控制要求，对继电器的动作参数进行人为调整的数值称整定值。

（4）返回系数。返回系数 K 是继电器释放值与吸合值之比，$K = X_1/X_2$。K 值的大小可通过调节反作用弹簧的松紧程度（拧紧弹簧时 K 增大，放松时 K 减小），或调整铁芯与衔铁间非磁性垫片的厚度（增厚时 K 增大，减薄时 K 减小）来实现。不同场合要求不同的 K 值。例如，一般的继电器要求具有较小的返回系数，$K = 0.1 \sim 0.4$，这样当继电器吸合后，输入量波动较大时不致引起误动作，即继电器不会释放。欠电压继电器则要求较大的返回系数，$K > 0.6$，设某欠电压继电器 $K = 0.66$，吸合电压为额定电压的90%，则电压低于额定电压的60%时，继电器释放，起到欠电压保护作用。

（5）动作时间。动作时间有吸合时间和释放时间两种。吸合时间是指从线圈接收电信号至衔铁完全吸合所需时间，一般电磁式继电器动作时间为 $0.05 \sim 0.2\text{s}$，小于 0.05s 为快速动作继电器，大于 0.2s 为延时动作继电器。释放时间是指从线圈断电到衔铁完全释放所需的时间。

4. 电磁式继电器的型号含义、图形符号与文字符号

电磁式继电器的型号含义：

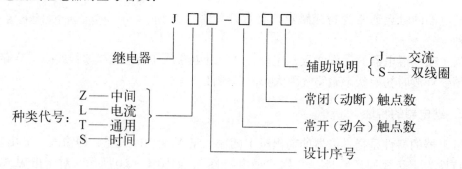

电磁式继电器的图形符号与文字符号如图 1-22 所示。

图 1-22　电磁式继电器的图形符号与文字符号

5. 电磁式电流继电器

输入量为电流的继电器称电流继电器。电流继电器的线圈串联在被测电路中，根据流过线圈的电流大小而动作。线圈的导线粗，匝数少，阻抗小。电流继电器按吸合电流大小可分为过电流继电器和欠电流继电器。

（1）过电流继电器。正常工作时，过电流继电器线圈流过额定电流 I_N，衔铁仍处于释放状态；当流过线圈的电流超过额定电流一定值时，衔铁被吸合，使常闭触点分断，从

而切断被控电路，起过电流保护作用。通常，交流过电流继电器吸合电流调节范围为 $(1.1 \sim 4) I_{\mathrm{N}}$，直流过电流继电器吸合电流调节范围为 $(0.75 \sim 3.5) I_{\mathrm{N}}$。

（2）欠电流继电器。正常工作时，欠电流继电器线圈流过负载额定电流，衔铁吸合；当负载电流降低至继电器释放电流时，衔铁释放，使常开触点分断，从而切断被控电路，起欠电流保护作用。直流欠电流继电器吸合电流调节范围为 $(0.3 \sim 0.65) I_{\mathrm{N}}$，释放电流调节范围为 $(0.1 \sim 0.2) I_{\mathrm{N}}$。

（3）电流继电器的主要技术数据、图形符号与文字符号。

JL18 系列电流继电器主要技术数据见表 1-6。

表 1-6　JL18 系列电流继电器主要技术数据

型　号	线圈额定值		结构特征
	工作电压/V	工作电流/A	
JL18-1.0		1.0	
JL18-1.6		1.6	
JL18-2.5		2.5	
JL18-4.0		4.0	
JL18-6.3		6.3	
JL18-10		10	触点工作电压：
JL18-16		16	交流 380V
JL18-25	交流 380	25	直流 220V
JL18-40	直流 220	40	发热电流 10A
JL18-63		63	可手动及自动复位
JL18-100		100	
JL18-160		160	
JL18-250		250	
JL18-400		400	
JL18-630		630	

电流继电器线圈的图形符号与文字符号如图 1-23 所示，其触点的图形符号与图 1-22 相同，文字符号与线圈相同。

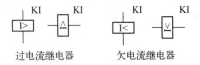

图 1-23　电流继电器线圈的文字符号与图形符号

6. 电磁式电压继电器

输入量为电压的继电器称为电压继电器。电压继电器的线圈并联在被测电路中，根据线圈两端电压大小而动作。线圈的匝数多，导线细。电压继电器按吸合电压相对其额定电压的大小可分为过电压继电器、欠电压或零电压继电器。

（1）过电压继电器。当加于过电压继电器的线圈电压为额定电压时，衔铁不吸合；

当线圈电压高于额定值时，衔铁才吸合动作，使常闭触点分断，从而切断电路，起过电压保护作用。当线圈所接电路电压降低到继电器释放电压时，衔铁才释放。交流过电压继电器吸合电压调节范围为 $(1.05 \sim 1.2) U_N$（U_N 为额定电压）。

（2）欠电压或零电压继电器。当加于欠电压或零电压继电器线圈的电压低于并接近其额定电压某一电压值时，衔铁吸合；当线圈电压很低或失压时，衔铁释放，使常开触点分断，从而切断被控电路，起欠电压或零电压保护作用。通常交流欠电压或零电压继电器的吸合电压调节范围为 $(0.6 \sim 0.85) U_N$，释放电压调节范围为 $(0.1 \sim 0.35) U_N$；直流欠电压或零电压继电器的吸合电压调节范围为 $(0.3 \sim 0.5) U_N$，释放电压调节范围为 $(0.07 \sim 0.2) U_N$。

过电压与欠电压继电器线圈的图形符号与文字符号如图 1－24 所示，其触点的图形符号与图 1－22 相同，文字符号与线圈相同。

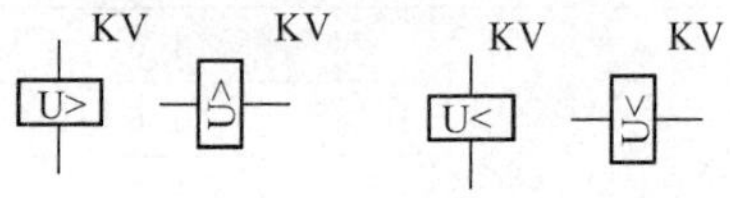

图 1－24　过电压与欠电压继电器线圈的图形符号与文字符号

7. 电磁式中间继电器

电磁式中间继电器实质是一种电磁式电压继电器，其特点是触点数量较多，在电路中起增加触点数量和信号放大的作用。由于中间继电器只要求线圈电压为零时能可靠释放，对动作参数无要求，故不设调节装置。中间继电器各触点允许通过 5A 电流，对于工作电流小于 5A 的电路，可用其代替接触器直接通、断负载，如用于直接启动小型电动机或接通电磁阀、气阀线圈等。

常用的中间继电器的主要技术数据见表 1－7。中间继电器的图形符号与文字符号与图 1－22 一致。

表 1－7　JZ7 系列中间继电器主要技术数据

型　　号	触点额定电压 /V	触点额定电流 /A	触点对数		吸引线圈电压/V	额定操作频率次数/小时
			常开	常闭		
JZ7－44			4	4		
JZ7－62	500	5	6	2	交流 50Hz 时 12，36，127，220，380	1200
JZ7－80			8	0		

新型中间继电器使用指形触点，有的还装上防尘罩或使用密封结构。有些中间继电器安装在插座上，插座有多种形式可供选择；有些可直接安装在导轨上，安装和拆卸均很方便。常用的有 JZ18、MA、KH5、RT11 等系列。

8. 电磁式继电器的选用

（1）继电器的典型用途是控制接触器的线圈，即控制交、直流电磁铁。故继电器使用类别为：AC11 控制交流电磁铁负载，DC11 控制直流电磁铁负载。

（2）继电器在对应使用类别下，选用电流继电器时，应使线圈的电流种类和等级与负载电路一致；选用电压继电器时，线圈的电流种类和电压等级应与控制电路一致。

（3）继电器工作制应与其使用场合工作制一致，且继电器额定操作频率应高于实际使用场合操作频率。

（4）应根据控制要求调节电压和电流继电器的返回系数。一般使用增加衔铁吸合后的气隙、减小衔铁打开后的气隙或适当拧紧反作用弹簧等措施来达到增大返回系数的目的。

（5）根据控制电路的要求选触点的类型（常开或常闭）和数量。

1.4.2 时间继电器

从接收到输入信号（如线圈的通电或断开）开始，经过一定延时后才输出信号（触点的闭合或分断）的继电器，称为时间继电器。它是按整定时间长短进行动作的控制电器，用在需按时间顺序进行控制的电气控制电路中。

时间继电器种类很多，按工作原理可分为电磁式、电动式、空气阻尼式、晶体管式和数字式等；按延时方式可分为通电延时型和断电延时型。对于通电延时型，当接收输入信号后，延迟一定时间，其常开触点闭合，常闭触点分断，输出信号才发生变化；当输入信号消失，其常开触点瞬时分断，常闭触点瞬时闭合，输出立即复原。对于断电延时型，当接收输入信号后，其常开触点瞬时闭合，常闭触点瞬时分断，瞬时产生相应的输出信号；当输入信号消失，延迟一定时间，其常开触点分断，常闭触点闭合，输出信号才复原。

1. 直流电磁式时间继电器

直流电磁式时间继电器是在电磁式电压继电器铁芯上套一个阻尼铜套，如图 1-25 所示。

由电磁感应定律可知，在继电器通电、断电过程中，铜套内将感生涡流，阻碍穿过铜套内的磁通变化，因而对原磁通起到阻尼作用。当继电器通电吸合时，由于衔铁处于释放状态，气隙大、磁阻大、磁通小，阻尼铜套作用也小，因此衔铁吸合时的延时不显著，一般可忽略不计。当继电器断电时，因衔铁处于吸合位置，气隙小，故磁阻小，磁通变化大，铜套阻尼作用也大，使磁通降至衔铁释放所需磁通的时间延长，衔铁延迟释放，相应触点延时动作，其延时时间为 0.3～5s。

延时时间长短可用改变铁芯与衔铁间非磁性垫片的厚薄（粗调）或改变反作用弹簧的松紧（细调）来调节。垫片厚则延时短，反之则长；反作用弹簧紧则延时短，反之则长。

直流电磁式时间继电器具有结构简单、寿命长、允许通电次数多等优点，但只适用于直流电路，且仅获得断电延时，延时时间短，精

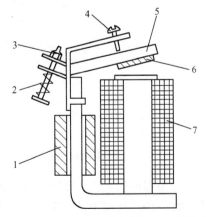

注：1—阻尼套筒；2—反作用弹簧；3—调节螺母；
4—调节螺钉；5—衔铁；6—非磁性垫片；
7—电磁线圈

图 1-25　直流电磁式时间继电器

度不高。JT3 系列直流电磁式时间继电器主要技术数据见表 1－8。

表 1－8　JT3 系列直流电磁式时间继电器主要技术数据

型　　号	吸引线圈电压/V	触点组合及数量（常开、常闭）	延时/s
JT3－□□/1	12、24、48、110、220、440	11、02、20、03、12、21、04、40、22、13、31、30	0.3～0.9
JT3－□□/3			0.8～3.0
JT3－□□/5			2.5～5.0

注：表中型号 JT3－□□后面之 1、3、5 表示延时类型（1s、3s、5s）。

2. 空气阻尼式时间继电器

1）空气阻尼式时间继电器的结构与工作原理

空气阻尼式时间继电器由电磁机构、延时机构和触点系统三部分组成，它是利用空气阻尼原理达到延时目的的。延时方式有通电延时和断电延时两种。其外观区别在于：衔铁位于铁芯和延时机构之间的为通电延时型；铁芯位于衔铁和延时机构之间的为断电延时型。如图 1－26 所示为 JS7－A 系列空气阻尼式时间继电器结构原理图。现以通电延时型为例说明其工作原理。

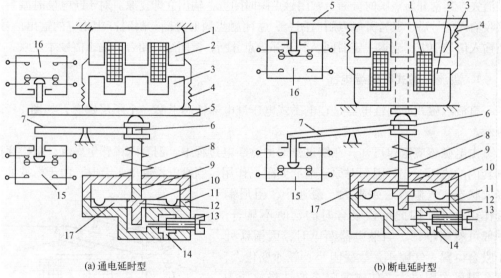

(a) 通电延时型　　　　　　　　　　　　　(b) 断电延时型

注：1—线圈；2—铁芯；3—衔铁；4—反力弹簧；5—推板；6—活塞杆；7—杠杆；8—塔形弹簧；9—弱弹簧；
10—橡皮膜；11—气室壁；12—活塞；13—调节螺钉；14—进气孔；15、16—微动开关；17—气室

图 1－26　JS7－A 系列空气阻尼式时间继电器结构原理图

当线圈通电后，铁芯将衔铁吸合，活塞杆在塔形弹簧的作用下，带动活塞及橡皮膜向上移动。使橡皮膜下方气室空气变得稀薄，形成负压。活塞杆只能缓慢向上移动，其移动速度由进气孔气隙大小决定。经过一段延时后，橡皮膜上下方的压差减少，活塞杆移动加快，通过杠杆压动微动开关（15），令其触点动作。延时时间为线圈通电时起到微动开关动作为止的时间。

当线圈断电时，衔铁在反力弹簧的作用下将活塞推向最下端，橡皮膜下方空气室内

的空气通过活塞肩部所形成的单向阀经上气室缝隙迅速排出，使活塞杆、杠杆、微动开关（15）迅速复位。

微动开关（16）在线圈通电或断电时，在推板的作用下都能瞬时动作，其触点为时间继电器的瞬动触点。

空气阻尼式时间继电器具有结构简单、寿命长、延时范围较大、价格低廉的优点。但其延时精度较低，适用于对延时精度要求不高的场合。

2）空气阻尼式时间继电器主要技术数据及常用型号

空气阻尼式时间继电器常用有 JS7、JS23、JSK 等系列产品。JS7-A 系列空气阻尼式时间继电器主要技术数据见表 1-9。

表 1-9   JS7-A 系列空气阻尼式时间继电器主要技术数据

型　　号	吸引线圈电压/V	触点额定电压/V	触点额定电流/A	延时范围/s	延时触点				瞬动触点	
					通电延时		断电延时		常开	常闭
					常开	常闭	常开	常闭		
JS7-1A	24, 36, 110, 127, 220, 380, 440	380	5	均有 0.4～60 和 0.4～180 两种产品	1	1	—	—	—	—
JS7-2A					1	1	—	—	1	1
JS7-3A					—	—	1	1	—	—
JS7-4A					—	—	1	1	1	1

注：① 表中型号 JS7 后面的 1A～4A 是区别通电延时或断电延时的，以及是否带瞬动触点；

② JS7-A 为改型产品，体积小。

JS23 系列空气阻尼式时间继电器主要技术数据，输出触点形式及组合见表 1-10 和表 1-11。

表 1-10   JS23 系列空气阻尼式时间继电器主要技术数据

型　　号	额定电压/V		最大额定电流/A		线圈额定电压/V	延时重复误差/%	机械寿命/万次	电气寿命/万次	
			瞬动	延时				瞬动触点	延时触点
JS23—□□/□	交流	220	—		交流：110, 220, 380	≤9	100	100	50
		380	0.79						
	直流	110	—						
		220	0.27	0.14					

表 1-11   JS23 系列空气阻尼式时间继电器输出触点形式及组合

型　　号	延时动作触点数量				瞬时动作触点数量	
	线圈通电后延时		线圈断电后延时			
	常开触点	常闭触点	常开触点	常闭触点	常开触点	常闭触点
JS23-1□/□	1	1	—	—	4	0
JS23-2□/□	1	1	—	—	3	1
JS23-3□/□	1	1	—	—	2	2
JS23-4□/□	—	—	1	1	4	0
JS23-5□/□	—	—	1	1	3	1
JS23-6□/□	—	—	1	1	2	2

JS23 系列型号含义:

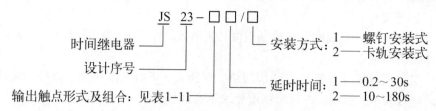

JS 23 - □□/□

时间继电器
设计序号
输出触点形式及组合:见表1-11

安装方式:1——螺钉安装式
          2——卡轨安装式
延时时间:1——0.2~30s
          2——10~180s

3. 时间继电器的图形符号与文字符号

时间继电器的图形符号与文字符号如图1-27所示。

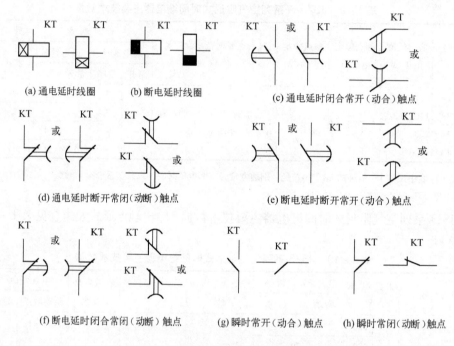

(a) 通电延时线圈   (b) 断电延时线圈   (c) 通电延时闭合常开(动合)触点

(d) 通电延时断开常闭(动断)触点   (e) 断电延时断开常开(动合)触点

(f) 断电延时闭合常闭(动断)触点   (g) 瞬时常开(动合)触点   (h) 瞬时常闭(动断)触点

图1-27 时间继电器的图形符号与文字符号

4. 时间继电器的选用

(1) 对延时要求不高的场合,通常选用直流电磁式或空气阻尼式时间继电器,并以选用后者为主。对延时要求高的场合,可选用 JS10、JS11、JS17 等系列的电动机式时间继电器,它精度高,延时时间长,从几分钟到数小时;但价格较高、结构复杂、寿命短。可选用 JS20 等系列的晶体管式时间继电器,它精度高、延时长、体积小、调整方便、可集成化、模块化,广泛用于各种场合。

(2) 根据控制电路电流种类和电压等级选线圈额定电压值。

(3) 根据控制电路的控制要求选择通电延时型或断电延时型继电器,其触点是延时闭合还是延时分断。

(4) 根据控制电路的控制要求选择延时触点和瞬动触点的数量。

1.4.3　热继电器

在电力拖动控制系统中，经常出现三相交流异步电动机过载的情况，如果过载电流不大且时间较短，电动机绕组温升不超过允许值，这种过载是允许的。但如果过载电流大且时间长，电动机绕组温升会超过允许值，将使电动机绕组绝缘老化，缩短电动机使用寿命，甚至使电动机绕组烧毁。热继电器是一种利用电流流过继电器产生热效应而动作的电器，它用于电动机长期过载、断相及三相电流不平衡的保护。必须指出：热继电器的发热元件有热惯性，即从电动机过载到触点动作需要一定时间，即使电动机严重过载甚至短路，它也不会瞬时动作。因此不能做瞬时过载及短路保护用。但正因为有热惯性，保证它在电动机启动时不会动作，使电动机能顺利启动并投入运行。热继电器按发热元件不同可分为双金属片式、热敏电阻式和易熔合金式，第一种用得最多；按相数不同可分为单相、两相和三相；三相热继电器按职能不同又可分为不带断相保护和带断相保护两种。

1. 电动机的过载特性和热继电器的保护特性

电动机运行中出现过载电流时，必然引起绕组发热。从热平衡关系可知，在允许温升条件下，电动机通电时间与其过载电流的平方成反比。据此得出的过载电流与电动机通电时间的关系曲线——电动机过载特性为一条反时限特性，如图 1-28 中曲线 1 所示。为了适应电动机的过载特性又起到过载保护作用，要求热继电器具有形同电动机过载特性的反时限保护特性，采用电阻发热元件就可以满足这个要求。这条特性是流过热继电器发热元件的电流与触点动作时间的曲线，如图 1-28 中的曲线 2 所示。考虑到各种误差的影响，两条特性均是一条曲带，误差越大，带越宽。从安全角度出发，热继电器保护特性应处于电动机过载特性下方并与之接近。这样，当过载时，热继电器就在电动机未达到允许过载极限之前动作，切除电动机电源，实现过载保护，它又称为长期过载

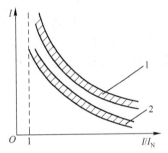

注：1—电动机的过载特性；
2—热继电器的保护特性

图 1-28　热继电器保护特性与
电动机过载特性及其配合

热保护。从曲线 2 可见，过载电流越大，热继电器的动作时间越短，越快地起到保护作用。

2. 热继电器的工作原理

热继电器主要由发热元件、感测元件、触点及动作机构等部分组成。发热元件串联于电动机电路中，流过电动机定子线电流；常闭触点串联于控制电路中，做过载保护用，常开触点接入信号电路，做报警用；感测元件为双金属片。有些热继电器的感测元件兼起发热元件作用。双金属片由两种线膨胀系数不同的金属片经机械辗压方式而形成一体，线膨胀系数大的金属片称为主动片，线膨胀系数小的金属片称为被动片。双金属片受热后产生线膨胀，主动片比被动片延伸得长一些，因为两金属片紧密贴在一起，于是

双金属片向被动片一侧弯曲，如图 1-29 所示。由弯曲所产生的机械力带动触点动作，切断电动机控制电路的电源。

双金属片的受热方式有直接受热式、间接受热式、复合受热式和电流互感器受热式四种，如图 1-30 所示。直接受热式是让电流直接通过双金属片，使之作为发热元件；间接受热式的发热元件是电阻丝或带，绕在双金属片上并与之绝缘；复合受热式介于上述两种方式之间；电流互感器受热式的发热元件不与电动机直接串联，而是接于主电路电流互感器的二次侧，此方式用于电动机电流比较大的场合，以减少通过发热元件的电流。

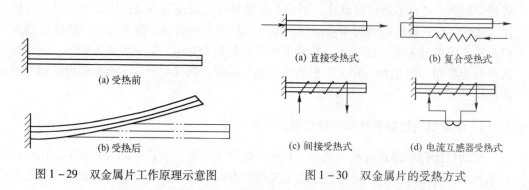

图 1-29　双金属片工作原理示意图　　　　图 1-30　双金属片的受热方式

图 1-31 为热继电器的结构原理图，其中，热元件串联于电动机的定子绕组，当电动机正常运行时，热元件流过电动机工作电流产生的热量虽能使主双金属片（2）弯曲，但不足以使热继电器动作。当电动机过载时，热元件产生的热量增大，使主双金属

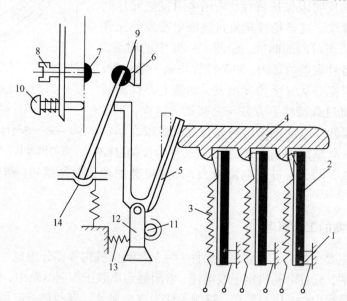

注：1—接线端子；2、5—双金属片；3—热元件；4—导板；6—常闭触点静触头；7—常开触点静触头；
8—复位螺钉；9—动触头；10—按钮；11—调节旋钮；12—支撑杆；13—压簧；14—推杆

图 1-31　热继电器的结构原理图

片弯曲位移增大，经一定时间后，它弯曲到能推动导板的程度，并通过温度补偿双金属片（5）与推杆，将串联于接触器线圈回路的热继电器常闭触点静触头与动触头分断，接触器失电，其主触点断开电动机电源以保护电动机。调节旋钮是一个偏心轮，它与支撑杆构成一个杠杆，转动偏心轮，改变它的半径即可改变温度补偿双金属片（5）与导板的接触距离，达到调节整定动作电流的目的。此外，调节复位螺钉来改变常开触点静触头的位置，使热继电器能工作在手动复位和自动复位两种工作状态下。调试手动复位时，在故障排除后要按下按钮才能使动触头恢复与常闭触点静触头相接触的位置。当环境温度从 -30℃～40℃ 变化时，温度补偿双金属片（5）可以补偿温度变化对热继电器的影响。如果环境温度升高，主双金属片（2）及温度补偿双金属片（5）同时向左弯曲程度加大，使导板与双金属片（5）之间距离不变，故热继电器特性不受环境温度升高的影响；反之亦然。

3. 断相保护热继电器工作原理

三相异步电动机一相断线称为断相，这是造成三相异步电动机烧毁的主要原因之一。如果三相异步电动机为星形连接，则线电流等于相电流，串联在主电路中对电动机进行保护的热继电器流过的电流即为流过电动机绕组的电流。当发生一相断路时，另外两相的电流过载，流过热继电器的电流随之增大。因此，采用普通的两相或三相热继电器就可对此做出保护。如果电动机是三角形连接，线电流是相电流的 $\sqrt{3}$ 倍，同样，热继电器按线电流即电动机额定电流来整定，则流过电动机绕组的电流是流过热继电器热元件电流的 $1/\sqrt{3} = \sqrt{3}/3$。当发生一相断路时，由于各相绕组阻抗相等，于是流过电动机接于全压的一相绕组的电流是线电流（即流过热继电器热元件电流）的 2/3，流过其余两相绕组的电流是 1/3 倍的线电流，如图 1-32 所示。设热继电器的整定动作电流为 I，则电动机绕组允许通过的最大电流为 $\sqrt{3}I/3 = 0.577I$。当发生断相时，热继电器的整定动作电流仍为 I，但是电动机接于全压的一相绕组中的电流将达到 $2I/3 = 0.666I$，为最大电流的 1.15 倍，已经过载，时间一长便有烧毁的危险。所以，三角形接法的异步电动机必须采用带断相保护的热继电器进行长期过载保护。

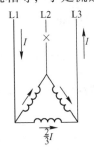

图 1-32　电动机为三角形连接且一相断路时的电流分配

4. 热继电器的主要技术数据、图形符号及文字符号

热继电器的主要技术数据有：额定电压、额定电流、相数、发热元件规格、整定电流和刻度电流调节范围等。热继电器的整定电流是指热元件能够长期通过而不致引起热继电器动作的电流。手动调节整定电流的范围称为刻度电流调节范围。通常使用的热继电器有 JR16、JR20 系列，它们又有带断相保护和不带断相保护两种类型。表 1-12 给出了 JR16 系列热继电器的主要技术数据。

表 1 −12　JR16 系列热继电器主要技术数据

型 号	热继电器额定电流 /A	发热元件规格			连接导线规格
		编号	额 定 电 流/A	刻度电流调节范围/A	
JR16 −20/3 JR16 −20/3D	20	1	0.35	0.25～0.3～0.35	4mm² 单股塑料铜线
		2	0.5	0.32～0.4～0.5	
		3	0.72	0.45～0.6～0.72	
		4	1.1	0.68～0.9～1.1	
		5	1.6	1.0～1.3～1.6	
		6	2.4	1.5～2.0～2.4	
		7	3.5	2.2～2.8～3.5	
		8	5.0	3.2～4.0～5.0	
		9	7.2	4.5～6.0～7.2	
		10	11.0	6.8～9.0～11.0	
		11	16.0	10.0～13.0～16.0	
		12	22.0	14.0～18.0～22.0	
JR16 −60/3 JR16 −60/3D	60	13	22.0	14.0～18.0～22.0	16mm² 多股铜芯橡皮软线
		14	32.0	20.0～26.0～32.0	
		15	45.0	28.0～36.0～45.0	
		16	63.0	40.0～50.0～63.0	
JR16 −150/3 JR16 −150/3D	150	17	63.0	40.0～50.0～63.0	35mm² 多股铜芯橡皮软线
		18	85.0	53.0～70.0～85.0	
		19	120.0	75.0～100.0～120.0	
		20	160.0	100.0～130.0～160.0	

热继电器的型号含义：

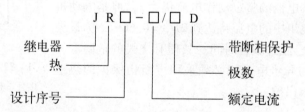

热继电器的图形符号与文字符号如图 1 −33 所示。

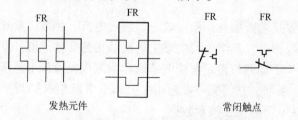

图 1 −33　热继电器的图形符号与文字符号

5. 热继电器的选用

热继电器应根据使用条件、工作环境、电动机类型及其运行条件与要求、电动机启动情况及负载情况综合考虑来选用。

（1）热继电器有三种安装方式：独立安装式（用螺钉固定）、导轨安装式（安装于标准轨上）、插件安装式（挂接在与其配套的接触器上），应按实际情况选择。

（2）一般情况选用两个热元件的热继电器，如果对电动机供电的电网三相不平衡，应选用三个热元件的热继电器，对定子绕组三角形连接的电动机应采用带断相保护的热继电器。

（3）热元件的额定电流等级一般应等于 0.95～1.05 倍电动机额定电流。热元件选定后，再根据电动机额定电流调节热继电器，使其整定电流与电动机额定电流相等。对于过载能力较差的电动机，热继电器的额定电流（实际上是热元件的整定电流）为电动机额定电流的 60%～80%。

（4）在电动机不频繁启动场合，要保证热继电器在电动机启动时不会误动作。当电动机启动电流为其额定电流的 6 倍及以下，启动时间不超过 5s 时，如果很少连续启动，可按电动机额定电流选用热继电器。当电动机启动时间较长时，应改用过电流继电器做保护。

（5）当电动机工作于断续周期工作制时，要注意确定热继电器的允许操作频率。因为热继电器的操作频率是有限的，操作频率高则其动作特性变差，甚至不能正常工作。对频繁正、反转和通、断的电动机，可选用埋入电动机绕组的温度继电器代替热继电器进行保护。

1.4.4 速度继电器

感应式速度继电器利用电磁感应原理实现速度信号对触点动作的控制。其结构主要由定子、转子和触点系统三部分组成。定子是一个笼型空心圆环，由硅钢片叠成，并嵌有笼型导条；转子是一个圆柱形永久磁铁；触点系统有正向运转和反向运转时动作的触点各一组，每组分别有一对常开触点和常闭触点，如图 1－34 所示。

使用时，继电器转子的转轴与电动机轴相接，定子空套在转子外围。当电动机带动继电器转子逆时针转动时，永久磁铁旋转，切割定子中的导条，使导条感应电势，产生感应电流，其方向按右手定则确定，上面的导条为⊗，下面的导条为⊙；该电流在磁场作用下产生电磁力，其方向按左手定则确定，上面导条向右，下面导条向左，从而产生一个与转子同方向的电磁转矩，于是定子随转子旋转方向转动。但因为有右边返回杠杆的阻挡，故定子只

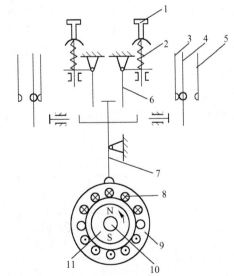

注：1—调节螺钉；2—反力弹簧；3—常闭触点静触头；
4—动触头；5—常开触点静触头；6—返回杠杆；7—杠杆；
8—定子导条；9—定子；10—转轴；11—转子

图 1－34 速度继电器结构原理图

能随转子逆时针偏转一定角度而不会旋转。当定子偏转到调定角度时，在杠杆的推动下使右边的常闭触点分断而常开触点闭合。杠杆通过返回杠杆同时压缩右边的反力弹簧，其反作用力阻止定子继续偏转。当电动机转速下降时，继电器转子转速随之下降，定子导条的感应电动势、感应电流及电磁转矩均减小。当继电器转子转速下降到一定值，电磁转矩小于反力弹簧的反作用力矩时，定子返回原位，继电器触点恢复原始状态。调节螺钉的松紧即可调节反力弹簧的反作用力，也就调节了触点动作所需的转子转速。一般速度继电器触点的动作转速为 140r/min 左右，触点的复位转速为 100r/min。

常用的速度继电器有 JY1、JFZ0 系列。JY1 系列可在 700～3600r/min 范围内可靠工作，JFZO－1 型用于 300～1000r/min，JFZO－2 型用于 1000～3600r/min。它们具有两对常开触点和常闭触点，触点额定电压为 380V，额定电流为 2A。

速度继电器的图形符号与文字符号如图 1－35 所示。

图 1－35　速度继电器的图形符号与文字符号

速度继电器的选用主要根据电动机的额定转速、控制要求来决定。

1.4.5　干簧继电器

干簧继电器是利用磁场作用来驱动继电器触点动作的。其主要部分是干簧管，它由一组或几组导磁簧片封装在氦、氮等惰性气体的玻璃管中组成。导磁簧片既有导磁作用，又做接触簧片即控制触点，图 1－36 为干簧继电器结构示意图。图 1－36（a）为利用干簧继电器外的线圈通电产生磁场来驱动继电器动作的，图 1－36（b）为利用外磁场驱动继电器动作的。在磁场作用下，干簧管内的两根导磁簧片分别被磁化为 N 极和 S 极而相互吸引，接通电路。当磁场消失，簧片靠本身弹性分开，断开电路。它常用于电梯控制电路中。常用的干簧继电器有 JAG2－1A 型、JAG2－2A 型等。

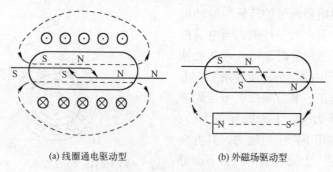

(a) 线圈通电驱动型　　　　　　　(b) 外磁场驱动型

图 1－36　干簧继电器结构示意图

干簧继电器有如下特点：

（1）触点与空气隔绝，可有效地防止老化和污染。

（2）触点采用金、钯合金镀层，接触电阻稳定，寿命长，为 100 万～1000 万次。

（3）动作速度快，为 1～3ms，比一般继电器快 5～10 倍。

（4）与永久磁铁配合使用方便、灵活。

（5）承受电压低，通常不超过 250V。

1.4.6 温度继电器

电动机出现过载电流时，可采用热继电器进行过载保护。但热继电器热元件是接于电动机之外的主电路中的，只能间接反映电动机内绕组的温度变化，不够准确。当电动机的过热不是由过电流引起时，如环境温度过高、通风不良导致电动机过热时，热继电器就显得无能为力了。此时应采用按温度原则动作的温度继电器。

温度继电器埋设在电动机的发热部位，如电动机定子槽内、绕组端部等，可直接反映该处发热情况，无论是电动机本身出现过载电流引起温度升高，还是其他原因引起电动机温度升高，都可起到保护作用。

温度继电器有两种类型：双金属片式和热敏电阻式，下面介绍 JW2 系列双金属片式温度继电器，如图 1-37 所示。在封闭式结构内有盘式双金属片，此双金属片左面为主动层，右面为被动层。动触头铆在双金属片上，且经导电片，外壳与连接片相接，静触头与连接片相连。当电动机发热部位温度升高时，其热量通过外壳传导给内部的双金属片，当达到一定温度时双金属片开始变形，双金属片及动触头向图 1-37 中左方瞬动地跳开，从而控制接触器使电动机断电，达到过热保护的目的。当故障排除后，发热部位温度降低，双金属片反向弹回而使触点重新复位。双金属片式温度继电器的动作温度是以电动机绕组绝缘等级为基础来划分的，共有：50℃、60℃、70℃、80℃、95℃、105℃、115℃、125℃、135℃、145℃ 和 165℃ 11 个规格。其返回温度因动作温度而异，一般比动作温度低 5℃～40℃。双金属片式温度继电器的缺点是加工工艺复杂，且双金属片容易老化。常用的有 JW2、JW4、JW6 系列，其型号含义如下。

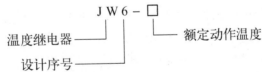

温度继电器的图形符号与文字符号如图 1-38 所示。

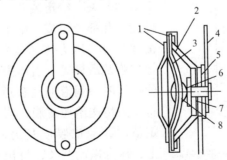

注：1—外壳；2—双金属片；3—导电片；4—连接片；5，7—绝缘垫片；6—静触头；8—动触头

图 1-37　JW2 系列温度继电器结构示意图

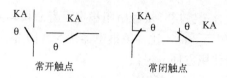

图 1-38 温度继电器的图形符号与文字符号

1.4.7 液位继电器

某些锅炉和水柜需要根据液位的高低变化来控制水泵电动机的启动和停止，这一控制可由液位继电器实现。

图 1-39 所示为液位继电器结构示意图。浮筒置于被动控锅炉或水柜内，浮筒的一端有一根磁钢，锅炉外壁有一对触点，动触头的一端也有一根磁钢，它与浮筒一端的磁钢相对应。当锅炉或水柜内的水位降低到下限位置时，浮筒下落，使浮筒的磁钢端绕支点 A 上翘。由于磁钢同性相斥，于是动触头的磁钢端被斥下落，通过支点 B 令触点 1-1 接通，水泵电动机启动、供水；而 2-2 断开。反之，水位升高到上限位置时，浮筒上浮，使触点 2-2 接通；1-1 断开，水泵电动机断电，停止供水。显然，液位继电器的安装位置决定了被控的液位高低。

液位继电器的图形符号与文字符号如图 1-40 所示。

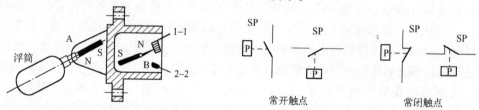

图 1-39 JYF-02 液位继电器结构示意图　　图 1-40 液位继电器的图形符号与文字符号

1.4.8 压力继电器

压力继电器广泛应用于各种气压和液压控制系统中，通过检测气压和液压的变化，发出信号，控制电动机的启动和停止，从而提供必要的保护。

图 1-41 所示为压力继电器结构示意图，它由微动开关、给定装置、压力传送装置及继电器外壳等几部分组成。给定装置包括给定螺母、平衡弹簧等。压力传送装置包括管道接头入油口、橡皮膜及滑杆等。当压力继电器用于机床润滑泵的控制时，润滑油经管道接头入油口进入油管，将压力传送给橡皮膜，当油管内的压力达到某给定值时，橡皮膜便受力向上凸起，推动滑杆向上，压合微动开关，发出控制信号。旋转平衡弹簧上面的给定螺母，便可以调节弹簧的松紧程度，改变动作压力的大小，以适应控制的需要。

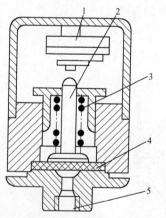

注：1—微动开关；2—滑杆；3—平衡弹簧；
4—橡皮膜；5—管道接头入油口

图 1-41 压力继电器结构示意图

压力继电器的图形符号与文字符号与图 1-40 所示的一样。

1.5 熔断器

熔断器是低压配电系统和电力拖动系统中起过载和短路保护作用的电器。当流过熔断器的电流大于规定值一定时间后，其自身产生的热量使熔体熔化而切断电路，从而实现过载和短路保护。熔断器具有结构简单、体积小、重量轻、使用维护方便、价格低廉、分断能力强、限流能力强等优点，因此，在强电和弱电系统中都得到广泛的应用。

1.5.1 熔断器的结构和工作原理

熔断器主要由熔体、安装熔体的绝缘底座（或熔管）、填料及导电部件等组成。熔体是熔断器的核心部分，常做成丝状、片状、带状或笼状。熔体的材料有两类：一类由铅锡合金和锌等低熔点的金属做成，但其不易灭弧，多用于小电流电路；另一类由铜、银等高熔点金属制成，因其易于灭弧，多用于大电流电路。熔管是安装熔体的外壳，在熔体熔断时兼有灭弧的作用。

熔断器使用时串联于被保护电路中，当电路正常工作时，熔体通过相应的电流而不会熔化；当电路出现短路或严重过载时，熔体流过很大的故障电流，该电流产生的热量达到熔体的熔点而使熔体熔化，自动切断电路，达到过载和短路保护的目的。

熔断器熔体熔断的电流值与熔断时间的关系称为熔断器的保护特性曲线，又称安-秒特性，如图 1-42 所示，从图可见，熔断时间与电流成反比，电流越大，熔体熔断时间越短。当熔体电流小于最小熔化电流（又称临界电流 $I_{\min}$）时，熔体不会熔化。最小熔化电流与熔体额定电流 I_N 之比称为熔断器的熔化系数 k，$k = I_{\min}/I_N$。当 k 较小时对不严重的过载保护有利，但 k 也不宜接近于 1，当 $k = 1$ 时，不仅熔体在 I_N 下工作温度会过高，还有可能因保护特性本身的误差而发生熔体在 I_N 下也熔断的现象，影响熔断器工作的可靠性。

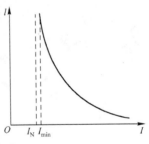

图 1-42 熔断器的保护特性

当熔体采用低熔点的金属材料时，熔化所需热量少，故熔化系数小，有利于过载保护；但材料电阻系数大，熔体截面积大，熔断时产生的金属蒸气较多，不利于熄弧，所以分断能力较弱。当熔体采用高熔点的金属材料时，则相反。因此，不同熔体材料的熔断器在电路中的保护作用的侧重点是不同的。

1.5.2 熔断器的类型及符号

熔断器的种类很多，按结构形式分：有插入式、螺旋式、无填料密封管式、有填料密封管式、自复式等；按用途分：有一般工业用、半导体器件保护用的快速熔断器等。

1. 插入式熔断器

插入式熔断器是低压分支线路中常用的一种熔断器。它结构简单、分断能力弱，多用于民用和照明电路中。常用的有 RC1A 系列，其结构示意图如图 1 −43 所示。

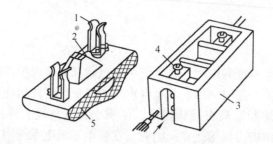

注：1—动触头；2—熔丝；3—外壳；4—静触头；5—瓷盖

图 1 −43　RC1A 系列瓷插式熔断器的结构示意图

2. 螺旋式熔断器

螺旋式熔断器的熔管内装有石英砂或惰性气体，有利于电弧的熄灭，故具有较高的分断能力。熔体的上端盖有一熔断指示器，熔断时，从瓷帽上的玻璃孔中可见弹出的红色指示器。常用的有 RL6、RL7 系列，多用于电动机主电路中，其结构示意图如图 1 −44 所示。它的优点是有明显的分断指示，不用任何工具就可以取下和更换熔体。

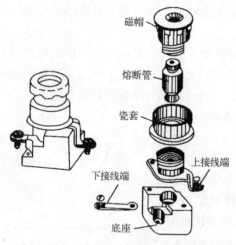

图 1 −44　螺旋式熔断器的结构示意图

3. 无填料密封管式熔断器

常用的无填料密封管式熔断器有 RM10 系列，其结构示意图如图 1 −45（a）所示。它由纤维熔管、变截面锌熔片和触点底座等几部分组成。锌熔片冲成宽窄不一的变截面，是为了改变熔断器的保护性能。短路时，短路电流首先使熔片狭窄部（其电阻较大）加热熔断，于是熔管内形成几段串联短弧，而且中段熔片因其两端狭窄部熔断而跌落，迅速拉长电弧，从而令电弧迅速熄灭。在过载电流通过时，因为电流加热时间较长，熔片狭窄部散热较好，往往不在该处熔断，而在宽窄之间的斜部熔断，见图 1 −45（b）。因此，根据熔片熔断的部位不同，可大致判断故障的性质。这种熔

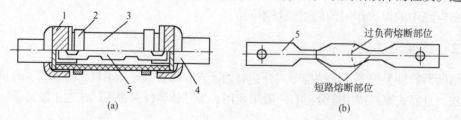

注：1—铜管帽；2—管夹；3—纤维熔管；4—触刀；5—变截面锌熔片

图 1 −45　RM10 系列无填料密封管式熔断器结构示意图

断器结构简单，更换熔片方便，常用于低压配电网或成套配电设备中。

4. 有填料密封管式熔断器

有填料密封管式熔断器如图 1-46 所示。熔管内装有石英砂作为填料，用来冷却和熄灭电弧，因此具有较强的切断电流的能力，常用的有 RT12、RT14、RT15、RT17、NT 等系列。RT12、RT15 系列熔断器有熔断指示器，RT14 系列熔断器带有撞击器，熔断时撞击器弹出，既可作为熔断信号指示，又可触动微动开关，切断接触器线圈电路，使接触器断电。NT 系列是我国引进德国技术生产的一种分断力强、体积小、功耗低、性能稳定的熔断器，用于大容量电力网和配电设备中。

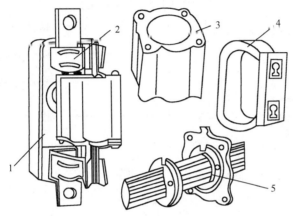

注：1—瓷座底；2—弹簧片；3—管体；4—绝缘手柄；5—熔体

图 1-46　有填料密闭管式熔断器结构示意图

5. 快速熔断器

半导体器件的过载能力很低，普通熔断器不能对其进行短路保护，因为会出现半导体器件先烧毁、熔断器后熔断的现象。因此要采用具有快速熔断能力的快速熔断器对半导体器件进行短路保护。快速熔断器的熔体采用银片冲成的变截面 V 形熔片，熔管采用有填料的密封管。常用的有 RLS2、RS3 等系列。NGT 是我国引进德国技术生产的一种分断能力强、限流特性好、性能稳定的快速熔断器。

6. 自复式熔断器

自复式熔断器的特点是既能切断短路电流，又能在故障消除后自动恢复，无须更换熔体。国产的 RZ1 型自复式熔断器如图 1-47 所示，它采用钠作为熔体。常温下，钠的电阻率很小，正常的负载电流易于通过；短路时，电流大，钠受热迅速汽化，其电阻率变得很大，从而极大地限制了短路电流。在金属钠汽化限流过程中，装在熔断器一端的活塞被推向右端并压缩了氩气，减小由于钠汽

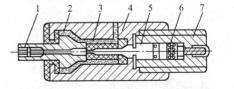

注：1—接线端子；2—云母玻璃；3—氧化铍瓷管；4—不锈钢外壳；5—钠熔体；6—氩气；7—接线端子

图 1-47　RZ1 型自复式熔断器结构示意图

化产生的压力，以防熔管爆裂。限流动作结束后，钠蒸气冷却，又恢复为固态钠；而活塞则被压缩氩气往左推，迅速将金属钠推回原位，使之恢复正常工作状态。自复式熔断器的优点是能重复使用，不必更换熔体，但只能限制短路电流，不能切除故障电路。所以自复式熔断器通常要与低压断路器配合使用，前者用于限制短路电流，后者用来通/断电路和实现短路保护。国产 DZ10 - 100R 型低压断路器正是 DZ10 - 100 型低压断路器和 RZ1 - 100 型自复式熔断器的结合体。

7. 熔断器型号含义、图形符号与文字符号

熔断器的型号含义：

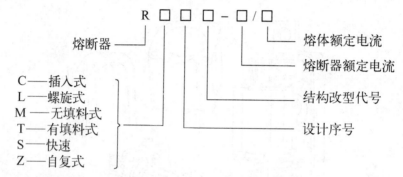

熔断器的图形符号与文字符号如图 1 - 48 所示。

图 1 - 48　熔断器的图形符号与文字符号

1.5.3　熔断器的主要技术数据

1. 额定电压

额定电压指熔断器长期工作时能够承受的电压，其值一般应等于或大于所接电路的工作电压。

2. 额定电流

额定电流是指熔断器长期工作，各部件温升不超过允许温升的最大工作电流。熔断器的额定电流有两种：一种是熔管的额定电流，也称熔断器的额定电流；另一种是熔体的额定电流。为了减少熔断器的规格，熔管额定电流等级较少，熔体额定电流等级较多，在一种电流规格的熔管内可安装几种电流规格的熔体，但熔体的额定电流必须小于等于熔管的额定电流。

3. 极限分断能力

极限分断能力是指在规定的额定电压和功率因数（或时间常数）条件下，能可靠分断的最大短路电流。

4. 熔断电流

熔断电流是指通过熔体并使其熔化的最小电流。

部分系列熔断器的主要技术数据见表 1-13。

表 1-13　部分系列熔断器的主要技术数据

型　号	额定电压/V	额定电流/A		极限分断能力/kA	$\cos\varphi$
		熔断器	熔　体		
RL6-25，RL96-25 Ⅱ	500	25	2，4，6，10，16，20，25	50	
RL6-63，RL96-63 Ⅱ		63	35，50，63		
RL6-100		100	80，100		
RL6-200		200	125，160，200		
RL7-25	660	25	2，4，6，10，16，20，25	25	0.1~0.2
RL7-63		63	35，50，63		
RL7-100		100	80，100		
RLS2-30	500	(30)	16，20，25，(30)	50	
RLS2-63		63	35，(45)，50，63		
RLS2-100		100	(75)，80，(90)，100		

1.5.4　熔断器的选用

1. 一般熔断器的选用

1）熔断器类型的选择

主要根据负载的过载特性和短路电流的大小来选择熔断器的类型。例如，对于容量较小的电动机或照明电路的保护，可使用 RCA1 系列或 RM10 系列无填料密封管式熔断器；对容量较大的照明电路或电动机的保护，短路电流较大的电路或有易燃气体的地方，应采用螺旋式或有填料密封管式熔断器；用于半导体元件保护的，则应采用快速熔断器。

2）熔断器额定电压的选择

熔断器的额定电压应大于或等于实际电路的工作电压。

3）熔断器额定电流的选择

熔断器的额定电流应大于或等于所装熔体的额定电流，而负载电流是流过熔体的，因此，选择熔断器的关键是确定熔体的额定电流 I_{RN}。

（1）对于照明或电热设备等没有冲击性电流的负载，熔体的额定电流应稍大于或等于负载额定电流 I_N，即 $I_{RN} \geqslant I_N$。

（2）单台长期工作电动机的启动电流很大，虽然熔体在短时通过较大的启动电流，但不应熔断，此时可选 $I_{RN} \geqslant (1.5 \sim 2.5)\,I_N$，式中 I_N 为电动机额定电流。轻载启动或启动时间较短的，系数取为 1.5；重载启动或启动时间长者，系数取为 2.5。

（3）单台频繁启动、制动的电动机，启动、制动时发热严重，熔体也不应熔断，此

时可选 $I_{RN} \geqslant (3 \sim 3.5) I_N$。

（4）保护多台电动机时，当出现尖峰电流时，熔体也不应熔断。通常将其中容量最大的一台电动机启动，其余电动机正常运行时出现的电流作为尖峰电流。因此，熔体的额定电流可按下式选择：

$$I_{RN} \geqslant (1.5 \sim 2.5) I_{N_{max}} + \sum I_N$$

式中，$I_{N_{max}}$ 为容量最大一台电动机的额定电流；$\sum I_N$ 为其余各台电动机额定电流之和。

4）熔断器的上、下级配合

为防止发生越级熔断，上、下级（即供电干线与支线）熔断器间要有良好的协调配合，应使上一级熔断器熔体额定电流比下一级大 1～2 个级差。

2. 快速熔断器的选用

快速熔断器的选择与其接入电路的方式有关，以三相整流电路或三相可控整流电路为例，熔断器可有接入交流侧、接入整流桥臂和接入直流侧三种方式，如图 1-49 所示。

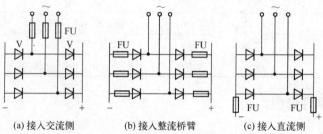

(a) 接入交流侧　　　　(b) 接入整流桥臂　　　　(c) 接入直流侧

图 1-49　快速熔断器接入整流电路的方式

1）熔体额定电流的选择

选择熔体额定电流时应当注意，快速熔断器熔体的额定电流是以有效值表示的，而硅整流元件和晶闸管额定电流是用平均值表示的。

（1）快速熔断器接在交流侧时熔体额定电流应选：

$$I_{RN} \geqslant k_1 I_{Z_{max}}$$

式中，$I_{Z_{max}}$ 为可能出现的最大整流电流，k_1 为与整流电路形式及导电情况有关的系数。保护硅整流元件时 k_1 值见表 1-14，保护晶闸管时 k_1 值见表 1-15。

表 1-14　不可控整流电路时的 k_1 值

整流电路的形式	单相半波	单相全波	单相桥式	三相全波	三相桥式	双星形六相
k_1	1.57	0.785	1.11	0.575	0.516	0.29

表 1-15　可控整流电路及不同导通角时的 k_1 值

电路形式 ＼ 导通角	180°	150°	120°	90°	60°	30°
单相半波	1.57	1.66	1.83	2.2	2.78	3.99
单相桥式	1.11	1.17	1.33	1.57	1.97	2.82
三相桥式	0.816	0.828	0.865	1.02	1.29	1.88

（2）快速熔断器接入整流桥臂时熔体额定电流应选：

$$I_{RN} \geq 1.5 I_G$$

式中，I_G 为硅整流元件或晶闸管的额定电流（平均值）。

2）快速熔断器额定电压的选择

快速熔断器切断电路瞬间，最高电弧电压可达电源电压的 1.5～2 倍。因此，硅整流元件或晶闸管的反向峰值电压 U_F 必须大于此电压值才能安全工作，即

$$U_F \geq k_2 \sqrt{2} U_N$$

式中，U_N 为快速熔断器的额定电压；k_2 为安全系数，一般 $k_2 = 1.5～2$。

必须指出，快速熔断器虽然具有结构简单、价格低廉、维修方便等优点，但更换比较麻烦，故适用于负载波动不大，事故不多的场合，否则宜采用快速自动空气开关代替快速熔断器。

1.6 主令电器

主令电器是电气控制系统中发出指令的操作电器，利用它控制接触器、继电器或其他电器，使电路接通和断开，实现对生产机械的自动控制。常用的主令电器有控制按钮、行程开关、万能转换开关、主令控制器、凸轮控制器等。

1.6.1 控制按钮

控制按钮简称按钮，主要用于远距离手动控制电磁式电器，如继电器、接触器等，还可用于转换各种信号电路和电气联锁电路。

控制按钮一般由按钮、复位弹簧、触点和外壳等部分组成，其结构示意图如图 1-50 所示。按钮中触点的形式和数量根据需要可以配成一常开触点一常闭触点到六常开触点六常闭触点形式。接线时，也可接常开或常闭触点。

当按下按钮时，先分断常闭触点，然后再接通常开触点。按钮释放后，在复位弹簧作用下，常开触点先分断，常闭触点后闭合。

控制按钮可做成单式（一个按钮）、复式（两个按钮）和三联式（三个按钮）三种。为便于识别各个按钮的作用，避免误操作，通常在按钮上做出

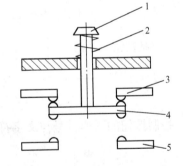

注：1—按钮；2—复位弹簧；3—常闭静触头；4—动触头；5—常开静触头

图 1-50 控制按钮结构示意图

不同的标志或涂上不同颜色，如红色表示停止按钮，绿色或黑色表示启动按钮。

控制按钮按保护形式分为开启式、保护式、防水式、防腐式、防爆式等。按结构不同分为嵌压式、紧急式、钥匙式、带信号灯式、带灯揿钮式、带灯紧急式等。

1. 控制按钮的主要技术数据

控制按钮的主要技术数据有额定电压、额定电流、结构形式、触点数量及按钮颜色

等。常用的控制按钮额定电压为交流 380V，额定工作电流为 5A。

常用的控制按钮有 LA18、LA19、LA20 及 LA25 等系列。LA20 系列控制按钮主要技术数据见表 1-16。

表 1-16　LA20 系列控制按钮主要技术数据

型　号	触点数量		结构形式	按　钮			指　示　灯	
	常开	常闭		钮数	颜　色		电压/V	功率/W
LA20-11	1	1	揿钮式	1	红、绿、黄、蓝或白		—	—
LA20-11J	1	1	紧急式	1	红		—	—
LA20-11D	1	1	带灯揿钮式	1	红、绿、黄、蓝或白		6	<1
LA20-11DJ	1	1	带灯紧急式	1	红		6	<1
LA20-22	2	2	揿钮式	1	红、绿、黄、蓝或白		—	—
LA20-22J	2	2	紧急式	1	红		—	—
LA20-22D	2	2	带灯揿钮式	1	红、绿、黄、蓝或白		6	<1
LA20-22DJ	2	2	带灯紧急式	1	红		6	<1
LA20-2K	2	2	开启式	2	白红或绿红		—	—
LA20-3K	3	3	开启式	3	白、绿、红		—	—
LA20-2H	2	2	保护式	2	白红或绿红		—	—
LA20-3H	3	3	保护式	3	白、绿、红		—	—

2. 控制按钮的型号含义、图形符号与文字符号

控制按钮的型号含义：

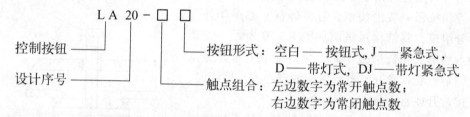

控制按钮 ——
设计序号 ——
按钮形式： 空白 —— 按钮式，J —— 紧急式，
D —— 带灯式，DJ —— 带灯紧急式
触点组合： 左边数字为常开触点数；
右边数字为常闭触点数

控制按钮的图形符号与文字符号如图 1-51 所示。

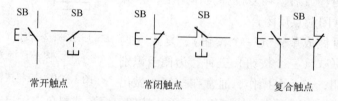

常开触点　　　　常闭触点　　　　复合触点

图 1-51　控制按钮的图形符号与文字符号

3. 控制按钮的选用

（1）根据使用场合选择控制按钮的种类，如开启式、防水式、防腐式等。

（2）根据用途选择控制按钮的结构形式，如钥匙式、紧急式、带灯式等。

（3）根据控制的要求确定按钮数，如单式、复式、三联式等。

（4）根据工作状态指示和工作情况的要求选择按钮及指示灯的颜色。

1.6.2 行程开关

行程开关也称位置开关，是根据生产机械运动部件的行程发出指令来控制其运动方向或行程长短的主令电器。若将行程开关安装于生产机械运动部件行程的终点处，以限制其行程，则称为限位开关或终端开关。行程开关广泛应用于各类机床和起重机械上。

1. 行程开关的结构与工作原理

行程开关按结构分为机械结构的接触式有触点行程开关和电气非接触式接近开关。机械结构的接触式行程开关是依靠运动部件上的撞块碰撞行程开关可动部件使常开触点闭合、常闭触点分断来实现对电路控制的。当运动部件上撞块离开可动部件时，行程开关复位，触点恢复其原始状态。

机械结构行程开关按其结构不同又可分为直动式、滚轮式和微动式三种。

直动式行程开关结构示意图如图 1-52 所示。它的动作原理与控制按钮相同。它的缺点是触点分合速度取决于生产机械运动部件的移动速度，当移动速度低于 0.4m/min 时，触点分断太慢，易受电弧烧蚀。

为了避免上述情况的出现，可采用有盘形弹簧瞬间动作的滚轮式行程开关，其结构示意图如图 1-53 所示。当滚轮受到向左的外力作用时，上转臂向左下方转动，推杆向右转动，并压缩右边弹簧（10），同时下面的小滚轮也很快沿着擒纵件向右滚动，小滚轮滚动又压缩弹簧（9）。当小滚轮滚过擒纵件的中点时，盘形弹簧和弹簧（9）都使擒纵件迅速转动，从而使动触头迅速与右边常闭静触头分断并与左边常开静触头闭合，这就减少了电弧对触头的烧蚀。可见，它适用于低速运行的机械。

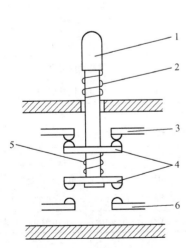

注：1—顶杆；2—复位弹簧；3—常闭静触头；
4—动触头；5—触头弹簧；6—常开静触头

图 1-52　直动式行程开关结构示意图

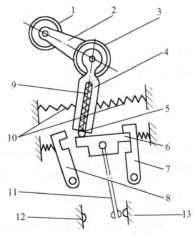

注：1—滚轮；2—上转臂；3—盘形弹簧；4—推杆；
5—小滚轮；6—擒纵件；7、8—压板；9、10—弹簧；
11—动触头；12—常开静触头；13—常闭静触头

图 1-53　滚轮式行程开关结构示意图

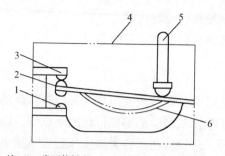

注: 1—常开静触头; 2—动触头; 3—常闭静触头;
4—壳体; 5—推杆; 6—弓簧片

图 1-54　微动开关结构示意图

当生产机械运动部件的行程比较小且作用力也很小时，可采用具有瞬时动作和微小行程的微动行程开关，微动开关结构示意图如图 1-54 所示。

当外力压下推杆时，弓簧片变形，它储存能量并产生位移。当达到预定临界点时，弓簧片连同动触头瞬时动作，与常闭静触头分断，与常开静触头闭合。当外力消失后，推杆在弓簧片作用下迅速复位，触点恢复原始状态。

常用的行程开关有 JLXK1、LX2、LX3、LX5、LX12、LX19A、LX21、LX22、LX29、LX32、3SE3 等系列，微动行程开关有 LX31、JW 等系列。

2. 行程开关的主要技术数据

JLXK1 系列和 3SE3 系列行程开关的主要技术数据分别见表 1-17 和表 1-18。

表 1-17　JLXK1 系列行程开关的主要技术数据

型　号	额定电压/V		额定电流/A	触点数量		结构形式
	交流	直流		常开	常闭	
JLXK1-111						单轮防护式
JLXK1-211						双轮防护式
JLXK1-111M						单轮密封式
JLXK1-211M						双轮密封式
JLXK1-311	500	440	5	1	1	直动防护式
JLXK1-311M						直动密封式
JLXK1-411						直动滚轮防护式
JLXK1-411M						直动滚轮密封式

表 1-18　3SE3 系列行程开关的主要技术数据

额定绝缘电压/V		最大工作电压/V（同极性）	额定发热电流/A	机械寿命/次	电寿命/次			推杆上测量的重复动作精度/mm	保护等级
交流	直流				$U_N=220V$ $I_N=1A$	$U_N=220V$ $I_N=0.5A$	$U_N=220V$ $I_N=10A$		
500	600	500	10	30×10^6	5×10^6	10×10^6	10×10^4	0.02	IP67

3. 行程开关的型号含义、图形符号与文字符号

常用行程开关 LX19 系列和 JLXK1 系列的型号含义：

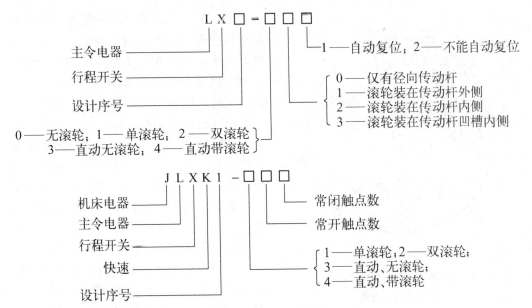

行程开关的图形符号与文字符号如图 1-55 所示。

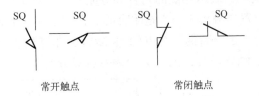

常开触点　　　　常闭触点

图 1-55　行程开关的图形符号与文字符号

4. 行程开关的选用

（1）根据应用场合及控制对象选择。

（2）根据安装使用环境选择防护形式。

（3）根据控制回路的电压和电流选择相应的行程开关。

（4）根据生产机械运动部件与行程开关的接触方式和位移关系选择行程开关的头部形状。

1.6.3　万能转换开关

万能转换开关是一种多挡位、多触点、能够控制多回路的控制电器。常用于低压断路机构的合闸与分闸控制，以及各种控制电路的转换和电流表、电压表的换相测量及控制小容量电动机的启动、调速、改变转向等。由于其换接电路多，用途广，故有"万能"之称。

万能转换开关由多组凸轮、触点组件叠装而成，它由操作机构、定位装置和触点等三部分组成，以手柄旋转的方式进行操作。操作位置有 2～12 个，凸轮、触点组件有 1～10 层，每层组件均可装三对触点，每层凸轮均可做成不同的形状。当手柄转到不同

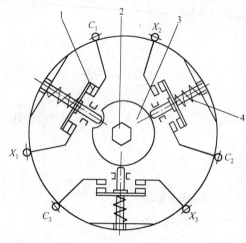

注：1—触头；2—转轴；3—凸轮；4—触头弹簧

图 1-56 万能转换开关某一层凸轮、触点
组件结构示意图

位置时，通过转轴带动凸轮使各层的各对触点按所需的规律接通或分断。常用的万能转换开关有 LW5、LW6、LW12-16 等系列。典型的万能转换开关某一层凸轮、触点组件结构示意图如图 1-56 所示。

万能转换开关按手柄操作方式分为自复式和定位式两种。自复式是指用手扳动手柄到某一位置后，当手松开后手柄自动返回原位；定位式是指用手扳动手柄到某一位置后，当手松开后手柄就停留在该位置上。此外，为了适应不同的需要，手柄还做成带信号灯的、钥匙形的等多种形式。

万能转换开关在电路图中的图形符号与文字符号、触点接通表如图 1-57 所示。图 1-57（a）中，垂直虚线表示操作手柄位置，用有无黑点（或×）表示触点的闭合和分断状态。例如，在右虚线 4 下有黑点，表示操作手扳在右的位置，触头 3 与 4 是闭合的。在左虚线 3 下无黑点，表示操作手柄在左的位置，触头 3 与 4 是分断的。触点的通/断状态亦可列表表示，如图 1-57（b）所示，表中"×"表示触点闭合，无"×"表示触点分断。

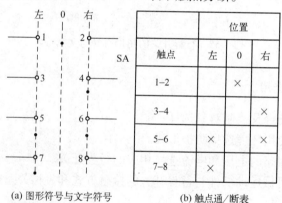

SA 触点	位置		
	左	0	右
1-2		×	
3-4			×
5-6	×		×
7-8	×		

(a) 图形符号与文字符号   (b) 触点通/断表

图 1-57 万能转换开关图形符号与文字符号、触点通/断表

万能转换开关的选用：

（1）按额定电压和工作电流选用相应的万能转换开关。

（2）按操作需要选定手柄的形式。

（3）按控制要求参照万能转换开关产品样本确定触点数量及接线图编号。

（4）选择面板形式及标志。

1.6.4 主令控制器

主令控制器是按照预定程序频繁切换复杂的多回路控制电路的主令电器，主要用做起重机、轧钢机的控制。

主令控制器由触点、凸轮、定位机构、转轴、面板及其支承件等部分组成。图1-58为主令控制器某一层凸轮、触点组件结构示意图。其中方形转轴上装有不同形状的凸轮块（1和8），转动方轴时，凸轮块随之转动。当凸轮块的凸起部分转到与小轮接触时，推动支杆向外张开，使动触头与静触头分断。当小轮落入凸轮的凹陷部分时，支杆在反作用弹簧的作用下复位，使动静触头闭合。只要在方形转轴上套上多组不同形状的凸轮块，就可使各触点依照事先设计好的次序进行通/断，达到对电动机进行频繁启动、制动、正反转、调速的目的。

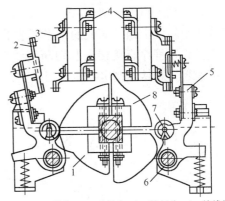

注: 1、8—凸轮块; 2—动触头; 3—静触头; 4—接线柱; 5—支杆; 6—转轴; 7—小轮

图1-58 主令控制器某一层凸轮、触点组件结构示意图

常用的主令控制器有LK14、LK15、LK16、LK17系列，它们均属于有触点主令控制器，对电路输出开关量主令信号，为取得对电路输出模拟量的主令信号，可采用无触点主令控制器，主要有WLK系列。LK14系列主令控制器主要技术数据见表1-19。

表1-19 LK14系列主令控制器主要技术数据

型　　　号	额定电压/V	额定电流/A	控制电路数	外形尺寸/mm
LK14 - 12/90				
LK14 - 12/96	380	15	12	227 × 220 × 300
LK14 - 12/97				

主令控制器的型号含义:

L K □ - □/□

主令电器 —— L
控制器 —— K
设计序号 —— □
结构形式代号 —— □
控制回路数 —— □

主令控制器的图形符号与文字符号及触点通/断表与万能转换开关相同。

主令控制器的选用：根据所需操作位置数、控制电路数、触点闭合顺序及触点长期允许通过电流大小来选择。在起重机控制中，由于主令控制器是与磁力控制盘配合一起控制起重机的，故应根据磁力控制盘型号来选择。

1.6.5 凸轮控制器

凸轮控制器是一种大型的手动控制电器，具有多挡位、多触点，利用手动操作，转动凸轮去接通和分断大电流（主电路电流）电路的转换开关。

凸轮控制器主要由触点、手柄、凸轮、灭弧罩及定位机构等组成，其某一层凸轮、触点组件结构示意图如图 1-59 所示。凸轮控制器也是由多组不同形状的凸轮、触点组件套在方形转轴上组合而成的。当转动手柄时，在绝缘方轴上的凸轮随之转动，从而使触点组按设计程序直接接通和切断绕线型异步电动机定子和转子电路，不用通过继电器、接触器，直接控制电动机的启动、调速、正反向及制动。

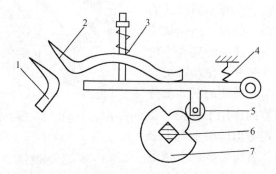

注：1—静触头；2—动触头；3—触头弹簧；4—复位弹簧；5—滚子；6—绝缘方轴；7—凸轮

图 1-59　凸轮控制器某一层凸轮、触点组件结构示意图

常用的凸轮控制器有 KT10、KT14、KT15 等系列，KT14 系列凸轮控制器的主要技术数据见表 1-20。

表 1-20　KT14 系列凸轮控制器的主要技术数据

型　　号	额定电压/V	额定电流/A	位置数		最大功率/kW	额定操作频率/次/h	最大工作周期/min
			左	右			
KT14-25J/1			5	5	11		
KT14-25J/2		25	5	5	2×5.5	600	10
KT14-25J/3			1	1	5.5		
KT14-60J/1	380		5	5	30		
KT14-60J/2		60	5	5	2×11	600	10
KT14-60J/3			5	5	2×11		

凸轮控制器的图形符号与文字符号及触点通/断表与万能转换开关相同。

凸轮控制器的选用：根据被控电动机容量、额定电压、额定电流和控制位置数目来选择。

1.7　执行电器

机械设备的执行电器主要有电磁铁、电磁阀、电磁离合器、电磁抱闸等。许多机械设备的工艺过程就是通过这些元件来完成的，它们已发展成为一种新的电器产品系列，并成为成套设备中的重要元件。

1.7.1　电磁阀

电磁阀是电气系统中用来自动开启和截断液压或气压通路的阀门。电磁阀按电源种类不同分为直流电磁阀、交流电磁阀、交直流电磁阀等；按用途不同分为控制一般介质（气体、流体）电磁阀、制冷用电磁阀、蒸汽电磁阀、脉冲电磁阀等；按动作方式不同分为直接启动式和间接启动式电磁阀。各种电磁阀都有二通、三通、四通、五通等规格。在液压系统中电磁阀也用来控制液压方向，故又称电磁换向阀，其阀门的接通和关闭是由电磁铁操纵的，所以控制电磁铁就是控制电磁阀，电磁铁按衔铁工作腔是否有油液又有干式和湿式之分。

交流电磁铁启动力较大，不需要专门的电源，吸合、释放快，动作时间为 0.01～0.03s，但如果电源电压下降 15% 以上，电磁铁吸力明显减小，所以在实际使用中它允许的切换频率一般为 10 次/分钟。

直流电磁铁工作较可靠，吸合、释放动作时间为 0.05～0.08s，允许的切换频率一般为 120 次/分钟，体积小、冲击小、寿命长，但需配专用直流电源，成本高。

受电磁铁尺寸和推力的限制，电磁换向阀只适用于小流量的场合，但因为由电信号操纵，故可远距离控制且操作方便，它广泛用于机床自动化等方面，如摇臂钻床中。

1. 电磁换向阀的工作原理

如图 1-60（a）所示为二位三通干式交流电磁换向阀结构示意图，在图示位置，电磁铁不通电时，进油口 P 和油口 A 相通，油口 B 断开；当电磁铁通电吸合时，推杆将阀芯推向右端，这时进油口 P 与油口 A 断开而与油口 B 相通。当电磁阀断电释放时，弹簧推动阀芯复位。图 1-60（b）为其图形符号。

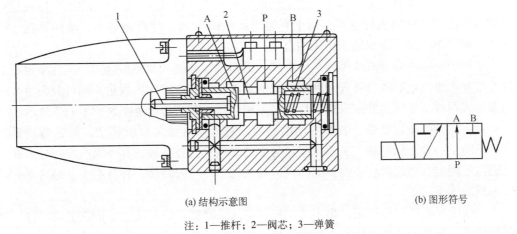

(a) 结构示意图　　　　　　　　　　　(b) 图形符号

注：1—推杆；2—阀芯；3—弹簧

图 1-60　二位三通干式交流电磁换向阀结构示意图及图形符号

如图 1-61（a）所示为三位四通湿式直流电磁换向阀结构示意图，这种阀的两端各有一湿式直流电磁铁和一个对中弹簧，当两边电磁铁都不通电时，阀芯在两边对中弹簧的作用下处于中位，油口 P 、T、A、B 互不相通；当右边电磁铁通电时，右边的推杆将阀芯推向左端，油口 P 与 B 相通，A 与 T 相通；当左边电磁铁通电时，油口 P 与 A 相通，B 与 T 相通。图 1 - 61（b）为其图形符号。

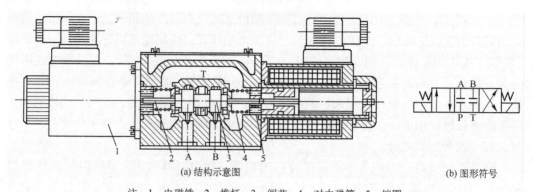

(a) 结构示意图　　　　　　　　　　　　　　　　(b) 图形符号

注：1—电磁铁；2—推杆；3—阀芯；4—对中弹簧；5—挡圈

图 1 - 61　三位四通湿式直流电磁换向阀结构示意图及图形符号

2. 电磁阀的选用

（1）电磁阀的工作机能要符合执行机构的要求，据此确定所采用电磁阀的形式（二位或三位，单或双电磁铁，二通、三通、四通或五通等）。

（2）电磁阀的工作压力等级及流量要满足系统要求。

（3）电磁铁线圈采用的电源种类及电压等级都要与控制电路一致，并应考虑通电持续率。

1.7.2　电磁离合器

电磁离合器又称电磁联轴器，它是利用表面摩擦和电磁感应原理，在两个旋转运动的物体间传递转矩的执行电器。由于它便于远距离控制、控制能量小、动作迅速、可靠、结构简单，故广泛应用于机床的自动控制，如铣床中。

常用的电磁离合器有摩擦式、牙嵌式、磁粉式、牙嵌 - 摩擦组合式、柔性摩擦扭簧式及带有永磁的电磁离合器等。摩擦片式电磁离合器按摩擦片的数量不同可分为单片式与多片式两种，机床上普遍采用多片式电磁离合器，其结构示意图如图 1 - 62 所示。图中，在主动轴的花键轴端，装有主动摩擦片，它可以沿轴向自由移动，但它与花键连接，故随主动轴一起转动。从动摩擦片与主动摩擦片交替叠装，其外缘凸起部分卡在与从动齿轮固定在一起的套筒内，因而可以与从动齿轮一起转动，并且在主动轴转动时可以不转。

当线圈通电后产生磁场，将主动摩擦片与从动摩擦片吸向铁芯，衔铁也被吸住，紧紧压住各摩擦片。于是，依靠主动摩擦片与从动摩擦片之间的摩擦力，使从动齿轮随主动轴转动，实现力矩的传递。当电磁离合器线圈电压达到额定值的 85% ～ 105% 时，电磁离合器就能可靠地工作。当线圈断电时，装在内外摩擦片与从动摩擦片之间的圈状弹簧使衔铁和摩擦片复原，电磁离合器便失去传递动力的作用。

多片式摩擦电磁离合器具有传递力矩大、体积小、容易安装等优点。其摩擦片数量

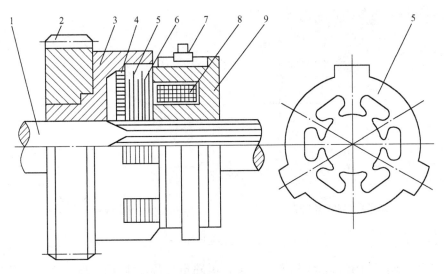

注：1—主动轴；2—从动齿轮；3—套筒；4—衔铁；5—从动摩擦片；

6—主动摩擦片；7—电刷与滑环；8—线圈；9—铁芯

图 1 – 62　多片式电磁离合器结构示意图

在 2～12 时，随着片数增加，传递的力矩随之增大，但片数多于 12 后，由于磁路气隙增大等原因，所能传递的力矩反而减小。因此，片数以 2～12 为宜。

1.8　电子电器

电子电器是全部或部分由电子器件构成的电器。随着半导体技术的迅速发展，电子技术逐渐渗透到低压电器领域。例如，各种电量与非电量的信号检测电子电器，可实现软启动和综合保护的电动机启停电子控制器，电动机的短路、断相、漏电保护的电子继电器，自动开关半导体脱扣器，以及各种晶闸管开关，等等，在自动检测与控制技术领域已得到广泛应用。

1.8.1　晶体管时间继电器

晶体管时间继电器中除了执行继电器外，均由电子元件组成，没有机械部件，因而具有寿命长、精度高、体积小、延时范围大、调节范围宽、控制功率小等优点。

晶体管时间继电器是利用电容对电压变化的阻尼作用来实现延时的。大多数阻容式延时电路都有类似图 1 – 63 （a）所示的电路形式，该电路由阻容环节、鉴幅器、出口电路、电源四部分组成。当接通电源后，电源电压 E 通过电阻 R 向电容 C 充电，电容上电压 U_C 按指数规律上升。当 U_C 上升到鉴幅器的门槛电压 U_d 时，鉴幅器即输出开关信号至后级电路，使执行继电器动作，阻容电路充电曲线如图 1 – 63 （b）所示。由此可见，延时的长短与电路的充电时间常数 $\tau = RC$、电源电压 E、门槛电压 U_d 及电容的初始电压 U_{c0} 有关。为了得到所需的延时，必须恰当选择上述参数；为了保证延时精度，必须保持上述参数的稳定。

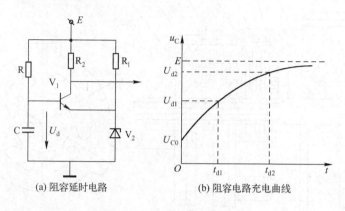

(a) 阻容延时电路   (b) 阻容电路充电曲线

图 1 - 63　阻容延时电路分析

晶体管时间继电器的品种和形式很多，电路也各异。常用的 JS20 系列时间继电器有通电延时型、断电延时型、带瞬动触点的通电延时型三种。所用电路有单结晶体管电路与场效应晶体管电路两种。通电延时型延时等级有：1s、5s、10s、30s、60s、120s、180s、300s、600s、1800s、3600s；断电延时型延时等级有：1s 、5s 、10s、30s、60s、120s、180s。

1. 晶体管时间继电器的工作原理

图 1 - 64 所示为采用场效应管 JS20 系列通电延时型时间继电器电路图，它由稳压电源、RC 充放电电路、电压鉴别电路、输出电路和指示电路等部分组成。接通交流电

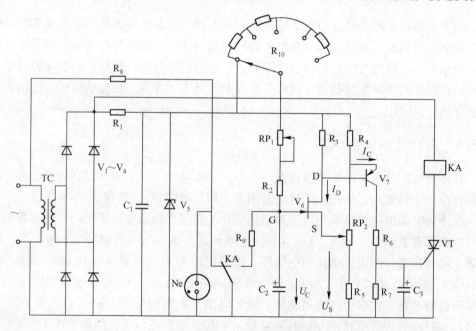

图 1 - 64　JS20 系列通电延时型时间继电器电路图

源，经整流、滤波和稳压后，直流电压经波段开关上的电阻 R_{10}、电位器 RP_1、电阻 R_2 向电容 C_2 充电。开始时，场效应晶体管 V_6 截止，晶体管 V_7、晶闸管 VT 也处于截止状态。随着充电的进行，电容 C_2 上的电压由零按指数规律上升，直到 $|U_C - U_S| < |U_p|$ 时，V_6 导通，其中 U_S 为 V_6 的源极电压，U_p 为夹断电压。此时由于 I_D 在 R_3 上产生电压降，D 点电位开始下降，当 D 点电位低于 V_7 发射极电位时，V_7 导通。V_7 的集电极电流 I_C 在 R_4 产生压降，导致场效应晶体管 V_6 的 U_S 降低，即负栅偏压越来越小，V_6 导通越来越好。可见，对 V_6 来说，R_4 起正反馈作用。V_7 导通则触发晶闸管 VT 使它导通，同时令继电器 KA 吸合，输出延时信号。从时间继电器接通电源，C_2 开始被充电到 KA 动作这段时间即为通电延时动作时间。KA 吸合后，C_2 经 KA 已闭合的常开触点对电阻 R_9 放电，同时氖灯 Ne 指示灯启辉发亮，并使 V_6、V_7 都截止，为下次工作做准备。但此时晶闸管 VT 仍保持导通，KA 仍吸合，除非切断电源，使电路恢复到原始状态，KA 才释放。

2. 晶体管时间继电器的主要技术数据及型号含义

JS20 系列晶体管时间继电器的主要技术数据见表 1 - 21。

表 1 - 21　JS20 系列晶体管时间继电器的主要技术数据

型　　号	结构形式	延时整定元件位置	延时范围/s	延时触点数量				瞬时触点数量		工 作 电 压/V		功率损耗/W	机械寿命/万次
				通电延时		断电延时				交流	直流		
				常开	常闭	常开	常闭	常开	常闭				
JS20 - □□/00	装置式	内接											
JS20 - □□/01	面板式	内接		2	2	—	—	—	—				
JS20 - □□/02	装置式	外接	0.1～300										
JS20 - □□/03	装置式	内接											
JS20 - □□/04	面板式	内接		1	1	—	—	1	1				
JS20 - □□/05	装置式	外接								36			
JS20 - □□/10	装置式	内接								100	24		
JS20 - □□/11	面板式	内接		2	2	—	—	—	—	127	48	≤5	1000
JS20 - □□/12	装置式	外接	0.1～3600							220	110		
JS20 - □□/13	装置式	内接								380			
JS20 - □□/14	面板式	内接		1	1	—	—	1	1				
JS20 - □□/15	装置式	外接											
JS20 - □□/00	装置式	内接											
JS20 - □□/01	面板式	内接	0.1～180	—	—	2	2						
JS20 - □□/02	装置式	外接											

JS20 系列晶体管时间继电器的型号含义：

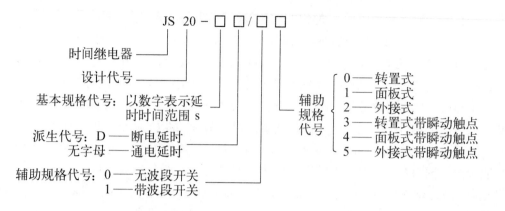

JS 20 - □□/□□

时间继电器

设计代号

基本规格代号：以数字表示延
时时间范围 s

派生代号：D——断电延时
无字母——通电延时

辅助规格代号：0——无波段开关
1——带波段开关

辅助
规格
代号
- 0——转置式
- 1——面板式
- 2——外接式
- 3——转置式带瞬动触点
- 4——面板式带瞬动触点
- 5——外接式带瞬动触点

1.8.2 晶体管温度继电器

影响电动机绕组寿命的是其过高的温升，用过电流继电器或热继电器保护电动机使其绝缘免受高温破坏或过早地老化，其实质是用流过绕组电流反映绕组的发热，这是一种间接的保护方法。引起绕组温升的不仅是电流，因此最好将温度传感器埋入电动机绕组，直接检测绕组的温度来进行保护。热电偶亦可用做温度传感器，但其灵敏度低，为此可采用 PTC 热敏电阻做温度传感器。

一个热敏电阻只能检测一相绕组的温度，因此，一台三相电动机至少需要三个热敏电阻。每相绕组的各部件温升不会完全相同，热敏电阻应埋在温升最高的绕组端部。当发生匝间、相间的短路或接地故障时，绕组各处温差很大，如果热敏电阻不是埋置于过热部位，就起不到保护作用。因此，对大、中型电动机和某些特种电动机，可在每相绕组的不同部位埋设热敏电阻。

热敏电阻并联接线的温度继电器电路图如图 1-65 所示。其中，每相热敏电阻 R_{tA}、R_{tB}、R_{tC} 各与一固定电阻 R_{PA}、R_{PB}、R_{PC} 串联以进行分压，三相热敏电阻组成并联式测量电路。当 R_t 随温度变化时，分压比改变，于是从各个 R_t 上取得信号电压，各相输出信号电压经二极管或门 $V_3 \sim V_5$ 送至一个公共的鉴幅器 V_6，令各相的分压值相等，故只要三个热敏电阻的特性和参数相同，各相就能在相同温度下工作。随着电动机绕组温度

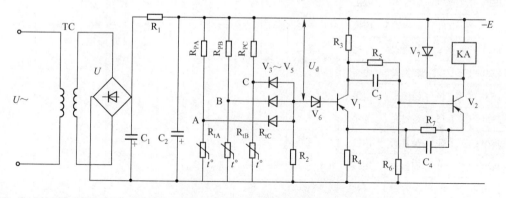

图 1-65 热敏电阻并联接线的温度继电器电路图

的升高，热敏电阻 R_t 的阻值增大，R_t 上的分压比提高，该点 A（B 或 C）的电位 U_x 下降。当测量电路的输出信号电压 U_x 在数值上低于鉴幅器的门槛电压 U_d 时，二极管或门 $V_3 \sim V_5$ 导通，稳压管 V_6 被击穿，射极耦合触发器翻转为 V_1 导通、V_2 截止，于是继电器 KA 释放，发出温度过高的控制信号。通常，在热敏电阻功耗不大于允许值的条件下，提高鉴幅器的门槛电压 U_d，可以提高电路的变换灵敏度。由于 U_d 主要由触发器的射极电位提供，因此 U_d 的选择还要受到后级触发器的限制，如果过高地抬高射极电位，则继电器线圈将得不到所需电压。U_d 一般选择在 $3 \sim 4V$ 之间。

1.8.3 接近开关

接近开关又称无触点行程开关，其功能是当某种物体与之接近到一定距离时就发出动作信号，而不像机械行程开关那样需要施加机械力。接近开关是通过其感应头与被测物体间介质能量的变化来取得信号的。接近开关用于继电器 – 接触器控制系统时，其输出电路要驱动一个中间继电器，通过中间继电器的触点对控制系统进行控制。接近开关不仅用做行程控制和限位保护，还用于高速计数、测速、液面控制、检测金属体存在与否、检测零件尺寸及无触点按钮等。

接近开关按信号辨识机构（即感应头）工作原理不同可分为高频振荡型、感应型、电容型、光电型、永磁及磁敏元件型、超声波型等，其中以高频振荡型最为常用。

图 1 – 66 所示为 LJ2 系列晶体管接近开关原理图，其感应头是一个具有铁氧体磁芯的电感线圈，故只能检测金属物体的接近程度。由图可见，电路由晶体管 V_1，振荡线圈 L 及电容 C_1、C_2、C_3 组成电容三点式高频振荡电路，其输出经晶体管 V_2 放大、二极管 V_8 和 V_9 整流成直流信号，加到晶体管 V_3 的基极，晶体管 V_4、V_5 构成施密特电路，晶体管 V_6 为接近开关的输出电路。

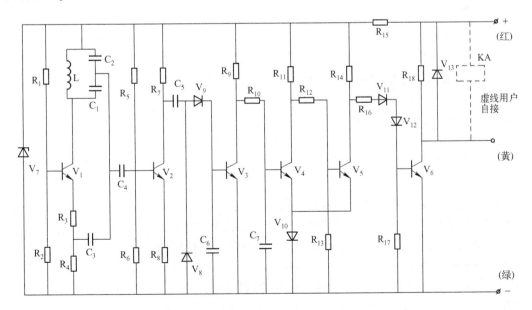

图 1 – 66　LJ2 系列晶体管接近开关原理图

当开关附近没有金属物体时，高频振荡器谐振，其输出经 V_2 放大并被 V_8、V_9 整流成直流，使 V_3 导通，施密特电路 V_4 截止，V_5 饱和导通，输出级 V_6 截止，接近开关无输出。

当金属检测物接近振荡线圈 L 时，由于感应作用，在金属检测物中产生涡流，由于涡流的去磁作用使感应头的等效参数发生变化，改变了振荡回路的谐振阻抗和谐振频率，使振荡截止。这时 V_8、V_9 构成的整流电路无输出信号，则 V_3 截止，施密特电路翻转，V_4 导通，V_5 截止，V_6 导通，有信号输出。其输出端可带继电器或其他负载。

接近开关采用非接触型感应输入，晶体管做放大与开关电路，它具有可靠性高、寿命长、操作频率高等优点。

接近开关的图形符号与文字符号见图 1-67。

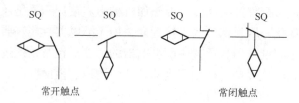

常开触点   常闭触点

图 1-67　接近开关的图形符号与文字符号

1.9　常用低压电器故障的排除

各种低压电器在使用过程中，难免出现不同程度的故障，本着勤俭节约的精神，不要动辄更换整个电器，应对其予以维修。

1.9.1　触点的故障维修及调整

触点的一般故障有触点过热、磨损、熔焊等，其检修程序和内容如下。

（1）检查触头表面的氧化情况和有无污垢。银触头氧化层的电导率和纯银的差不多，故银触头氧化时可不做处理。铜触头氧化时，要用小刀轻轻刮去其表面的氧化层。如果触头有污垢，可用汽油将其清洗干净。

（2）观察触头表面有无灼伤，如果有，要用小刀或整形锉修整触头表面，但不要过于光滑，否则会使触头接触面减小。不允许用纱布或砂纸打磨触头。

（3）触点如果有熔焊，应更换触点，如果因触点容量不够而产生熔焊，则选容量大一级的电器。

（4）检查触头的磨损情况，若磨损到只有 1/3～1/2 厚度时，应更换触点。

（5）检查触头有无机械损伤使弹簧变形，造成压力不够。此时应调整弹簧压力，使触点接触良好。可用纸条测试触点压力，方法是将一条比触点较宽的纸条放在动，静触头之间，若纸条很容易拉出，说明触点压力不够。一般对于小容量电器，稍用力纸条便可拉出；对于较大容量电器，纸条拉出后有撕裂现象，两者均说明触点压力比较合适。若纸条被拉断，说明触点压力太大。如果调整达不到要求，则应更换弹簧。

1.9.2　电磁机构的故障维修

由于铁芯和衔铁的端面接触不良或衔铁歪斜、短路环损坏等，都会造成电磁机构噪声过大，甚至引起线圈过热或烧毁。

1. 衔铁噪声大

修理时先拆下线圈，检查铁芯和衔铁间的接触面是否平整，否则予以锉平或磨平。接触面如果有油污，要清洗干净。若铁芯歪斜或松动，应加以校正或紧固。检查短路环有无断裂，如果有，可用铜条或粗铜丝按原尺寸制好，在接口处气焊修平即可。

2. 线圈故障

由于线圈绝缘损坏、机械损伤造成匝间短路或接地，电源电压过高，铁芯和衔铁接触不紧密，均可导致线圈电流过大，引起线圈过热甚至烧毁。烧毁的线圈应予以更换。但是如果线圈短路的匝数不多，且短路点又在接近线圈的端头处，其余部分完好，可将损坏的几圈去掉，线圈仍可使用。

3. 衔铁吸不上

线圈通电后衔铁不能被铁芯吸合，应立即切断电源，以免烧毁线圈。若线圈通电后无振动和噪声，应检查线圈引出线连接处有无脱落，并用万用表检查是否断线或烧毁；若线圈通电后有较大的振动和噪声，应检查活动部分是否被卡住，铁芯和衔铁之间是否有异物。

1.9.3　常用低压电器的故障及检修

低压电器种类繁多，除了触点和电磁机构的故障外，还有自身特有的故障。

1. 接触器的故障及排除

接触器除了触点和电磁机构的故障外，还常见下列故障。

（1）触点断相。由于某相主触点接触不好或连接螺钉松脱，使电动机缺相运行，此时电动机发出"嗡嗡"声，应立即停车检修。

（2）触点熔焊。接触器主触点因长期通过过载电流引起两相或三相主触点熔焊，此时虽然按停止按钮，但主触点不能分断，电动机不会停转，并发出"嗡嗡"声，此时应立即切断控制电动机的前一级开关，停车检查并修理。

（3）灭弧罩碎裂。接触器不允许无灭弧罩使用，应及时更换。

2. 熔断器的故障及排除

熔断器的常见故障是在电动机启动瞬间熔体便熔断。其原因有：熔体额定电流选择太小，电动机侧有短路或接地。应更换合适的熔体或排除短路及接地故障。

3. 热继电器的故障及排除

（1）热元件烧毁。若热元件中的电阻丝烧毁，电动机不能启动或启动时有"嗡嗡"

声。其原因是：热继电器动作频率太高或负载侧发生短路。应立即切断电源，检查电路，排除短路故障，更换合适的热继电器。

（2）热继电器误动作。热继电器误动作的主要原因有：额定电流偏小，以致未过载就动作；电动机启动时间过长，使热继电器在电动机启动过程中动作；操作频率过高，使热继电器经常受到启动电流的冲击；使用场合有强烈的冲击和振动，使热继电器动作机构松动而脱扣；连接导线太细，电阻增大等。应合理选用热继电器并调整其整定电流值；在启动时将热继电器短接；限定操作方法或改用过电流继电器；按要求使用连接导线。

（3）热继电器不动作。热继电器整定电流值偏大，以致过载很久仍不动作；或者其导板脱出，动作机构卡住而不动作。此时要合理调整整定电流值，将导板重新放入，或者排除卡住故障，并试验动作的灵敏度。

4. 时间继电器的故障及排除

空气阻尼式时间继电器的气室因装配不严而漏气或橡皮膜损坏，会使延时缩短甚至不延时，此时应重新装配气室，更换损坏或老化的橡皮膜。如果排气孔阻塞，继电器的延时时间会变长，此时可拆开气室，清除气道中的灰尘。

5. 刀开关的故障及排除

刀开关容量太小，拉闸或合闸时动作太慢，或者金属异物落入刀开关内引起相间短路，均可造成动静触头烧坏和闸刀短路。此时应更换大容量刀开关，改善操作方法，清除刀开关内的异物。

6. 低压断路器的故障及排除

（1）不能合闸。若电源电压太低、失压脱扣器线圈开路、热脱扣器的双金属片未冷却复位及机械原因，均会出现合闸时操作手柄不能稳定在接通位置上。此时应将电源电压调至规定值，更换失压脱扣器线圈，待双金属片冷却复位后再合闸，或者更换机械传动机构部件，排除卡阻。

（2）不能分闸。若电源电压过低或消失，或者按下分励脱扣器的分闸按钮，低压断路器不分闸，仍保持接通，这可能是由于机械传动机构卡死，不能动作，或者主触点熔焊。此时应检修机械传动机构，排除卡死故障，更换主触点。

（3）自动掉闸。若启动电动机时自动掉闸，可能是热脱扣器的整定值太小，应重新整定。若工作一段时间后自动掉闸，造成电路停电，可能是过电流脱扣器延时整定值调得太短，应重新调整；或者是热脱扣器的热元件损坏，应更换热元件。

本章小结

低压电器种类繁多，本章主要介绍常用的开关电器、接触器、继电器、熔断器、主令电器、执行电器、电子电器的作用、结构、工作原理、主要参数、图形符号与文字符号。

低压断路器是低压配电系统和电力拖动系统中非常重要的电器，可用做电路的频繁通断，一般具有过载、短路、欠电压保护的功能。

接触器可远距离、频繁地通/断大电流电路。

继电器是根据不同输入信号控制小电流电路通/断的电器，其中，中间继电器、时间继电器、速度继电器、干簧继电器、液位继电器、压力继电器等为控制用继电器。过电流继电器、欠电流继电器、过电压继电器、欠电压继电器、热继电器、温度继电器等为保护用继电器。

熔断器在一般电路中可用做过载和短路保护，但在电动机电路中，只适宜做短路保护，不能做过载保护。

主令电器是电气控制系统中用于发送控制命令或信号的电器。控制按钮发出手动控制信号。限位开关将机械位移变为电信号。万能转换开关、主令控制器及凸轮控制器均具有多个操作位置，能控制多达十几路电路，前两者用于控制小电流的电路（控制电路），后者则用于控制主电路。

执行电器是完成机械设备工艺过程的执行机构，主要有电磁铁、电磁阀、电磁离合器和电磁抱闸等。

电子电器是全部或部分由电子器件构成的电器。不同的电子电器有各自的特点，但大多数非数字式电子电器均由传感机构、变换电路、放大器、检波器或解调器、鉴幅器、延时电路、出口电路、整流器和稳压器等组成。更换不同的传感机构，并对某些环节稍做改动，即可构成不同的电器。例如，若传感机构是一个反映光照强度的光敏元件，那么它就是一个光电继电器；若传感机构是一个反映温度变化的热敏电阻，那么它就是一个温度继电器。

每种电器都有其规定的技术参数和使用范围，要依据使用条件正确选择。各类电器的技术参数本书难以一一列举，读者可查产品样品或电工手册。

保护电器和控制电器的使用，除了要根据控制保护要求和使用条件选用具体型号外，还要根据被保护、被控制电路的要求，进行调整和整定其动作值。

思考题与习题 1

1. 分析下面的说法是否正确，在括号中用√和×分别表示正确和错误。
（1）胶木闸刀开关（开启式负荷开关）安装时（合闸状态）手柄应向下。　（　）
（2）交流接触器的铁芯上嵌有短路环，目的是增强电磁铁的吸引力。　（　）
（3）交流接触器电磁线圈工作电压不一定等于触点的工作电压。　（　）
（4）220V 的交流接触器线圈接在直流 220V 的电源上，接触器可正常工作。　（　）
（5）交流接触器电磁线圈的工作电压应该大于控制电路的电源电压。　（　）
（6）熔断器的额定电流即其熔体的额定电流。　（　）
（7）电磁线圈的作用是产生励磁吸引衔铁。　（　）

（8）速度继电器是根据电磁感应原理制成的。 （　）

（9）热继电器中的双金属片产生弯曲现象是由于两片金属片机械强度不同而产生的。 （　）

（10）晶体管时间继电器是根据 RC 电路充放电原理获得延时的。 （　）

2. 哪些电磁机构需要短路环？为什么？

3. 开关设备通断时，触头间的电弧是如何产生的？常用哪些灭弧措施？

4. 为了观察接触器主触点的电弧情况，有人将灭弧罩取下后启动电动机，是否可以这样做？为什么？

5. 简述电动力吹弧的灭弧原理。

6. 对于额定功率为 3kW、额定电压为 380V、额定功率因数为 0.85、额定效率为 0.85 的三相交流异步电动机，应选择什么规格型号的刀开关作为电源开关？

7. 与开启式负荷开关相比，封闭式负荷开关（即铁壳开关）有哪些优点？安装时应注意什么问题？

8. 组合开关的结构有什么特点？有几种类型？型号的含义是什么？

9. 低压断路器在电路中起什么作用？它有哪些脱扣装置？各起什么作用？

10. 低压断路器的主要技术参数有哪些？如何正确选用低压断路器？

11. 漏电保护开关的作用是什么？试述其工作原理？

12. 从外部结构特征上如何区分直流电磁机构和交流电磁机构？怎样区分电压线圈与电流线圈？

13. 交流接触器铁芯上的短路环起什么作用？若其断裂或脱落会出现什么现象？为什么？

14. 交流接触器和直流接触器能否互换使用，分别会有什么问题？为什么？

15. 接触器的用途是什么？分几种类型？由哪几部分组成？

16. 继电器的作用是什么？什么是继电器的返回系数？欠电压继电器为什么要求返回系数高？

17. 什么是时间继电器，试述电磁式时间继电器的工作原理？如何调节其延时长短？

18. 试述通电延时型空气阻尼式时间继电器的工作原理。

19. 电压继电器和电流继电器在电路中各起什么作用？它们的线圈和触点各接于什么电路中？

20. 中间继电器与接触器有何不同？在电路中起什么作用？

21. 过电压、过电流继电器的作用是什么？

22. 欠电压、欠电流继电器有何作用？

23. 电动机的启动电流很大，启动时热继电器应不应该动作？为什么？

24. 试述热继电器的作用和工作原理。

25. 星形连接的三相异步电动机能否采用两相热继电器做断相保护与过载保护？为什么？

26. 三角形连接的三相异步电动机为何必须采用三相带断相保护的热继电器做断相保护？

27. 热继电器和熔断器的保护功能有何不同？它们能否相互代替？为什么？

28. 熔断器的额定电流、熔体的额定电流、熔体的极限分断电流三者有何区别？

29. 快速熔断器的特点是什么？它的熔体能否用普通的熔体代替？

30. 试述速度继电器的工作原理及应用场合。

31. 行程开关在电路中起什么作用？它与控制按钮有何区别？

32. 万能转换开关、主令控制器及凸轮控制器各应用于什么场合？

33. 试述电磁阀的工作原理及应用场合。

34. 何谓电子电器？它一般由哪几部分组成？

35. 简述通电延时型晶体管时间继电器的工作原理。

36. 温度继电器为什么能实现"全热"保护？热敏电阻并联接线的温度继电器是如何工作的？

37. 试述晶体管接近开关的工作原理及应用场合。

第2章 电气控制系统的基本控制环节

电气控制系统是由被控对象（电动机或执行电器）与各种低压电气元件按照一定的控制要求组合而成的。其作用是实现对被控对象的启动、正反转、制动、调速、停止和保护，以满足生产机械的工艺要求，实现生产过程的自动化。

不同生产机械对控制的要求是不同的，相应的控制电路也千差万别、各不相同，但是，它们都是由一些比较简单的基本控制环节按一定的控制原则组成的。所以深入地了解这些基本控制环节及其逻辑关系和特点，再结合生产机械具体的生产工艺要求，就不难掌握电气控制系统的基本分析方法和设计方法了。

继电器–接触器控制系统的优点是电路简单，安装、调整、维修方便，价格低，抗干扰能力强，广泛应用于各类生产设备的控制和生产过程自动化中。其缺点是由于采用固定式的接线方式，故通用性、灵活性较差，不能采用系列化生产；由于采用有触点电器时，触点易发生故障，维修量较大。尽管如此，目前继电器–接触器控制系统仍是最基本的电气控制形式。

2.1 电气控制系统图的绘制原则

为了便于电气控制系统的设计、分析、安装、调整、使用和维修，需要将电气控制系统中各电气元件及其连接电路用一定的图形表达出来，这种图就是电气控制系统图。

电气控制系统图有三类：电气原理图，电气元件布置图和电气安装接线图。

2.1.1 电气控制系统图常用的图形符号、文字符号和接线端子标记

在电气控制系统图中，电气元件必须使用国家统一规定的图形符号和文字符号。国家规定从 1990 年 1 月 1 日起，电气控制系统图中的图形符号和文字符号必须符合最新的国家标准。当前推行的最新标准是国家标准局颁布的 GB/T 4728—1996～2000《电气简图用图形符号》、GB/T 6988.1～4—2002《电气技术文件的编制》、GB/T 6988.6—1993《控制系统功能图表的绘制》、GB/T 7159—1987《电气技术中的文字符号制定通则》。附录中给出电气控制系统图中常用的图形符号和文字符号，以便读者参考。

1. 图形符号

图形符号通常指用图样或其他文件表示一个设备或概念的图形、标记或字符。图形符号由符号要素、一般符号及限定符号构成。

（1）符号要素。符号要素是一种具有确定意义的简单图形，必须同其他图形组合才能构成一个设备或概念的完整符号。例如，三相异步电动机是由定子、转子及各自的引

线等几个符号要素构成的，这些符号要求有确切的含义，但一般不能单独使用，其布置也不一定与符号所表示的设备的实际结构相一致。

（2）一般符号。一般符号是用以表示一类产品和此类产品特征的一种简单的符号，它们是各类元器件的基本符号。例如，一般电阻器、电容器和具有一般单向导电性的二极管符号；又如，电动机可用一个圆圈表示。一般符号不但广义上可表示各类元器件，也可以表示没有附加信息或功能的具体元件。

（3）限定符号。限定符号是用于提供附加信息的一种加在其他符号上的符号。例如，在电阻器一般符号的基础上，加上不同的限定符号就可组成可变电阻器、光敏电阻器、热敏电阻器等具有不同功能的电阻器。也就是说，使用限定符号后，可以使图形符号具有多样性。限定符号一般不能单独使用。一般符号有时也可以作为限定符号用，例如，电容器的一般符号加到二极管的一般符号上就构成了变容二极管的符号。

运用图形符号绘制电气控制系统图时应注意以下几点。

（1）所有符号均以无电压、无外力作用的正常状态表示，如按钮未按下，继电器、接触器线圈未通电等。

（2）在图形符号中，某些设备元件有多个图形符号，在选用时应尽可能选用优选形。在能够表达其含义的情况下，尽可能采用简单形式，在同一图中使用时，应采用同一形式。图形符号的大小和线条粗细，同一图应基本一致。

（3）为适应不同需要，可将图形符号放大和缩小，但各符号相互间的比例应保持不变，图形符号绘制时方位不是强制的，在不改变符号本身含义的前提下，可将图形符号旋转或成镜像放置。

（4）图形符号中导线符号可以用不同宽度的线条表示，以突出和区分某些电路或连接线，一般常将电源或主信号线用加粗的实线表示。

2. 文字符号

文字符号分为基本文字符号和辅助文字符号，它适用于电气技术领域中技术文件的编制，也可用在电气设备、装置和元器件上或其附近，以标明它们的名称、功能、状态和特征。

1）基本文字符号

基本文字符号有单字母符号和双字母符号两种。

单字母符号按拉丁字母顺序将各种电气设备、装置和元器件划分为23大类，每一类用一个专用字母符号表示。例如，"R"代表示电阻器类，"M"代表电动机类，"C"代表电容器类，等等。

双字母符号由一个代表种类的单字母符号和另一个字母组成，且单字母符号在前、另一字母在后，后面字母通常选用该类设备、装置和元器件的英文名词的首字母。这样，双字母符号可以较详细和更具体地表述电气设备、装置和元器件的名称。例如，"F"表示保护器件类，"FU"则表示熔断器；"RP"代表电位器，等等。

2）辅助文字符号

辅助文字符号表示电气设备、装置和元器件及电路的功能、状态和特征，通常也由英文单词的前一两个字母构成。例如，"DC"代表直流，"IN"代表输入，"S"代表信号。

辅助文字符号通常放在表示种类的单字母符号之后，构成组合双字母符号，若辅助文字符号由两个以上字母组成，则只允许采用第一位字母进行组合。例如，"Y"表示电气操作机械的单字母符号，"B"代表制动的辅助文字符号，"YB"则代表制动电磁铁的组合符号。辅助文字符号也可单独使用，如"ON"代表接通，"N"代表中线，等等。

3）补充文字符号

若规定的基本文字符号和辅助文字符号不敷使用，可按国家标准中文字符号组成规律予以补充，但所有字符加在一起一般不得超过三位。例如，若需对相同的设备或元器件加以区别，常使用数字序号进行编号，例如"M1"表示1号电动机，"T2"表示2号变压器等。

3. 接线端子标记

1）主电路各接线端子标记

三相交流电源引入线采用L1、L2、L3标记。

电源开关之后的三相交流电源主电路分别按U、V、W顺序标记。

分级三相交流电源主电路采用在三相文字代号U、V、W的前边加上阿拉伯数字1、2、3等来标记，如1U、1V、1W，2U、2V、2W等。

各电动机分支电路各接点标记采用三相文字代号后面加数字来标记。如U1、V1、W1表示M1电动机绕组首端，而U11表示M1电动机的第一相的第一个接点代号，U12为M1电动机第一相的第二个接点代号，……，依此类推。

2）控制电路各电路连接点标记

控制电路采用阿拉伯数字编号，一般由不超过三位的数字组成。标注方法按"等电位"原则进行，在垂直绘制的电路中，标号顺序一般由上而下、由左至右编号，凡是被线圈、绕组、触点、电阻、电容等元件所间隔的线段，都应标以不同的电路标号。

2.1.2 电气原理图

电气原理图是为了便于阅读和分析电路，根据简单清晰的原则，采用电气元件展开的形式绘制，表示电气控制系统工作原理的图形。在电气原理图中只包括所有电气元件的导电部件和接线端点之间的相互关系，但并不按照各电气元件的实际布置位置和实际接线情况来绘制，也不反映电气元件的大小。下面以图2-1所示的CW6132型普通车床电气原理图为例来阐明绘制电气原理图的原则和注意事项。

1. 绘制电气原理图的原则

（1）电气原理图绘制标准。图中所有元器件都应采用国家统一规定的图形符号和文字符号。

（2）电气原理图的组成。电气原理图由主电路和辅助电路组成。主电路是从电源到电动机的电路，其中有刀开关（或低压断路器）、熔断器、接触器主触点、热继电器发热元件、凸轮控制器触点与电动机等。主电路用粗实线绘制于图的左侧或上方。辅助电路包括控制电路、保护电路、照明电路和信号电路等。它们由继电器和接触器的电磁线圈、继电器触点、接触器辅助触点、控制按钮、其他控制元件触点（如万能转换开关、主令控制器、行程开关等）、控制变压器、熔断器、照明灯、信号灯等组成，用细实线绘制于图的右侧或下方。主电路、控制与保护电路、照明与信号电路三者要分开绘制。

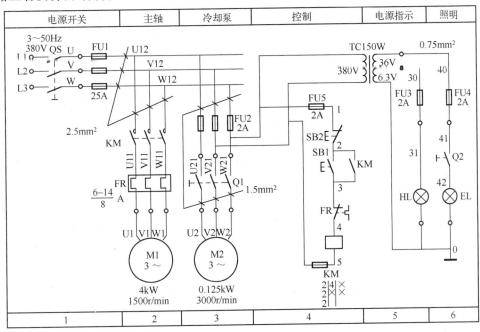

图 2-1　CW6132 型普通车床电气原理图

（3）电源线的画法。直流电源线用水平线画出，一般正极线画在图的上方，负极线画在图的下方。三相交流电源线集中水平画在图的上方，相序自上而下按 L1、L2、L3 排列，中线（N 线）和保护接地线（PE 线）排在相线之下。主电路垂直于电源线画在图的左侧；控制电路与信号电路和两条水平电源线垂直，画在图的右侧，耗电元器件（如继电器、接触器和电磁铁线圈、照明灯、信号灯等）直接与下方水平电源线相接，控制触点接在上方水平电源线与耗电元器件之间。

（4）电气元器件的画法。电气元器件均不按实际外形图画，而只画出其带电部件（如接触器只画出线圈，各主、辅触点）。同一电气元器件的不同带电部件应根据便于阅读和分析电路的工作原理的原则来安排，绘在它们完成其动作功能的地方，可以不画在一起，但是应该用同一文字符号标明。对于几个同类电器，在表示名称的文字符号之后加上数字序号，以示区别。本书为说明电气原理图的工作原理方便起见，对同一元器件的不同触点，在表示其名称的文字符号之后再加数字下标加以区别。

（5）电气触点的画法。各元器件触点状态均按没有外力时或未通电时触点的原始状态画出。对接触器、电磁式继电器是按电磁线圈未通电时触点状态画出；对控制按钮，行程开关是不受外力作用时触点状态画出；对低压断路器和开关电器的触点按断开状态画出。当电气触点图形符号垂直放置时，常开触点在垂线左侧，常闭触点在垂线右侧，即"左开右闭"；当图形符号水平放置时，常开触点在水平线下方，常闭触点在水平线上方，即"上闭下开"。

（6）电气原理图的布局。电气原理图按功能布置，即同一功能的电气元器件集中在一起，尽可能按动作顺序从上到下或从左到右的原则绘制。

（7）线路连接点、交叉点的绘制。在电路图中，对于需要测试和拆接的外部引线端子，采用"空心圆"表示；有直接电联系的导线连接点，用"实心圆"表示，无直接电联系的导线交叉点不画黑圆点，但在电气原理图中尽量避免线条交叉。

（8）标注。原理图应标注下列数据：各电源电路的电压值、极性或频率及相数；某些元器件的特性，如电容、电阻的数值；不常用的电器操作方法和功能。

对于非电气控制和人工操作的电器，必须在电气原理图上用相应的图形符号表示其操作方式及工作状态。同一机械操作件动作的所有触点，要用机械连杆符号表示其联动关系。

2. 电气原理图图面区域的划分

为了便于确定电气原理图的内容和组成部分在图中的位置，有利于检索电路，常在图纸上分区。图面分区时，竖边从上到下用大写拉丁字母编号，横边从左到右用阿拉伯数字编号。分区代号用该区域的拉丁字母和数字表示，如B2、C3等。横向数字图区可放在图的上方或下方（见图2-1）。为了方便读图，还常在图面区域对应的原理图上方（见图2-1）或下方标明该区域的元件或电路的功能，如电源开关、主轴等。

3. 符号的位置索引

在复杂的电气原理图中，在继电器、接触器线圈的文字符号下方要标注其触点位置的索引；在触点文字符号下方要标注其线圈位置的索引。符号位置的索引用图号、页次和图区编号的组合索引法，索引代号组成如下。

当某图号仅有一页图样时，只写图号和图区的行、列号（无行号时只写列号）。如果只有一个图号多页图样，则可省略图号。如果元件的相关触点只出现在一张图样上，只标出图区号（或列号）。

继电器和接触器的线圈与触点的从属关系可用附图表示，附图可在相应线圈下方或其他地方。附图中给出触点的图形符号，并在其下面注明相应触点的索引代号，未使用的触点用"×"表明。有时也可省略触点的图形符号。现将图2-1图区4中KM线圈下方相应的触点位置索引，重画于图2-2（a）中。

在接触器 KM 触点位置索引中，左栏为常开主触点所在图区号（三个常开主触点在图区2），中栏为辅助常开触点所在图区号（一个在图区4，另一个没有使用），右栏为辅助常闭触点所在图区号（两个触点均未使用）。

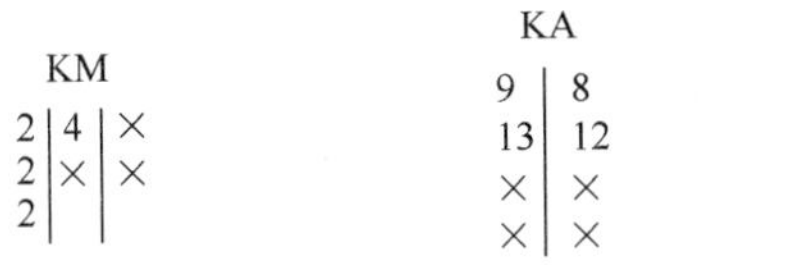

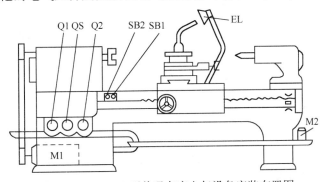

	KM			KA	
2	4	×	9	8
2	×	×	13	12
2	×	×	×	×

(a) 接触器触点位置索引　　(b) 继电器触点位置索引

图 2-2　继电器、接触器触点位置索引

在继电器 KA 触点位置索引中，左栏为常开触点所在图区号（一个在图区9，另一个在图区13，两个触点未使用），右栏为常闭触点所在图区号（一个在图区8，另一个在图区12，两个触点未使用）。

2.1.3　电气元件布置图

电气元件布置图是用来表明电气原理图中各元器件的实际安装位置的，可视电气控制系统按复杂程度不同采取集中或单独绘制，它为电气控制系统的制造、安装、维修提供必要的资料。各电气元件的安装位置是由生产机械的结构和工作要求决定的，如电动机要和被拖动机械部件在一起，行程开关应放在要取得信号的地方，操作元件要放在操纵台及悬挂操纵箱等操作方便的地方，如图 2-3 所示为 CW6132 型普通车床电气设备安装布置图，其他的电气元件则安放在电气控制柜（箱、盘或板）中。

图 2-3　CW6132 型普通车床电气设备安装布置图

电气元件布置图主要由电气设备安装布置图、控制柜电气元件布置图、操纵台及悬挂操纵箱电气元件布置图等组成。电气元件的布置应注意以下几个问题：

（1）体积大和重的电气元件安装在电器安装板的下方，发热元件安装在上面。

（2）强电、弱电应分开，弱电应屏蔽，防止外界干扰。

（3）需经常维护、检修、调整的电气元件的安装位置不宜过高或过低。

（4）电气元件的布置应整齐、美观、对称，外形尺寸与结构类似的电器安装在一起，以利于配线。

（5）控制盘内电气元件与盘外电气元件的连接应经接线端子进行，接线端子排（或板）安装于电器安装板的最下方，并按一定顺序标出接线号。

（6）电气元件布置不宜过密，应留有一定间距。如果用走线槽，应加大各排电器间距，以利于布线和维修。

电气元件布置图根据电气元件的外形尺寸绘出，并标明各元器件间距尺寸，图 2 - 4 所示为 CW6132 型普通车床控制盘电气元件布置图。

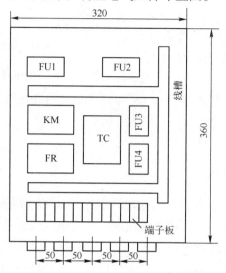

图 2 - 4　CW6132 型普通车床控制盘电气元件布置图

2.1.4　电气安装接线图

为了进行电气控制系统的布线或布缆，必须提供其中各个单元或单元中各个项目（包括元件、器件、组件等）之间的电气连接详细信息，包括连接关系、线缆种类和敷设路线等，将它们用电气图的方式表达出来，这就是电气安装接线图。通常，电气安装接线图要和电气原理图、电气元件布置图一起使用。

电气安装接线图是安装接线、线路检查、线路维修和故障处理不可缺少的技术文件，根据表达对象和用途不同，它又分为单元接线图、互连接线图和端子接线图。国家标准 GB 6988.5—1986《电气制图、接线图和接线表》详细规定了电气安装接线图的编制规则，主要有以下内容。

（1）在电气安装接线图中一般都标出项目的相对位置、项目代号、端子号、导线号、导线型号、导线截面积和端子间的电连接关系。

（2）各个项目采用简化外形（如正方形、矩形、圆形或简单外形轮廓）表示，简化外形旁应标注项目代号，并应与电气原理图中的标注一致。

（3）各电气元件均按实际安装位置绘出，元器件所占图面按实际尺寸以统一比例绘制。

（4）一个元器件中所有带电部件均画在一起，并用点画线框起来，即采用集中表示法。

（5）各电气元件的图形符号和文字符号必须与电气原理图一致，并符合国家标准。

（6）同一控制盘中的电气元件可直接连接。而盘内元器件与外部元器件连接时必须通过接线端子排进行，凡需接线的部件端子都应绘出，并予以编号，各接线端子编号必须与电气原理图上的导线编号一致。

（7）绘制电气安装接线图时，走向相同的导线可以绘成一股线，互连接线图中的互连关系可用连续线、中断线或线束表示，连接导线应注明导线根数、导线截面积等。一一般不表示导线实际走线途径，施工时由操作者根据实际情况选择最佳走线方式。

图 2-5 所示为 CW6132 型普通车床电气互连接线图。

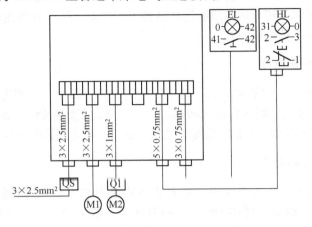

图 2-5　CW6132 型普通车床电气互连接线图

2.2　三相交流笼型异步电动机全压启动控制电路

三相交流笼型异步电动机全压启动是指启动时加在定子绕组上的电压为额定电压，故又称直接启动。全压启动的优点是电气设备少、电路简单、价格低廉、维修量少。但是全压启动时，启动电流可达电动机额定电流的 4～7 倍，过大的启动电流会造成电网电压显著下降，直接影响在同一电网上工作的其他负载。故全压启动的电动机容量受到一定的限制。

通常 7.5kW 以下的小容量异步电动机都可以全压启动。若供电变压器容量较小，但电动机容量符合下面经验公式要求者，也允许全压启动。

$$K_{\mathrm{i}} = \frac{I_{\mathrm{st}}}{I_{\mathrm{N}}} \leqslant \frac{3}{4} + \frac{\text{电源总容量（kV · A）}}{4 \times \text{启动电动机容量（kV · A）}}$$

式中，I_{st} 和 I_{N} 分别为异步电动机定子启动线电流和额定线电流；K_{i} 称为启动电流倍数，可在产品目录中查到。

在研究电气控制系统工作原理之前，首先要介绍本书独具特色的用符号法分析电路工作原理所采用的各种符号的含义。

线圈通电衔铁吸合，线圈断电衔铁释放，线圈不会通电衔铁不吸合，线圈不会断电衔铁不会释放，触点闭合，触点分断，触点不闭合，触点不分断，先同一电器一个触点先分断，后同一电器另一个触点后闭合，触点延时闭合，触点延时分断，先同一时间继电器一个触点先延时分断，后同一时间继电器另一触点后延时闭合，M电动机正转，M电动机反转，n电动机转速增加，n电动机转速下降，KM主接触器主触点。同一电器的不同触点在表示其名称的文字符号之后再加数字下标来区别，如 $KA1_1$、$KA1_2$ 分别表示 1 号继电器的两个不同的触点；或者在触点文字符号之后的下标以不同电路标号表示该触点，如图 2-1 中的 KM_{2-3} 表示在电路标号 2 与 3 之间的接触器 KM 的常开辅助触点。

2.2.1 单向运动控制电路

生产机械有连续运转与短时间断运转两种工作状态，所以对其拖动电动机的控制也有点动和连续运转两种控制方式。

1. 手动正转控制电路

如图 2-6 所示是一种最简单的手动正转控制电路，图中，三相刀开关 QS 合闸则电动机得电运转，刀开关分闸则电动机断电停车，电路设有熔断器 FU 做电路短路保护用。这种电路仅适用于不频繁启动的小容量电动机，而且不能实现远距离控制和自动控制。

2. 点动正转控制电路

点动正转控制电路是用按钮 SB、接触器 KM 来控制电动机运转的最简单的正转控制电路，如图 2-7 所示。图中 QS 为三相刀开关，做电源开关用，FU1、FU2 为熔断器，分别做主电路和控制电路短路保护用。

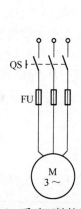

图 2-6 手动正转控制电路

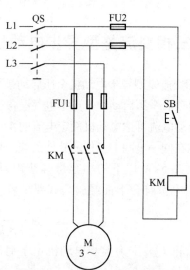

图 2-7 点动正转控制电路

下面用符号法分析电路的工作原理。

启动：QS↓，按下 SB，SB↓ → KM → KM主 → M

停车：松开 SB，SB↑ → KM → KM主 → M 断电停车

停止使用：QS↑

今后，按下启动按钮 SB，SB↓，用 SB↓ 表示；松开启动按钮 SB，SB↑，用 SB↑ 表示。

这种电路常用于电葫芦和车床拖板箱快速移动的电动机控制中。此电路若要电动机连续运行，要一直按下启动按钮不松手，这不符合生产实际要求。由于按下启动按钮电动机运转，松开启动按钮电动机停止，故称点动控制。

3. 连续正转控制电路

为了实现电动机的连续运转，可采用如图 2-8 所示的接触器自锁正转控制电路。

本电路与点动控制电路相比，在主电路中多串联了热继电器 FR 的三相热元件，在控制电路中串入了热继电器的常闭触点 FR 及停止按钮 SB2，在启动按钮两端并联了接触器 KM 的一个常开辅助触点，电路的工作原理如下所述。

启动：QS↓，SB1↓ → KM╤ → KM主↓ → M↻
　　　　　　　　　　 → KM↓

SB1↑ ∵KM↓ → KM╦

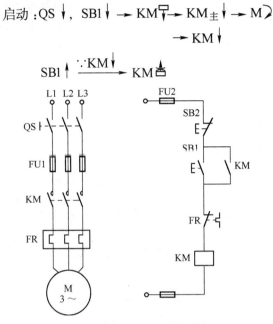

图 2-8　接触器自锁正转控制电路

接触器 KM 通过自身常开辅助触点而使线圈保持得电的作用叫自锁，又称自保，这种电路叫自锁电路，与启动按钮 SB1 并联起自锁作用的常开辅助触点叫自锁触点或自保触点，在今后用符号法分析电路工作原理时用"KM↓自"表示自锁触点及其在电路中所起的作用。本电路要求按下按钮 SB1 的时间要比接触器 KM 的吸合时间长，电动机才能连续运行。

停车：按下 SB2，SB2↑ → KM╦ → KM主↑ → M 停车
　　　　　　　　　　 → KM↑

今后，按下停止按钮 SB，SB↑，用 SB↑表示。

电路具有如下保护功能。

（1）短路保护。由熔断器 FU1、FU2 分别实现主电路和控制电路的短路保护，为扩大保护范围，熔断器应安装在电源开关下边。

（2）过载保护。当电动机出现长期过载时，FR↑ → KM╦ → KM主↑ → M 停车
　　　　　　　　　　　　　　　　　　　　　　　　 → KM↑

（3）欠电压和失电压保护。当电源断电或电压严重不足时，KM╦ → KM主↑ → M 停车
　　　　　　　　　　　　　　　　　　　　　　　　　　　　　 → KM↑

当电源电压恢复正常时，电动机不会自动启动，避免事故发生。

后面介绍的电路通常具有这三种保护装置，就不再做介绍了。

4. 既能点动又能连续运转的正转控制电路

机床在正常运行时，电动机通常都处于连续运动状态，但在试车或调整刀具与工件的相对位置时，又需要电动机能点动工作，实现这种控制要求的电路如图 2-9 所示。

图 2-9（a）所示是在接触器自锁正转控制电路的基础上，将手动开关 SA 串联在自锁电路中实现的，当 SA 闭合时，电路起连续控制作用；当 SA 分断时，电路就具有点动控制功能了。

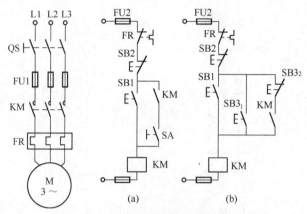

图 2-9　连续与点动正转控制电路图

图 2-9（b）所示是在接触器自锁正转控制电路的基础上，增加一个复合按钮 SB3 来实现连续与点动控制的，电路工作原理如下所述。

（1）连续控制。连续控制的工作原理与图 2-8 相同，不再重复。

（2）点动控制。

启动：按下 SB3
$\Big\{$
SB3$_2$ ↑先 → 断开自锁电路
SB3$_1$ ↓后 → KM 线圈 → KM 主 ↑ → M 转
　　　　　　　 → KM ↓ 连续控制用，此时不起作用

停车：松开 SB3
$\Big\{$
SB3$_1$ ↑先 → KM 线圈 → KM 主 ↑ → M 停车
　　　　　　　　　　　　 → KM ↑
SB3$_2$ ↓后 ∵KM ↑ → KM 线圈

2.2.2　实训一：三相交流笼型异步电动机点动与自锁控制

1. 实训目的

（1）通过对三相交流笼型异步电动机点动控制和自锁控制电路的实际安装接线，掌握由电气原理图变换成安装接线图的知识。

（2）通过实训，加深理解点动控制和自锁控制的特点及其在机床控制中的应用。

2. 实训设备

浙江天煌教仪 DZSZ-1 型电动机及自动控制实验装置之 DZ01 挂件——电源控制屏，其面板图如图 2-10 所示；D61 挂件——继电接触控制挂箱（一），其面板图如图 2-11 所示，D62 挂件——继电接触控制挂箱（二），其面板图如图 2-12 所示，DJ24——三相笼型异步电动机（△/220V）。

图 2-10   DZ01 挂件——电源控制屏面板图

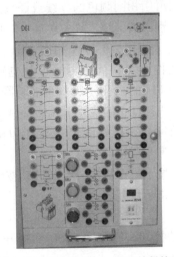

图 2-11   D61 挂件——继电接触控制
挂箱（一）面板图

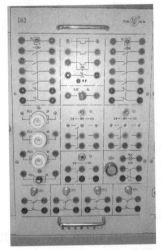

图 2-12   D62 挂件——继电接触控制
挂箱（二）面板图

3. 实训前准备工作

实训前要检查电源控制屏左侧的调压器旋转手柄，使其处于零位，即必须将手柄逆时针方向旋到底，此时三相调压器输出为零。电源控制屏面板下方"直流电机电源"文字标志右侧的电源开关（即直流电机电枢电源开关）及左侧电源开关（即直流电机励磁电源开关）必须打到"关"位置。然后将面板中部的电源总开关钥匙转向"开"位置。按下面板上部的启动按钮，启动按钮绿色指示灯亮。顺时针旋转三相调压器旋转手柄并观察三个电压表，将三相调压输出端 U、V、W 线电压调至 220V。再按下面板上部的停止按钮，停止按钮红色指示灯亮，表示实训装置的电源已接通，但不输出电压。此时在电源输出端即 U、V、W 端后进行实训电路接线工作是安全的。

4. 实训内容

1）三相异步电动机点动控制电路

为了与实训装置的电动机、电气设备的文字符号一致，本书各实训电路均采用厂家提供的电路图，以便实训顺利进行，但这些电路图的图形符号和文字符号与书中介绍原理的电路图略有不同。

按图 2 - 13 接线，图中 SB$_1$、KM$_1$ 选用 D61 挂件对应的元器件，Q$_1$、FU$_1$、FU$_2$、FU$_3$、FU$_4$ 选用 D62 挂件中对应的元器件，电动机选用 DJ24（△/220V）。

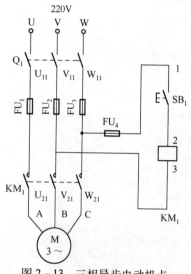

图 2 - 13　三相异步电动机点动控制实训电路图

接线时，先接主电路，它是从 220V 三相调压输出端 U、V、W 开始的，经三相刀开关 Q$_1$，熔断器 FU$_1$、FU$_2$、FU$_3$，接触器 KM$_1$ 主触点到电动机 M 的三个出线端 A、B、C 用导线按顺序串联起来，共有三路。为查找线路方便，每相可用相同颜色的导线或插头连接，三相电路分别用黄、绿、红三色区分。电动机出线端 A 与 Z 相接、B 与 X 相接、C 与 Y 相接。主电路经检查无误后，再接控制电路。从 W 相熔断器 FU$_3$ 的插孔开始，经熔断器 FU$_4$、按钮 SB$_1$ 常开触点、接触器 KM$_1$ 线圈到 V 相熔断器 FU$_2$ 的插孔。接好线经指导老师检查无误后，按下列步骤进行实际操作。

（1）按下电源控制屏上的启动按钮，启动按钮绿色指示灯亮。

（2）先合上 Q$_1$，接通三相交流 220V 电源。

（3）按下启动按钮 SB$_1$，对电动机 M 进行点动控制，比较按下 SB$_1$ 和松开 SB$_1$ 时电动机的运转情况

2）三相异步电动机自锁控制电路

按下电源控制屏上的停止按钮，切断三相交流电源。按图 2 - 14 接线。图中 SB$_1$、SB$_2$、KM$_1$、FR$_1$ 选用 D61 挂件中对应的元器件，Q$_1$、FU$_1$、FU$_2$、FU$_3$、FU$_4$ 选用 D62 挂件中对应的元器件，电动机选用 DJ24（△/220V）。接线方法与图 2 - 13 所示的方法一样。检查无误后，按下列步骤进行实际操作。

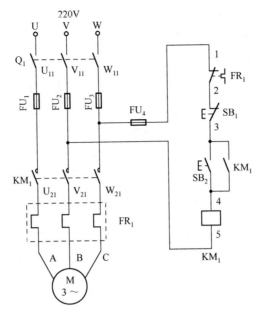

图 2 - 14 三相异步电动机自锁控制实训电路图

（1）按下电源控制屏上的启动按钮，启动按钮绿色指示灯亮。

（2）合上 Q_1，接通三相交流 220V 电源。

（3）按下启动按钮 SB_2，松手后观察电动机 M 的运转情况，此时 M 应连续运转。

（4）按下停止按钮 SB_1，松手后观察电动机 M 的运转情况，此时 M 应停车。

3）三相异步电动机既可点动又可自锁控制电路

按下电源控制屏上的停止按钮，切断三相交流电源。按图 2 - 15 接线。图中 SB_1、SB_2、SB_3、KM_1、FR_1 选用 D61 挂件中对应的元器件，Q_1、FU_1、FU_2、FU_3、FU_4 选用 D62 挂件中对应的元器件，电动机选用 DJ24（△/220V）。接线方法与图 2 - 13 一样。检查无误后，按下列步骤进行实际操作。

（1）按下电源控制屏上的启动按钮，启动按钮绿色指示灯亮。

（2）合上 Q_1，接通三相交流 220V 电源。

（3）按下启动按钮 SB_2，松手后观察电动机 M 是否继续运行。

（4）电动机运转半分钟后，按下按钮 SB_3，然后松开，电动机是否停车；连续按下和松开 SB_3，观察此时属于什么控制状态。

（5）按下停止按钮 SB_1，松手后观察电动机 M 是否停车。

5. 思考题

（1）试分析什么叫点动？什么叫自锁？并比较图 2 - 13 和图 2 - 14 所示的电路结构和功能上有什么区别。

（2）图 2 - 13、图 2 - 14、图 2 - 15 中各个电气元件如 Q_1、FU_1、FU_2、FU_3、FU_4、KM_1、FR_1、SB_1、SB_2、SB_3 各起什么作用？已经使用了熔断器，为何还要使用热继电器？已经有了三相刀开关 Q_1，为何还要使用接触器 KM_1？

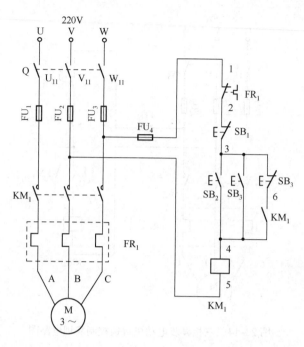

图 2-15　三相异步电动机既可点动又可自锁控制实训电路图

（3）图 2-14 所示的电路能否对电动机实现过电电流、短路、欠电压和失电压保护？

（4）试述图 2-13、图 2-14、图 2-15 的工作原理。

6. 常见电路故障及排除

（1）图 2-13 所示电路进行空操作实训时（空操作实训指不接电动机，只检查控制电路的实训方法），按下 SB₁，接触器 KM₁ 衔铁剧烈振动，发出严重的噪声。原因可能是熔断器 FU₄ 接触不良，当接触器动作时，因振动造成控制电路电源时通时断，使接触器振动；或者接触器电磁机构有故障，如短路环断裂造成振动。此时应检查熔断器接触情况，保证与静插座接触良好。或者拆开接触器，检查电磁机构，更换损坏的短路环。

（2）图 2-13 所示的电路空操作试验正常，带负载试车（接上电动机）时按下 SB₁ 发现电动机嗡嗡响，不能启动。原因可能是电动机缺相运行。因为主电路与控制电路共用 V、W 相，经检查是正常的，此时可以检查电源线 U 是否接触不良或断路。其次检查接触器一相的主触点是否歪斜或脱落。接好电源线，装好接触器主触点，装回灭弧罩，故障便可排除。

（3）如图 2-14 所示电路，合上刀开关 Q₁，虽未按下 SB₂，但接触器 KM₁ 立即得电动作；再按下 SB₁，则 KM₁ 释放。松开 SB₁ 时 KM₁ 又得电动作。此故障现象说明 SB₁ 停车控制功能正常但 SB₂ 不起作用，这是 SB₂ 被短路所致。可能是将 SB₁ 下端连接线 3 直接接到 SB₂ 下端 4，或者接到接触器自锁触点下端 4 引起的。应核对两个按钮及接触器自锁触点的接线，并改正之。

（4）如图 2-14 所示电路，合上 Q₁，虽未按下 SB₂ 但接触器剧烈振动，振动频率不高，约 10～20Hz，主触点产生强烈电弧，电动机时转时停；按下 SB$_1$ 则 KM$_1$ 立即释放。松开 SB$_1$ 接触器又剧烈振动。此故障现象仍是 SB$_1$ 起到停车控制作用，但 SB$_2$ 不起作用。接触器振动频率低不是由电源电压低（噪声约 50Hz）和短路环损坏（噪声约 100Hz）引起的，而是由接触器反复的接通和分断造成的，如果将接触器自锁触点由常开触点错接为常闭触点就会出现这种现象。其动作过程分析如下：

$$Q_1 \downarrow \rightarrow KM_{1\boxdot} \rightarrow KM_{1主} \downarrow \rightarrow M \curvearrowright$$
$$\rightarrow KM_1 \uparrow \rightarrow KM_{1\boxdot} \rightarrow KM_{1主} \uparrow \rightarrow M 停$$
$$\rightarrow KM_1 \downarrow \rightarrow KM_{1\boxdot} \rightarrow KM_{1主} \downarrow \rightarrow M \curvearrowright$$
$$\rightarrow KM_1 \uparrow \cdots\cdots$$

此时，将 KM$_1$ 的常开辅助触点并联到启动按钮 SB$_2$ 两端（3～4 点间）便可。

（5）如图 2-14 所示电路，按下 SB$_2$，KM$_1$ 不动作，同时按下 SB$_1$ 和 SB$_2$ 则 KM$_1$ 动作；仅松开 SB$_1$，KM$_1$ 会释放，这表明 SB$_1$ 是一个常开触点按钮。将 SB$_1$ 改接回常闭触点即可。

（6）如图 2-14 所示电路，按下 SB$_2$，KM$_1$ 不动作，检查接线无错误，电源三相电压均正常。可见问题出在电气元件上，如果电气元件质量无问题，则是某些电器有断路点，此时可按 5.6 节介绍的检查电路方法找出断路点并排除之。

（7）如图 2-15 所示电路，合上 Q$_1$，按下 SB$_2$，接触器 KM$_1$ 得电动作，松开 SB$_2$，接触器保持通电状态；但是按下 SB$_1$ 则 KM$_1$ 不释放；按下 SB$_3$ 但未按到底时，KM$_1$ 先断电释放，SB$_3$ 按到底后，KM$_1$ 又通电吸合，松开 SB$_3$，KM$_1$ 断电。此种故障说明启动按钮工作正常，并能自锁，点动控制按钮 SB$_3$ 亦能实现点动控制；只是停止按钮 SB$_1$ 不起作用。故障是因为 SB$_3$ 上端连接线 3 错接到 SB$_1$ 上端 2 引起的。应核对接线并改正之。

（8）如图 2-15 所示电路，合上 Q$_1$，虽未按下 SB$_2$，但 KM$_1$ 立即得电动作；按下 SB$_1$ 则 KM$_1$ 释放，松开 SB$_1$，KM$_1$ 又得电动作；按下 SB$_3$，KM$_1$ 断电，松开 SB$_3$，KM$_1$ 又得电动作。故障现象说明停止按钮 SB$_1$ 停车功能正常；启动按钮 SB$_2$ 不起作用；点动控制按钮 SB$_3$ 没有起到点动控制作用，只有停车的功能。故障原因在于 SB$_2$ 被短路及复合按钮 SB$_3$ 接错线造成的。从电路来看，错将 SB$_3$ 常闭触点并联于 SB$_2$ 的 3、4 点之间，而将 SB$_3$ 常开触点接于 3、6 之间与 KM$_1$ 自锁触点串联（即复合按钮 SB$_3$ 的常开触点与常闭触点互换位置），可将 SB$_3$ 常开触点并联于 SB$_2$ 两端，常闭触点与 KM$_1$ 自锁触点串联便可。

2.2.3 正、反转运动控制电路

生产机械往往要求运动部件能够实现正、反两个方向的运动，这就要求电动机能正、反向旋转。由电动机原理可知，改变电动机三相电源的相序，就能改变电动机的旋转方向。常用的正反转运动控制电路有如下几种。

1. 倒顺开关控制的正、反转运动控制电路

对于容量在 5.5kW 以下的电动机，可用倒顺开关直接控制电动机的正、反转。对于容量在 5.5kW 以上的电动机，倒顺开关 SA 只能用做预选电动机的转向，而由接触器 KM 来控制电动机的启动与停止，如图 2-16 所示。电路的工作原理请读者自行分析。

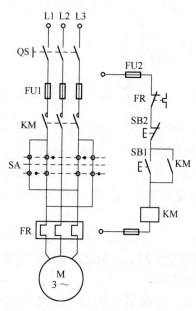

图 2-16　倒顺开关控制的正、反转
运动控制电路图

2. 按钮控制的正、反转运动控制电路

图 2-17 所示为按钮控制的正、反转运动控制电路，其中 KM1 和 SB1 分别为控制电动机正转的接触器和启动按钮，KM2 和 SB2 分别为控制电动机反转的接触器和启动按钮，SB3 为停止按钮。

1）没有互锁的控制电路

图 2-17（a）所示为没有互锁的控制电路。按下 SB1 或 SB2，KM1 或 KM2 得电吸合并自锁，其主触点闭合，电动机正转或反转。按下 SB3，电动机停车。该电路的缺点是：若电动机正转时按下反转按钮 SB2，则反转接触器 KM2 同时得电吸合，主触点闭合，由于 KM1 主触点已闭合，造成两相电源短路。反之，电动机反转时按下正转按钮 SB1，同样出现两相电源短路现象。

2）具有电气互锁的控制电路

为了避免发生电源短路现象，可采用互锁又称联锁的方法来解决。互锁的方法有三种：电气互锁（接触器互锁）、机械互锁（按钮互锁）、电气机械双重互锁（接触器、按钮双重互锁）。图 2-17（b）所示为电气互锁控制电路，其特点是将 KM1 的常闭辅助触点串联于 KM2 线圈电路中，KM2 的常闭辅助触点串联于 KM1 线圈电路中，形成相互制约的控制关系。电路的工作原理为：

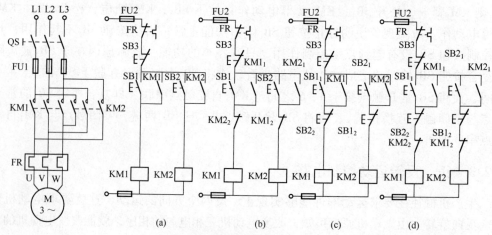

图 2-17　按钮控制的电动机正、反转控制电路

（1）正转控制：

$$QS\downarrow,\ SB1\downarrow \rightarrow KM1\ 吸 \rightarrow KM1_主\downarrow \rightarrow M\circlearrowright$$
$$\rightarrow KM1_1\downarrow\ 自$$
$$\rightarrow KM1_2\uparrow$$

$$若\ SB2\downarrow \xrightarrow{\ \because\ KM1_2\uparrow\ } KM2\ 吸$$

（2）反转控制：

$$先按下\ SB3,\ SB3\uparrow \rightarrow KM1\ 释 \rightarrow KM1_主\uparrow\ M\ 停车$$
$$\rightarrow KM1_1\uparrow$$
$$\rightarrow KM1_2\downarrow$$

$$然后\ SB2\downarrow \xrightarrow{\ \because\ KM1_2\downarrow\ } KM2\ 吸 \rightarrow KM2_主\downarrow \rightarrow M\circlearrowright$$
$$\rightarrow KM2_1\downarrow\ 自$$
$$\rightarrow KM2_2\uparrow$$

$$若\ SB1\downarrow \xrightarrow{\ \because\ KM2_2\uparrow\ } KM1\ 吸$$

可见，由于常闭辅助触点 $KM1_2$ 的存在，在电动机正转时按下反转按钮 SB2，反转接触器不可能得电，就不会出现电源短路现象。此触点称互锁触点，在今后分析电路工作原理时用"KM 互"表示互锁触点及其在电路中所起的作用。

电气互锁正、反转控制电路的优点是工作可靠，不会因接触器主触点熔焊或接触器衔铁被杂物卡住使主触点不能分断而发生短路。缺点是电动机由正转变为反转，必须先按停止按钮后，才能按反转按钮，给操作带来不便。

3）具有机械互锁的控制电路

为了克服图 2-17（b）所示的电路的缺点，可采用具有机械互锁的控制电路，如图 2-17（c）所示。图中的 SB1 及 SB2 是复合按钮，SB1 的常闭触点串联于 KM2 线圈电路中，SB2 的常闭触点串联于 KM1 线圈电路中，形成相互制约的控制关系，这些常闭触点称为机械互锁触点，电路的工作原理如下。

（1）正转控制：

$$QS\downarrow,\ 按下\ SB1 \begin{cases} SB1_2\uparrow\ 先 \\ SB1_1\downarrow\ 后 \rightarrow KM1\ 吸 \rightarrow KM1_主\downarrow \rightarrow M\circlearrowright \\ \qquad\qquad \rightarrow KM1\downarrow\ 自 \end{cases}$$

（2）反转控制：

$$按下 SB2 \begin{cases} SB2_2 \uparrow^{先} \rightarrow KM1\,\underline{\square} \rightarrow KM1_{主} \uparrow \rightarrow 断开正转电源 \\ \qquad\qquad\qquad\qquad\quad \rightarrow KM1 \uparrow \\ SB2_1 \downarrow^{后} \rightarrow KM2\,\overline{\square} \rightarrow KM2_{主} \downarrow \rightarrow M \circlearrowright \\ \qquad\qquad\qquad\qquad\quad \rightarrow KM2 \downarrow 自 \end{cases}$$

此电路不用电动机先停车就可直接进行正、反转的转换，但要注意监测转换瞬间电流不应超过电动机允许的过载电流。此电路的优点是操作方便，缺点是容易产生短路现象。例如，当 KM1 的主触点熔焊或衔铁被杂物卡住时，即使接触器线圈断电，主触点也不能分断，此时若按下反转按钮 SB2，KM2 线圈得电，其主触点闭合，势必造成电源短路。

4）具有电气机械双重互锁的控制电路

为了克服图 2-17（c）所示电路的缺点，可使用具有电气机械双重互锁的控制电路，如图 2-17（d）所示。此电路兼有图 2-17（b）和图 2-17（c）两种控制电路的优点，电路安全可靠，操作方便。本电路正转控制工作原理与图 2-17（c）相同，从正转转换到反转时：

$$按下 SB2 \begin{cases} SB2_2 \uparrow^{先} \rightarrow KM1\,\underline{\square} \rightarrow KM1_{主} \uparrow \\ \qquad\qquad\qquad\qquad\quad \rightarrow KM1_1 \uparrow \\ SB2_1 \downarrow^{后} \underline{\qquad\qquad\quad} \rightarrow KM1_2 \downarrow \rightarrow KM2\,\overline{\square} \rightarrow KM2_{主} \downarrow \rightarrow M \circlearrowright \\ \qquad\qquad\qquad\qquad\qquad\qquad\qquad\qquad \rightarrow KM2_1 \downarrow 自 \\ \qquad\qquad\qquad\qquad\qquad\qquad\qquad\qquad \rightarrow KM2_2 \uparrow 互 \end{cases}$$

此电路要求按下 SB2 的时间要比接触器 KM1 失电释放时间长，否则电动机停车而不能反转。

2.2.4 实训二：三相交流笼型异步电动机的正、反转控制

1. 实训目的

（1）通过对三相交流笼型异步电动机正、反转控制电路的接线，掌握由电气原理图接成实际操作电路的方法。

（2）掌握三相交流笼型异步电动机正、反转的原理和方法。

（3）掌握电气互锁、机械互锁、电气机械双重互锁正、反转控制电路的不同接法，并了解在操作过程中有哪些不同之处。

2. 实训设备

浙江天煌教仪 DZSZ-1 型电动机及自动控制装置之 DZ01 挂件、D61 挂件、D62 挂机，DJ24 电动机。

3. 实训前准备工作

同实训一。

4. 实训内容

1）倒顺开关控制的正、反转控制电路

按图 2-18 接线，图中 Q_1（用来模拟倒顺开关）、FU_1、FU_2、FU_3 选用 D62 挂件对应的元器件，电动机选用 DJ24（△/220V）。接线方法与图 2-13 一样。检查无误后，按下列步骤进行实际操作：

（1）按下电源控制屏上的启动按钮，启动按钮绿色指示灯亮；

（2）把开关 Q_1 打向"左合"位置，观察电动机转向；

（3）运转半分钟后，把开关 Q_1 打向"断开"位置。然后打向"右合"位置，观察电动机的转向。

2）电气互锁的正、反转控制电路

按下电源控屏上的停止按钮，切断三相交流电源。按图 2-19 接线，图中 SB_1、SB_2、SB_3、KM_1、KM_2、FR_1 选用 D61 挂件对应的元器件，Q_1、FU_1、FU_2、FU_3、FU_4 选用 D62 挂件对应的元器件，电动机选用 DJ24（△/220V）。接线方法与图 2-13 一样。检查无误后，按下列步骤进行实际操作。

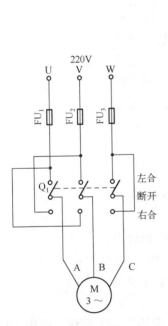

图 2-18 倒顺开关控制的正、反转控制实训电路图

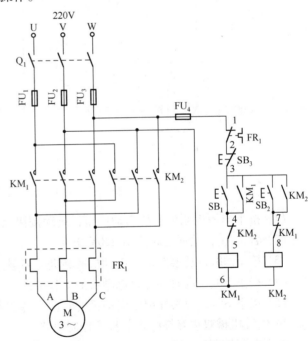

图 2-19 电气互锁的正、反转控制实训电路图

（1）按下电源控制屏上的启动按钮，启动按钮绿色指示灯亮；

（2）合上 Q_1，接通三相交流 220V 电源；

（3）按下 SB_1，观察并记录电动机的转向，接触器自锁和互锁触点的通/断情况；

（4）按下 SB_3，观察并记录电动机的工作情况、各触点的通/断情况；

（5）按下 SB_2，观察并记录电动机的转向、接触器自锁和互锁触点的通/断情况。

3）机械互锁的正、反转控制电路

按下电源控制屏上的停止按钮，切断三相交流电源，按图 2-20 接线，图中 SB_1、SB_2、SB_3、KM_1、KM_2、FR_1 选用 D61 挂件对应的元器件，Q_1、FU_1、FU_2、FU_3、FU_4 选用 D62 挂件对应的元器件，电动机选用 DJ24（△/220V）。接线方法与图 2-13 一样。检查无误后，按下列步骤进行实际操作。

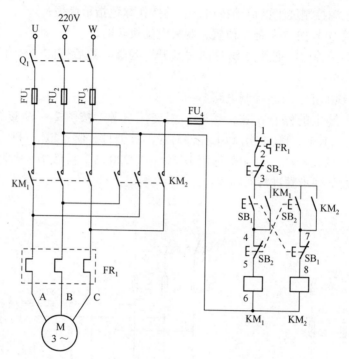

图 2-20　机械互锁的正、反转控制实训电路图

（1）按下电源控制屏上的启动按钮，启动按钮绿色指示灯亮；

（2）合上 Q_1，接通三相交流 220V 电源；

（3）按下 SB_1，观察并记录电动机的转向、各触点的通/断情况；

（4）按下 SB_3，观察并记录电动机的工作情况、各触点的通/断情况；

（5）按下 SB_2，观察并记录电动机的转向、各触点的通/断情况。

4）电气机械双重互锁的正、反转控制电路

按下电源控制屏上的停止按钮，切断三相交流电源，按图 2-21 接线，图中 SB_1、SB_2、SB_3、KM_1、KM_2、FR_1 选用 D61 挂件对应的元器件，Q_1、FU_1、FU_2、FU_3、FU_4 选用 D62 挂件对应的元器件，电动机选用 DJ24（△/220V）。接线方法与图 2-13 一样。检查无误后，按下列步骤进行实际操作。

（1）按下电源控制屏上的启动按钮，启动按钮绿色指示灯亮；

（2）合上 Q_1，接通三相交流 220V 电源；

（3）按下 SB_1，观察并记录电动机的转向、各触点的通/断情况；

（4）按下 SB_2，观察并记录电动机的转向、各触点的通/断情况；

（5）按下 SB_3，观察并记录电动机的工作情况、各触点的通/断情况。

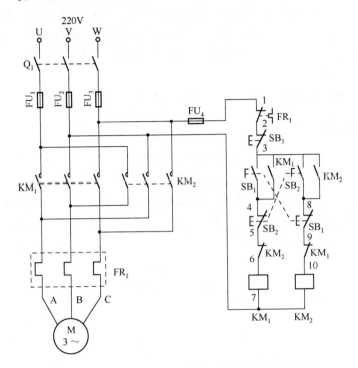

图 2 - 21 电气机械双重互锁的正、反转控制实训图

5. 思考题

（1）试分析图 2 - 18、图 2 - 19、图 2 - 20、图 2 - 21 所示电路各有什么特点，并说明它们的工作原理。

（2）图 2 - 19、图 2 - 20 所示电路虽然也能实现电动机的正、反转控制，但容易产生什么故障，为什么？图 2 - 21 所示电路与图 2 - 19 和图 2 - 20 所示电路相比有什么优点？

（3）接触器和按钮的互锁触点在继电器 - 接触器控制系统中起什么作用？

6. 常见电路故障及排除

（1）如图 2 - 21 所示电路，合上 Q_1，按下 SB_1，KM_1 动作，但松开 SB_1 时 KM_1 释放；按下 SB_2，KM_2 动作，但松开 SB_2，KM_2 释放。故障原因在于将 KM_1 的常开辅助触点并联在复合按钮 SB2 的常开触点（3~8 点之间）上，将 KM_2 的常开辅助触点并联在复合按钮 SB1 的常开触点（3~4 点之间）上，使得 KM_1 与 KM_2 均不能自锁。只要将 KM_1 的自锁触点与 SB_1 的常开触点并联，KM_2 的自锁触点与 SB_2 的常开触点并联即可。图 2 - 19、图 2 - 20 所示的电路亦会出现此类故障，排除方法与此同。

（2）如图 2 - 21 所示电路，合上 Q_1，按下 SB_1，接触器 KM_1 剧烈振动，主触点产生强烈电弧，电动机时转时停，松开 SB₁ 则 KM₁ 释放，电动机停车。按下 SB₂ 时，KM₂ 同样发生 KM₁ 出现的现象。这是由错将 KM₁ 的常闭互锁触点接入 KM₁ 线圈电路（5～6 之间），将 KM₂ 的常闭互锁触点接入 KM₂ 线圈电路（9～10 点之间）引起的，其动作过程分析可参考实训一之第 4 种电路故障。只要将 KM₁ 的互锁触点串联于 KM₂ 线圈电路，KM₂ 的互锁触点串联于 KM₁ 的线圈电路，故障便可排除。图 2－19 所示电路亦会出现类似故障，排除方法与此同。

电路的其他故障请参阅实训一常见故障及排除。

2.2.5　多地点控制电路

能在两地或多地点控制同一台电动机的控制方式叫多地点控制。图 2－22 所示为两地控制电路。其中 SB1、SB3 为安装在甲地的启动按钮和停止按钮，SB2、SB4 为安装在乙地的启动按钮和停止按钮。多地点控制电路的特点是：各地的启动按钮并联在一起，各地的停止按钮串联在一起，这样就可以在不同地点控制同一台电动机，达到方便操作的目的，电路的工作原理请读者自行分析。

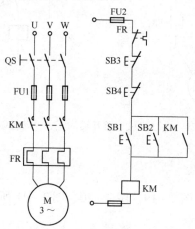

图 2－22　两地控制电路图

2.2.6　实训三：两地控制

1. 实训目的

掌握两地控制的特点及其在机床控制中的应用。

2. 实训设备

浙江天煌教仪 DZSZ－1 型电动机及自动控制装置之 DZ01 挂件、D61 挂件、D62 挂件，DJ24 电动机。

3. 实训前准备工作

同实训一。

4．实训内容

按图 2–23 接线，图中 SB$_1$、SB$_2$、SB$_3$、FR$_1$、KM$_1$ 选用 D61 挂件对应的元器件，Q$_1$、SB$_4$、FU$_1$、FU$_2$、FU$_3$、FU$_4$ 选用 D62 挂件对应的元器件。电动机选用 DJ24（△/220V）。接线方法与图 2–13 一样。检查无误后，按下列步骤进行实际操作。

（1）按下电源控制屏上的启动按钮，启动按钮绿色指示灯亮；

（2）合上 Q$_1$，接通三相交流 220V 电源；

（3）分别按下 SB$_2$、SB$_3$、SB$_4$、SB$_1$，观察电动机及接触器运行状况。

5．思考题

（1）什么叫两地控制？两地控制有何特点？

（2）两地控制的接线原则是什么？

6．常见电路故障及排除

电路故障及排除与图 2–14 类似，不再重复。

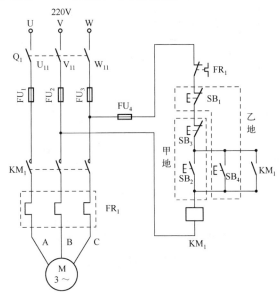

图 2–23　两地控制实训电路图

2.2.7　顺序控制电路

生产实际中，有些设备往往要求其上的多台电动机实现按一定顺序启动和停止。例如磨床就要求先启动油泵电动机，再启动主轴电动机。顺序启、停控制有顺序启动、同时停车，顺序启动、顺序停车，以及顺序启动、逆序停车三种控制电路。

1．主电路实现顺序控制

图 2–24 所示为主电路实现顺序控制电路图，图中，启动按钮 SB1、接触器 KM1

控制电动机 M1；启动按钮 SB2、接触器 KM2 控制电动机 M2；SB3 为 M1、M2 的停止按钮。其工作原理如下。

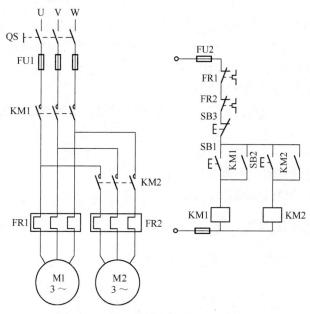

图 2-24 主电路实现顺序控制电路图

启动：

$$QS \downarrow，SB1 \downarrow \rightarrow KM1 \overline{\underline{}} \rightarrow KM1_主 \downarrow \rightarrow M1 \curvearrowright$$
$$\rightarrow KM1 \downarrow 自$$

$$然后，SB2 \downarrow \rightarrow KM2 \overline{\underline{}} \rightarrow KM2_主 \downarrow \xrightarrow{\because KM1_主 \downarrow} M2 \curvearrowright$$
$$\rightarrow KM2 \downarrow 自$$

$$如先按 SB2 \downarrow \rightarrow KM2 \overline{\underline{}} \rightarrow KM2_主 \downarrow \xrightarrow{\because KM1_主 \uparrow} M2 不转$$
$$\rightarrow KM2 \downarrow 自$$

停车：

$$SB3 \uparrow \rightarrow KM1 \underline{\overline{}} \rightarrow KM1_主 \uparrow \rightarrow M1 停$$
$$\rightarrow KM1 \uparrow$$

$$\rightarrow KM2 \underline{\overline{}} \rightarrow KM2_主 \uparrow \rightarrow M2 停$$
$$\rightarrow KM2 \uparrow$$

此电路的特点是：KM2 的主触点串联于 KM1 主触点的后面，就可保证 M1 启动后，M2 才能启动。其次是 M1、M2 同时停车。

2. 控制电路实现顺序控制

（1）图 2-25（a）所示为顺序启动、同时停车控制电路图，图中 SB3 为 M1、M2

的停止按钮，SB4 为 M2 的停止按钮。其工作原理如下。

启动：

$$QS \downarrow, SB1 \downarrow \rightarrow KM1 \overline{}\!\!\!\!\!\overline{} \rightarrow KM1_{\text{主}} \downarrow \rightarrow M1 \nearrow$$
$$\rightarrow KM1 \downarrow \text{自}$$

然后 $SB2 \downarrow \rightarrow KM2 \overline{}\!\!\!\!\!\overline{} \rightarrow KM2_{\text{主}} \downarrow \rightarrow M2 \nearrow$
$$\rightarrow KM2 \downarrow \text{自}$$

如先按 $SB2 \downarrow \xrightarrow{\because KM1 \uparrow} KM2 \overline{}\!\!\!\!\!\overline{} \rightarrow M2 \text{ 不工作}$

停车：

$$SB3 \uparrow \rightarrow KM1 \triangle \rightarrow KM1_{\text{主}} \uparrow \rightarrow M1 \text{ 停}$$
$$\rightarrow KM1 \uparrow$$
$$\rightarrow KM2 \triangle \rightarrow KM2_{\text{主}} \uparrow \rightarrow M2 \text{ 停}$$
$$\rightarrow KM2 \uparrow$$

或 $SB4 \uparrow \rightarrow KM2 \triangle \rightarrow KM2_{\text{主}} \uparrow \rightarrow M2 \text{ 停}$
$$\rightarrow KM2 \uparrow$$

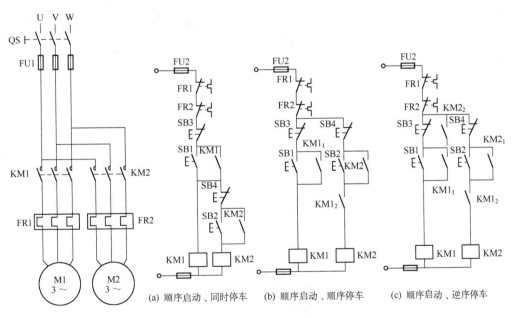

图 2 – 25　控制电路实现顺序控制的电路图

此电路的特点是：其一，KM2 线圈接在 KM1 自锁触点后面，这就保证了 M1 启动后 M2 才能启动；其二，M1、M2 同时停车。此外，M2 尚可单独停车。

（2）图 2 – 25（b）所示为顺序启动、顺序停车控制电路图，其工作原理如下。

启动：

$$QS \downarrow,\ SB1 \downarrow \rightarrow KM1 \rightarrow KM1_{主} \downarrow \rightarrow M1\ \circlearrowright$$
$$\rightarrow KM1_1 \downarrow\ 自$$
$$\rightarrow KM1_2 \downarrow$$
$$然后\ SB2 \downarrow \rightarrow KM2 \rightarrow KM2_{主} \downarrow \rightarrow M2\ \circlearrowright$$
$$\rightarrow KM2 \downarrow\ 自$$

停车：

$$SB3 \uparrow \rightarrow KM1 \rightarrow KM1_{主} \uparrow \rightarrow M1\ 停$$
$$\rightarrow KM1_1 \uparrow$$
$$\rightarrow KM1_2 \uparrow \rightarrow KM2 \rightarrow KM2_{主} \uparrow \rightarrow M2\ 停$$
$$\rightarrow KM2 \uparrow$$
$$或\ SB4 \uparrow \rightarrow KM2 \rightarrow KM2_{主} \uparrow \rightarrow M2\ 停$$
$$\rightarrow KM2 \uparrow$$

此电路的特点是：在 KM2 线圈电路串联了 KM1 的常开辅助触点，这就保证了 M1 启动后 M2 才能启动；M1 停车，M2 随之停车。此外，M2 尚可单独停车。

（3）图 2-25（c）所示为顺序启动、逆序停车控制电路图，图中，SB3、SB4 分别为 M1 和 M2 的停止按钮，其工作原理如下。

启动：

$$QS \downarrow,\ SB1 \downarrow \rightarrow KM1 \rightarrow KM1_{主} \downarrow \rightarrow M1\ \circlearrowright$$
$$\rightarrow KM1_1 \downarrow\ 自$$
$$\rightarrow KM1_2 \downarrow$$
$$然后\ SB2 \downarrow \rightarrow KM2 \rightarrow KM2_{主} \downarrow \rightarrow M2\ \circlearrowright$$
$$\rightarrow KM2_1 \downarrow\ 自$$
$$\rightarrow KM2_2 \downarrow$$

停车：

$$SB4 \uparrow \rightarrow KM2 \rightarrow KM2_{主} \uparrow \rightarrow M2\ 停$$
$$\rightarrow KM2_1 \uparrow$$
$$\rightarrow KM2_2 \uparrow$$
$$然后\ SB3 \uparrow \rightarrow KM1 \rightarrow KM1_{主} \uparrow \rightarrow M1\ 停$$
$$\rightarrow KM1_1 \uparrow$$
$$\rightarrow KM1_2 \uparrow$$
$$如先按\ SB3,\ SB3 \uparrow \underset{\overbrace{\qquad\qquad}}{\because KM2_2 \downarrow} KM1 \rightarrow KM1_{主} \rightarrow M1\ 仍运行$$

此电路的特点是：在 KM2 线圈电路串联了 KM1 的常开辅助触点，保证了 M1 启动后 M2 才能启动。在 M1 停止按钮 SB3 两端并联了 KM2 的常开辅助触点，保证了 M2 停车后，M1 才能停车。

2.2.8　实训四：顺序控制

1. 实训目的

通过对各种不同顺序控制电路的实训，加深对有特殊要求的机床控制电路的了解。

2. 实训设备

浙江大煌教仪 DZSZ - 1 型电动机及自动控制实验装置之 DZ01 挂件、D61 挂件、D62 挂件，DJ16 电动机，DJ24 电动机。

3. 实训前准备工作

同实训一。

4. 实训内容

1）三相异步电动顺序启动、同时停车控制电路

按图 2 - 26 接线，图中，SB_1、SB_2、SB_3、KM_1、KM_2、FR_1 选用 D61 挂件对应的元器件；Q_1、FR_2、FU_1、FU_2、FU_3、FU_4 选用 D62 挂件对应的元器件；电动机 M_1 选用 DJ16（△/220V）；电动机 M_2 选用 DJ24（△/220V）。接线方法与图 2 - 13 一样。检查无误后，按下列步骤进行实际操作。

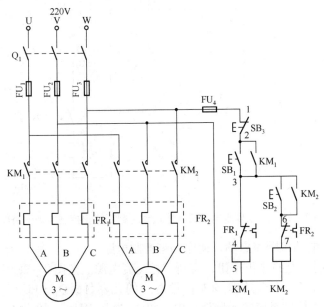

图 2 - 26　三相异步电动机顺序启动、同时停车控制实训图

（1）按下电源控制屏上的启动按钮，启动按钮绿色指示灯亮；

（2）合上 Q_1，接通三相交流 220V 电源；

（3）按下 SB_1，观察电动机 M_1 运行情况及接触器吸合情况；

（4）保持 M_1 转时，按下 SB_2，观察电动机 M_2 的运行情况及接触器吸合情况；

（5）在 M_1 和 M_2 都运转时，按下 SB_3，观察电动机运行情况及各接触器的吸合情况。

2）三相异步电动机顺序启动、顺序停车控制电路

按下电源控制屏上的停止按钮，切断三相交流电源。按图 2－27 接线，图中，SB_1、SB_2、SB_3、FR_1、KM_1、KM_2 选用 D61 挂件对应的元器件；Q_1、FU_1、FU_2、FU_3、FU_4、SB_4、FR_2 选用 D62 挂件对应的元器件；电动机 M_1 选用 DJ16（△/220V）；电动机 M_2 选用 DJ24（△/220V）。接线方法与图 2－13 一样。检查无误后，按下列步骤进行实际操作。

（1）按下电源控制屏上的启动按钮，启动按钮绿色指示灯亮；

（2）合上 Q_1，接通三相交流 220V 电源；

（3）按下 SB_2，观察并记录电动机 M_1 运行情况及各接触器吸合情况；

（4）按下 SB_4，观察并记录电动机 M_2 运行情况及各接触器吸合情况；

（5）在 M_1 和 M_2 都运转时，按下 SB_1，观察并记录各电动机及接触器运行情况；

（6）在 M_1 和 M_2 都运转时，按下 SB_3，观察并记录各电动机及接触器运行情况。

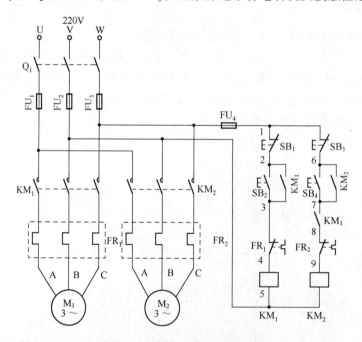

图 2－27　三相异步电动机顺序启动、顺序停止控制实训电路图

3）三相异步电动机顺序启动、逆序停车控制电路

按下电源控制屏上的停止按钮，切断三相交流电源。按图 2－28 接线，图中，SB_1、SB_2、SB_3、FR_1、KM_1、KM_2 选用 D61 挂件对应的元器件；Q_1、FU_1、FU_2、FU_3、FU_4、SB_4、FR_2 选用 D62 挂件对应的元器件；电动机 M_1 选用 DJ16；电动机 M_2 选用 DJ24。接线方法与图 2－13 一样。检查无误后，按下列步骤实际操作。

（1）按下电源控制屏上的启动按钮，启动按钮绿色指示灯亮；

（2）合上 Q_1，接通三相交流 220V 电源；

（3）按下 SB_2，观察并记录电动机 M_1 运行情况及各接触器吸合情况；

（4）按下 SB_4，观察并记录电动机 M_2 运行情况及各接触器吸合情况；

（5）在 M_1 和 M_2 都运转时，按下 SB_3，观察并记录各电动机及接触器运行情况；

（6）在 M_1 和 M_2 都运转时，按下 SB_1，观察并记录各电动机及接触器运行情况；

（7）按下 SB_3 使 M_2 停止后，再按下 SB_1，观察并记录电动机 M_1 及各接触器运行情况。

5. 思考题

（1）图 2-26 中，在 M_1 和 M_2 都运转时，能不能单独停止电动机 M_2？

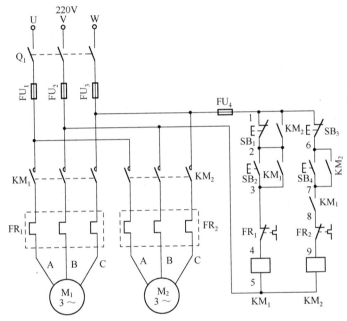

图 2-28　三相异步电动机顺序启动、逆序停止控制实训电路图

（2）图 2-26 中，按下 SB_3 使各电动机停止运转后，先按 SB_2，分析电动机 M_2 为什么不能启动？

（3）图 2-28 中，在 M_1 和 M_2 都运转时，先按下 SB_1，分析电动机 M_1 为何不能停车？

（4）比较图 2-26、图 2-27、图 2-28 三种电路的不同点及各自的特点。

（5）试列举几种顺序控制的机床控制实例，并说明其用途。

6. 常见电路故障及排除

（1）如图 2-26 所示电路，合上 Q_1，如果先按下 SB_2，KM_2 亦会吸合并自锁，M_2 转动，失去了按 M_1、M_2 顺序启动的功能。其原因可能是将 SB_2 上端连接线 3 错接到 SB_1 上端 2 引起的，应核对接线并改正之。

（2）如图 2-26 所示电路，合上 Q_1，虽未按下 SB_1，但接触器 KM_1 剧烈振动，主触点产生强烈电弧，电动机 M_1 时转时停；如果按下 SB_2，KM_2 亦会吸合并自锁，M_2 转动，失去顺序启动的功能。故障原因在于将并联于 SB_1（2～3 点之间）的 KM_1 自锁触点由常开触点错接为常闭触点引起的。只要将常闭触点换接成常开触点，便可消除故障。

（3）如图 2-27 所示电路，合上 Q_1，按下 SB_2，KM_1 吸合并自锁；但随之按下 SB_4 则 KM_2 不吸合，如果先按 SB_4 则 KM_2 会吸合并自锁，两台电动机不能同时工作。故障原因在于将串联于 KM_2 线圈电路的 KM_1 常开辅助触点（7～8 点之间）错接为常闭触点。只要将常闭辅助触点换成常开辅助触点便可。

（4）如图 2-28 所示电路，停车时，按下 SB_3，KM_2 释放，M_2 停车，但随之按下 SB_1，KM_1 仍吸合，M_1 不能停车。故障原因在于将并联于 SB_1（1～2 点之间）的 KM_2 常开辅助触点错接为常闭辅助触点。只要将常闭辅助触点换成常开辅助触点便可。

2.2.9 自动往返控制电路

生产机械的运动部件如需自动往返运动（如万能铣床），通常采用行程开关控制电动机正反转，实现生产机械的自动往返运动。

图 2-29（a）所示为机床工作台自动往返运动示意图。在机床床身左边固定左移转右移的行程开关 SQ1 和左边终端保护行程开关 SQ3；在床身右边固定右移转左移行程开关 SQ2 和右边终端保护行程开关 SQ4。

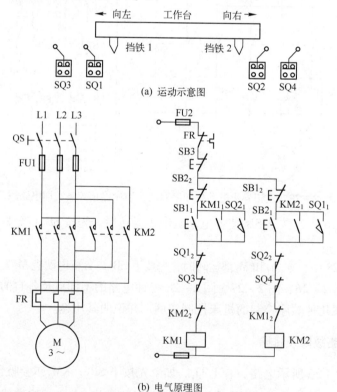

(a) 运动示意图

(b) 电气原理图

图 2-29 机床工作台自动往返控制电路图

图 2-29 (b) 所示为机床工作台自动往返电气原理图，其工作原理为：

QS↓，按下 SB1 $\Big\{$ SB1₂ ↑先

SB1₁ ↓后 → KM1⊤ → KM1主↓ → M↻ → 工作台左移，至预定位置，挡铁1压下 SQ1

　　　　　　　　　　→ KM1₁ ↓自

　　　　　　　　　　→ KM1₂ ↑互

SQ1 $\Big\{$ SQ1₂ ↑先 → KM1凸 → KM1主↑ → M 断电

　　　　　　　　　　→ KM1₁↑

　　　　　　　　　　→ KM1₂↓

SQ1₁ ↓后 ∵ KM1₂↓ → KM2⊤ → KM2主↓ → M↻ → 工作台右移，至预定位置，挡铁2压下 SQ2

　　　　　　　　　　→ KM2₁ ↓自

　　　　　　　　　　→ KM2₂↑互

SQ2 $\Big\{$ SQ2₂ ↑先 → KM2凸 → KM2主↑ → M 断电

　　　　　　　　　　→ KM2₁↑

　　　　　　　　　　→ KM2₂↓

SQ2₁ ↓后 ∵ KM2₂↓ → KM1⊤ → KM1主↓ → M↻ → 工作台左移……

　　　　　　　　　　→ KM1₁ ↓自

　　　　　　　　　　→ KM1₂ ↓互

当 SQ1 或 SQ2 失灵时，工作台继续左移或右移，挡铁1或挡铁2压下 SQ3 或 SQ4，断开正转接触器 KM1 或反转接触器 KM2，电动机断电停车，避免运动部件因超出极限位置而发生事故。工作台左移途中，按下 SB₂，电动机反转，工作台右移；反之亦然。

上述利用行程开关按照机械设备运动部件的行程位置进行的控制称为行程控制，对运动部件抵达预定位置而停止运动的控制称极限保护或终端保护。

2.2.10 实训五：工作台自动往返循环控制

1. 实训目的

掌握行程控制中行程开关的作用，以及其在机床电路中的应用。

2. 实训设备

浙江天煌教仪 DZSZ-1 型电动机及控制实验装置之 DZ01 挂件、D61 挂件、D62 挂件，DJ24 电动机。

3. 实训前准备工作

同实训一。

4. 实训内容

按图 2 – 30 接线，图中 SB_1、SB_2、SB_3、FR_1、KM_1、KM_2 选用 D61 挂件对应的元器件；Q_1、FU_1、FU_2、FU_3、FU_4、ST_1、ST_2、ST_3、ST_4 选用 D62 挂件对应的元器件，ST 为行程开关；电动机选用 DJ24 （△/220V）。接线方法与图 2 – 13 一样。检查无误后，按下列步骤实际操作。

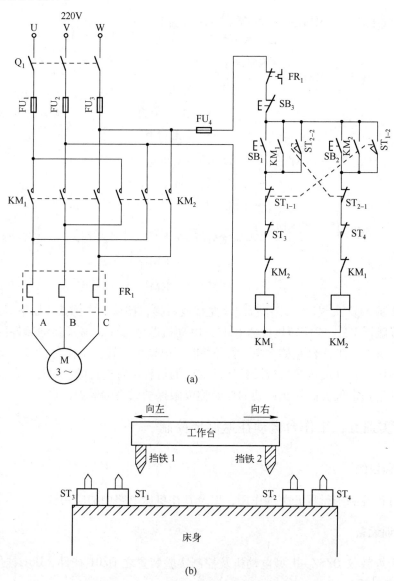

图 2 – 30　工作台自动往返循环控制实训图

（1）按下电源控制屏上的启动按钮，启动按钮绿色指示灯亮；

（2）合上 Q_1，接通三相交流 220V 电源；

（3）按下 SB_1，使电动机正转约 10 秒；

（4）按下 ST_1（模拟工作台向左移动至预定位置，挡铁 1 压下行程开关 ST_1），观察电动机停止正转并变为反转。

（5）反转约半分钟，按下 ST_2（模拟工作台向右移动至预定位置，挡铁 2 压下行程开关 ST_2），观察电动机停止反转并变为正转。

（6）正转 10 秒后按下 ST_3（模拟工作台向左移动至极限位置，挡铁 1 压下行程开关 ST_3），反转 10 秒后按下 ST_4（模拟工作台向右移动到极限位置，挡铁 2 压下行程开关 ST_4），观察电动机运转情况。

（7）重复上述步骤，电路应能正常工作。

5. 思考题

（1）行程开关主要用于什么场合，一般安装在什么地方？如何实现行程控制？

（2）图 2-30 中 ST_3、ST_4 在行程控制中起什么作用？

（3）试列举几种限位保护的机床控制实例。

6. 常见电路故障及排除

（1）在正反转试验时，操作 SB_1、SB_2、SB_3，电动机能正转、反转及停车，但在电动机正反转时挡铁压下行程开关后，电动机不停车、不能由正转变反转或由反转变正转。这是由于运动部件的挡铁和行程开关滚轮的相对位置未对正，滚轮行程不够，造成行程开关常闭触点不能分断、常开触点不能闭合所致。调整好挡铁与行程开关的相对位置，故障便可排除。

（2）电动机启动后工作台移动，当它到达预定位置，挡铁压下行程开关，一只接触器断开，另一只接触器吸合，但工作台运动方向不改变，继续按原方向移动而不能返回。此故障现象表明：行程控制起作用，接触器线圈所在的控制电路接线正确；但电动机需要正反向转换时，却没有改变供电电源相序。此时应该检查主电路接线，使 KM_1 主触点和 KM_2 主触点所接电源相序相反，故障自然消除。

2.3 三相交流笼型异步电机减压启动控制电路

三相交流笼型异步电动机采用全压启动时，控制电路简单、经济，但启动电流大。当电动机容量较大，不允许采用全压直接启动时，应采用减压启动。减压启动的实质是为了限制启动电流，启动时，通过启动设备使加到电动机上的电压小于额定电压，待电动机转速上升到一定数值后，再将电压恢复到额定值，电动机进入正常工作状态。减压启动虽然限制了启动电流，但是由于启动转矩和电压的平方成正比，使启动转矩大大减小，所以减压启动多用于空载或轻载启动场合。

三相交流笼型异步电机减压启动方法有：定子串联电阻或电抗减压启动、自耦变压器减压启动、星形-三角形减压启动、延边三角形减压启动等。

2.3.1　定子串联电阻减压启动控制电路

图 2 – 31（a）所示为三相交流笼型异步电动机定子绕组串联三相对称电阻减压自动启动控制电路图。图中，SB1、SB2 分别为启动按钮和停止按钮，R 为三相启动电阻，KM1 为电源接触器，KM2 为启动接触器，做切除启动电阻用，KT 为启动时间继电器。电路的工作原理为：

QS ↓，SB1 ↓─→KM1⊤─→KM1 主↓─→定子串联 R，M1 ⤵

　　　　　　　─→KM1 ↓自

　　─→KT⊤─→KT ↘─→KM2⊤─→KM2 主↓─→切除R，M 全压运行

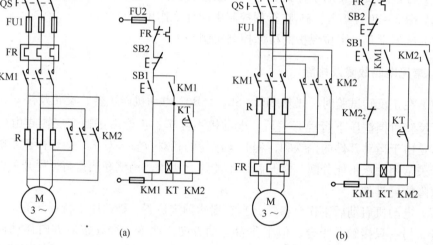

(a)　　　　　　　　　　　　　　　　　　(b)

图 2 – 31　电动机定子绕组串联三相对称电阻减压自动启动控制电路图

此电路的缺点是：M 全压运行后，KM1 和 KT 始终有电，使能耗增加。如果能在 M 正常运行后断开 KM1 和 KT 的电源，则可提高电器的使用寿命并节约能源。这种改进电路如图 2 – 31（b）所示，电路的工作原理为：

QS ↓，SB1 ↓─→KM1⊤─→KM1 主↓─→定子串联 R，M1 ⤵

　　　　　　　─→KM1 ↓自

　　─→KT⊤─→KT ↘─→KM2⊤─→KM2 主↓─→切除R，M 全压运行

　　　　　　　　　　　　─→KM2₁ ↓自

　　　　　　　　　　　　─→KM2₂↑─→KM1 主↑

　　　　　　　　　　　　　　─→KM1↑─→KT⊟─→KT↑─→KM2⊟

定子串联电阻减压启动虽然限制了启动电流，但在启动电阻上消耗大量的电能，显得不经济，故应用不太广泛。

2.3.2 星形－三角形减压启动控制电路

对于正常运行时定子绕组接成三角形的三相交流笼型异步电动机，均可采用星形－三角形减压启动。启动时，先将定子绕组接成星形，使得每相绕组电压为正常运行时三角形连接时相电压的 $1/\sqrt{3}$，启动完毕再恢复成三角形接法，电动机便进入全压下正常运行。其优点是启动设备成本低、方法简单、容易操作。虽然此法的启动电流降至全电压启动时的 $1/3$，但启动转矩只有额定转矩的 $1/3$，故这种方法多用于轻载或空载启动。

星形－三角形减压启动控制电路图如图 2－32 所示。

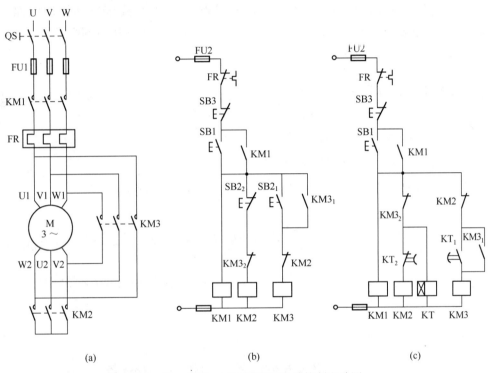

图 2－32　星形－三角形减压启动控制电路图

1. 按钮、接触器控制星形－三角形减压启动控制电路

图 2－32（b）所示为按钮、接触器控制星形－三角形减压启动控制电路。图中 KM1 为电源接触器，KM2 为星形启动接触器，KM3 为三角形运行接触器，SB1 为启动按钮，SB2 为星形、三角形切换按钮，SB3 为停止按钮。电路的工作原理为：

$$QS \downarrow，\quad SB1 \downarrow \rightarrow KM1 \fbox{} \rightarrow KM1_{主} \downarrow$$

$$\rightarrow KM1 \downarrow_{自} \searrow M\ 星形启动$$

$$\rightarrow KM2 \fbox{} \rightarrow KM2_{主} \downarrow$$

$$\rightarrow KM2 \uparrow_{互} \rightarrow KM3 \fbox{}$$

$$n\uparrow \rightarrow n\approx n_{N},\ 按下 SB2 \begin{cases} SB2_2\uparrow^{先}\rightarrow KM2\stackrel{\square}{\rightarrow} KM2_{主}\uparrow\rightarrow 断开星形连接 \\ \qquad\qquad\qquad \rightarrow KM2\downarrow \\ SB2_1\downarrow^{后}\xrightarrow{\because KM2\downarrow} KM3\stackrel{\square}{\rightarrow} KM3_{主}\downarrow\xrightarrow{\because KM1_{主}\downarrow} M\ 三角形运行 \\ \qquad\qquad\qquad \rightarrow KM3_1\downarrow 自 \\ \qquad\qquad\qquad \rightarrow KM3_2\uparrow 互 \end{cases}$$

2. 时间继电器控制星形 – 三角形减压启动控制电路

图 2 – 32（c）所示为时间继电器控制星形 – 三角形减压启动控制电路。与图 2 – 32（b）所示电路的区别仅在于用时间继电器 KT 代替手动按钮 SB2 进行星形、三角形接法的自动转换。电路的工作原理为：

$$QS\downarrow,\ SB1\downarrow\rightarrow KM1\stackrel{\square}{\rightarrow} KM1_{主}\downarrow$$
$$\qquad\qquad\qquad \rightarrow KM1\downarrow 自\ \big\rangle\ M\ 星形启动$$
$$\qquad \rightarrow KM2\stackrel{\square}{\rightarrow} KM2_{主}\downarrow$$
$$\qquad\qquad \rightarrow KM2\uparrow 互\rightarrow KM3\stackrel{\square}{\rightarrow}$$
$$\rightarrow KT\stackrel{\square}{\rightarrow} KT_2\diagup^{先}\rightarrow KM2\stackrel{\square}{\rightarrow} KM2_{主}\uparrow\rightarrow 断开星形连接$$
$$\qquad\qquad\qquad\qquad \rightarrow KM2\downarrow$$
$$\rightarrow KT_1\diagdown^{后}\xrightarrow{\because KM2\downarrow} KM3\stackrel{\square}{\rightarrow} KM3_{主}\downarrow\xrightarrow{\because KM1_{主}\downarrow} M\ 三角形运行$$
$$\qquad\qquad\qquad\qquad \rightarrow KM3_1\downarrow 自$$
$$\qquad\qquad\qquad\qquad \rightarrow KM3_2\uparrow\rightarrow KT\stackrel{\square}{\rightarrow} KT_1\uparrow$$
$$\qquad\qquad\qquad\qquad\qquad\qquad \rightarrow KT_2\downarrow\rightarrow KM2\stackrel{\square}{\rightarrow}$$

QX4 系列自动星形 – 三角形启动器技术数据见表 2 – 1。

表 2 –1　QX4 系列自动星形 – 三角形启动器技术数据

型　号	控制电动机功率 /kW	额定电流 /A	热继电器额定电流 /A	时间继电器整定值 /s
QX4 – 17	13 17	26 33	15 19	11 13
QX4 – 30	22 30	42.5 58	25 34	15 17
QX4.– 55	40 55	77 105	45 61	20 24
QX4 – 75	75	142	85	30
QX4 – 125	125	260	100～160	14～60

2.3.3 自耦变压器减压启动控制电路

自耦变压器减压启动是依靠自耦变压器的减压作用来限制电动机的启动电流的。启动时，自耦变压器二次侧与电动机相连，定子绕组得到的是自耦变压器二次电压，启动完毕，将自耦变压器切除，电动机直接接电源，进入全压运行。自耦变压器二次侧有65%、73%、85%、100%电源电压等抽头，可分别获得42.3%、53.3%、72.3%及100%全压启动的启动转矩。显然比星形-三角形减压时只有33%的全压启动转矩大得多。自耦变压器减压启动时对电网的电流冲击小，功率损耗小；但其价格较高，主要用于容量较大、正常运行为星形接法的电动机启动中。

1. 按钮、接触器控制自耦变压器减压启动控制电路

图2-33所示为按钮、接触器控制自耦变压器减压启动控制电路图。图中KM2为电源接触器，KM1为星形连接接触器，KM3为运行接触器，T为自耦变压器，KA为中间启动继电器，SB1为启动按钮，SB2为运行按钮，SB3为停止按钮。电路的工作原理为：

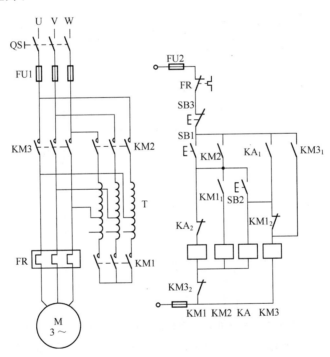

图2-33 按钮、接触器控制自耦变压器减压启动控制电路图

$QS\downarrow$，$SB1\downarrow \rightarrow KM1\underset{}{\overset{}{\boxminus}} \rightarrow KM1_{主}\downarrow$

$\rightarrow KM1_1\downarrow \rightarrow KM2\underset{}{\overset{}{\boxminus}} \rightarrow KM2_{主}\downarrow \rightarrow$ 接入T减压，M↗

$\rightarrow KM1_2\uparrow$ 互 $\rightarrow KM2\downarrow$ 自

$n\uparrow \rightarrow n\approx n_N$，SB2$\downarrow$→KA$\overline{}$→KA$_1\downarrow$自

　　　　　　　→KA$_2\uparrow$→KM1$\stackrel{\square}{}$→KM1$_\pm\uparrow$

　　　　　　　　　　　→KM1$_1\uparrow$→KM2$\stackrel{\square}{}$→KM2$_\pm\uparrow$→断开 T

　　　　　　　　　　　　　→KM2$\uparrow$

　　　　　　　　　　　→KM1$_2\downarrow$→KM3$\overline{}$→KM3$_\pm\downarrow$→M 全压运行

　　　　　　　　　　　　　→KM3$_1\downarrow$自

　　　　　　　　　　　　　→KM3$_2\downarrow$→KA$\stackrel{\square}{}$→KA$_1\uparrow$

　　　　　　　　　　　　　　　→KA$_2\downarrow$

此电路正常工作时，KM1、KM2、KA 均失电，可延长电器使用寿命并节能。电路要求按下 SB1 的时间要长于 KM1、KM2 吸合时间之和。

2. 时间继电器控制自耦变压器减压启动控制电路

图 2-34 所示为时间继电器控制自耦变压器减压启动控制电路图，图中用时间电器 KT 进行启动的自动切换，SB1、SB2 与 SB3、SB4 分别为两地控制用的启动按钮与停止按钮。电路的工作原理为：

QS$\downarrow$，SB1$\downarrow$→KM1$\overline{}$→KM1$_\pm\downarrow$ →接入 T 减压，M$\nearrow$

　　　　→KM1$_1\downarrow$自

　　　　→KM1$_2\uparrow$互

→KT$\overline{}$→KT$\searrow$→KA$\overline{}$→KA$_1\downarrow$自

　　　　　　　→KA$_2\downarrow$

　　　　　　　→KA$_3\uparrow$→KM1$\stackrel{\square}{}$→KM1$_\pm\uparrow$→断开 T

　　　　　　　　　→KM1$_1\uparrow$→KT$\stackrel{\square}{}$→KT$\uparrow$→KA$\stackrel{\square}{}$

　　　　　　　　　→KM1$_2\downarrow$ $\underrightarrow{\because\text{KA}_2\downarrow}$ KM2$\overline{}$→KM2$_\pm\downarrow$

　　　　　　　　　　　　　　　　　→KM2$\uparrow$

→M 全压运行

此电路从减压向全压转换时，由于 KM1$_\pm$ 先分断，使得自耦变压器断电；然后 KM2 得电，其三个常闭辅助触点 KM2 再分断。这样，在主电路无电时用辅助触点断开电路是允许的，与图 2-33 相比可省去一个接触器。当自耦变压器容量比较大时，如减压时流过常闭辅助触点 KM2$_1$ 的电流超时触点容量时，仍应增加一个接触器取代三个常闭辅助触点。表 2-2 列出了部分 XJ01 系列自耦减压启动器技术数据。

表 2-2　XJ01 系列自耦减压启动器技术数据

型　　号	被控制电动机功率 /kW	最大工作电流 /A	自耦变压器功率 /kW	电流互感器 电流比	热继电器整定 电流/A
XJ01-14	14	28	14		32
XJ01-20	20	40	20		40

型　　号	被控制电动机功率 /kW	最大工作电流 /A	自耦变压器功率 /kW	电流互感器 电流比	热继电器整定 电流/A
XJ01－28	28	58	28		63
XJ01－40	40	77	40		85
XJ01－55	55	110	55		120
XJ01－75	75	142	75		142
XJ01－80	80	152	115	300/5	2.8
XJ01－95	95	180	115	300/5	3.2
XJ01－100	100	190	115	300/5	3.5

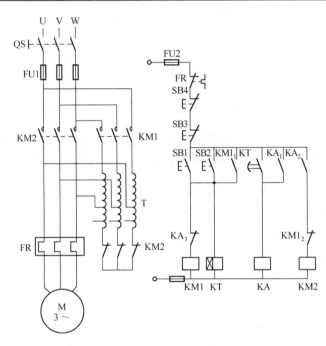

图 2－34　时间继电器控制自耦变压器减压启动控制电路图

2.3.4　延边三角形减压启动控制电路

　　星形－三角形减压启动有不少优点，不足之处是启动转矩太小。如果欲兼取星形连接启动电流小、三角形连接启动转矩大的优点，可采用延边三角形减压启动。

　　延边三角形减压启动适用于定子绕组特别设计的电动机。这种电动机的定子每相绕组有三个出线端：首端、末端和中间抽头，如图 2－35（a）所示。其中 U1、V1、W1 为首端，U2、V2、W2 为末端，U3、V3、W3 为中间抽头。启动时，U1、V1、W1 接电源，U2与 V3、V2 与 W3、W2 与 U3 相接，把定子绕组一部分接成三角形，而另一部分接成星形，使三相绕组接成延边三角形，如图 2－35（b）所示。此时绕组相电压比三角形连接时有所下降，启动电流随之下降。启动结束后，将 U1 与 W2、V1 与 U2、W1 与 V2相接，把三相绕组接成三角形全压运行，如图 2－35（c）所示。

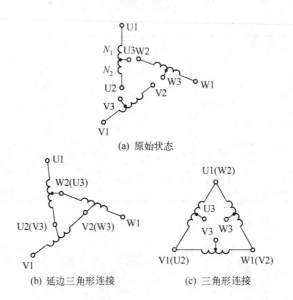

(a) 原始状态

(b) 延边三角形连接　　　(c) 三角形连接

图 2 - 35　延边三角形连接的异步电动机定子绕组端子连接方式图

图 2 - 36 所示为延边三角形减压启动控制电路。电路的工作原理与图 2 - 32（c）时间继电器控制星形 - 三角形减压启动控制电路完全一致，在此不再阐述。

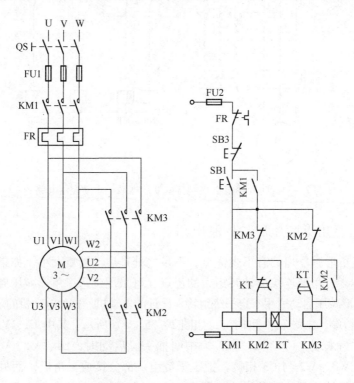

图 2 - 36　延边三角形减压启动控制电路

延边三角形减压启动，其启动转矩大于星形 - 三角形减压启动，不需要专门的启动设备，电路结构简单，但需要专用电动机，在一定程度上限制了它的应用。

2.3.5　实训六：三相交流笼型异步电动机减压启动控制

1. 实训目的

（1）了解在不同减压启动方式下，启动电流和启动转矩的差别。
（2）掌握减压启动在机床控制中的应用。
（3）掌握各种减压启动方式的不同应用场合。

2. 实训设备

浙江天煌教仪 DZSZ 1 型电动机及自动控制实验装置之 DZ01 挂件、D61 挂件、D62 挂件、D41 挂件——三相可调电阻箱、D32 挂件——数/模三相交流电流表，DJ24 电动机。

3. 实训前准备工作

同实训一。

4. 实训内容

（1）时间继电器控制定子串联三相对称电阻减压启动控制电路。

按图 2-37 接线，图中 FR_1、SB_1、KM_1、KM_2、KT_1 选用 D61 挂件对应的元器件；Q_1、FU_1、FU_2、FU_3、FU_4 选用 D62 挂件对应的元器件；R 选用 D41 挂件的 180Ω 电阻；电流表选用 D32 挂件的 2.5A 挡电流表；电动机选用 DJ24（△/220V）。接线方法与图 2-13 一样。检查无误后，按下列步骤实际操作：

① 按下电源控制屏上的启动按钮，启动按钮绿色指示灯亮；

② 合上 Q_1，接通三相交流 220V 电源；

③ 按下 SB_2，观察并记录电动机定子串联三相对称电阻时各接触器吸合情况、电动机运行状况及电流表读数；

④ 隔一段时间，观察时间继电器 KT_1 常开触点延时闭合后，电动机全压运行时各接触器吸合情况，电动机运行状态及电流表读数。

（2）时间继电器控制星形-三角形减压启动控制电路。

按下电源控制屏上的停止按钮，切断三相交流电源。按图 2-38 接线，图中 SB_1、SB_2、KM_1、KM_2、KM_3、KT_1、FR_1 选用 D61 挂件对应的元器件；Q_1、FU_1、FU_2、FU_3、FU_4 选用 D62 挂件对应的元器件；电流表选用 D32 挂件的 2.5A 挡电流表；电动机选用 DJ24（△/220V）。接线方法与图 2-13 一样。检查无误后，按下列步骤实际操作：

① 按下电源控制屏上的启动按钮，启动按钮绿色指示灯亮；

② 合上 Q_1，接通三相交流 220V 电源；

③ 按下 SB_1，电动机星形连接启动，观察并记录电动机运行状态和电流表读数；

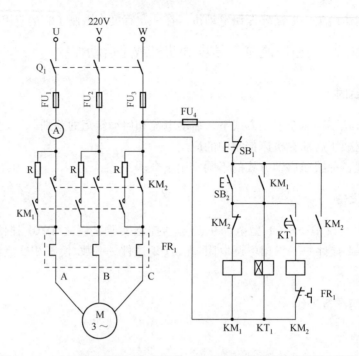

图2-37 时间继电器控制定子串联三相对称电阻减压启动实训电路图

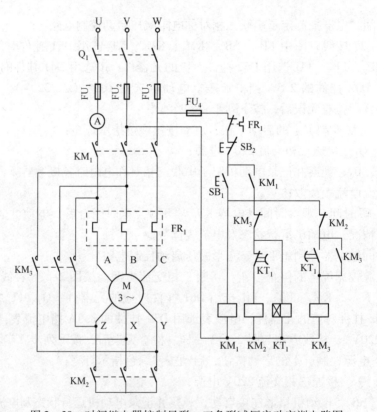

图2-38 时间继电器控制星形-三角形减压启动实训电路图

（4）经过一定延时，电动机按三角形接法正常运行，观察并记录电动机运行状态和电流表读数；

（5）按下 SB$_2$，M 停止运转。

5. 思考题

（1）时间继电器在图 2-37、图 2-38 中起什么作用？

（2）星形-三角形减压启动与定子串联三相对称电阻减压启动相比有什么优点？

（3）采用星形-三角形减压启动对电动机有何要求？

（4）减压启动最终目的是控制什么物理量？

6. 常见电路故障及排除

（1）图 2-37 所示电路中，按下 SB$_2$，KM$_1$、KT$_1$ 得电动作，电动机定子串联电阻减压启动，但超过 KT$_1$ 整定延时时间，KM$_2$ 仍未得电，电动机不能转换至全压运行。这是由于 KT$_1$ 的常开延时触点不闭合所致。若使用空气阻尼式时间继电器，可能是电磁机构（衔铁等）安装位置不准确或进气孔堵塞引起的，应调整电磁机构或拆开气室，清除气道中的灰尘。

（2）图 2-37 所示电路中，按下 SB$_2$，KM$_1$、KT$_1$ 得电动作，但 KM$_2$ 也立即得电，KM$_1$、KT$_1$ 随之失电释放，电动机定子不串联电阻，全压启动运行。这是由 KT$_1$ 延时时间缩短甚至没有延时，其常开延时触点瞬时动作所致。若使用空气阻尼式时间继电器，可能是气室装配不严而漏气或橡皮膜损坏，此时应该重新装配气室，更换损坏或老化的橡皮膜。

（3）图 2-37 所示电路中，按下 SB$_2$，KM$_1$、KT$_1$ 得电动作，电动机减压启动；KT$_1$ 延时结束，KM$_2$ 得电，但瞬即 KM$_1$、KT$_1$、KM$_2$ 失电释放，电动机停车。故障原因是错将 KM$_2$ 的自锁触点与 KT$_1$ 的常开延时触点并联，按图重新接好便可。

（4）图 2-38 所示电路中，按下 SB$_1$，KM$_1$、KM$_2$ 均得电动作，但是电动机发出异响，不能启动；立即按下 SB$_2$ 停车，KM$_1$、KM$_2$ 失电释放时，灭弧罩内有较强的电弧。故障现象是由于电动机缺相启动引起的。除应检查是否某一相的熔断器接触不良、熔断及 KM$_1$、KM$_2$ 某一相的主触点是否歪斜或脱落外，尚可检查 KM$_2$ 主触点星形连接的中性点的短接线接触是否良好。排除方法是：装好或更换熔断器，装好接触器主触点，接好中性点接线并紧固好各接线端子。

（5）图 2-38 所示电路中，按下 SB$_1$，KM$_1$、KM$_2$、KT$_1$ 均得电动作，电动机星形连接启动，KT$_1$ 延时结束，KM$_3$ 得电，但瞬即 KT$_1$、KM$_3$ 失电释放，电动机断电，然后电动机又星形连接启动，……，如此不断重复。故障原因是 KM$_3$ 的自锁触点连线松脱，接好自锁触点，故障自然消失。

2.3.6 软启动器及其控制电路

在一些对启动要求较高的场合，可选用软启动方式，即采用电子启动方法。其主要特点是：具有软启动和软停车功能，启动电流、启动转矩可调，还具有电动机过载保护等功能。

1. 软启动器的工作原理

图2-39所示为软启动器原理示意图。它主要由三相交流调压电路和控制电路组成。其工作原理是通过控制晶闸管导通角的大小来改变输出至电动机的电压，达到控制启动电流和启动转矩的目的。控制电路按预先设定的不同启动方式，通过检测主电路的反馈电流，控制其输出电压，可获得不同的启动特性，最终软启动器输出全电压，电动机在全压下运行。由于软启动器为电子调压并对电流进行检测，因此还具有对电动机和软启动器本身的热保护、限制转矩和电流冲击，三相电源不平衡、缺相、断相等保护功能，可实时检测并显示如电流、电压、功率因数等参数。

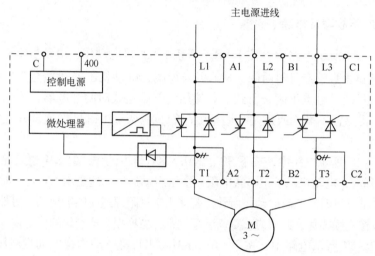

图2-39　软启动器原理示意图

2. 软启动的控制方式

软启动控制方式有：斜坡升压启动方式，用于一台软启动器启动多台电动机或电动机功率远低于软启动器额定值的场合。转矩控制及启动电流限制启动方式，此方法可使电动机以最佳的启动加速度在最短的时间完成平稳的启动，是应用最多的启动方式。电压提升脉冲启动方式适用于重载并需要克服较大静摩擦的启动场合。转矩控制软停车方式通过逐渐降低软启动器输出电压及匀速调整电动机转矩下降速率，实现平滑减速，此方式停车时间较长且大于自由停车时间，用于不允许电动机瞬间停车场合，如高层建筑、楼宇的水泵系统。制动停车方式具有能耗制动功能。

3. 软启动器启动控制电路

图2-40所示为三相异步电动机用软启动器启动控制电路图。图中虚线框所示为法国TE公司生产的Altistart 46型软启动器，其中C和400为软启动器控制电源进线端子；L1、L2、L3为软启动器主电源进线端子；T1、T2、T3为连接电动机的出线端子；A1、A2，B1、B2，C1、C2端子由软启动器三相晶闸管两端分别直接引出。当A1与A2、B1与B2、

C1 与 C2 端子短接时，相当于图中 KM2 主触点闭合，软启动器内部晶闸管被短路，但此时软启动器内部的电流检测环节仍起作用，因此，软启动器对电动机仍起保护作用。

PL 是软启动器为外部逻辑输入提供的 +24V 电源；L+ 为软启动器逻辑输出部分的外接输入电源，在图中直接由 PL 提供。

STOP、RUN 分别为软停车和软启动控制信号，接线方式分为：三线制控制、二线制控制和通信远程控制。三线制控制要求输入信号为脉冲输入型；二线制控制要求输入信号为电平输入型；通信远程控制时，要将图中 PL 与 STOP 端子短接，启、停使用通信口远程控制。图 2-40 所示电路为三线制控制方式。

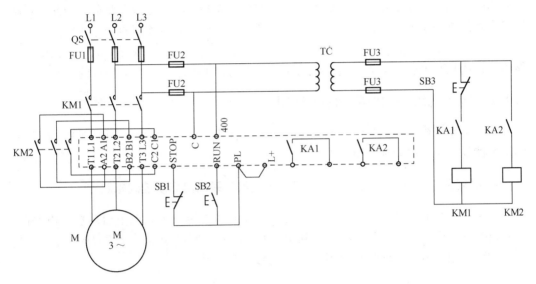

图 2-40　电动机单向运行、软启动、软停车或自由停车控制电路图

KA1 和 KA2 为输出继电器。KA1 为可编程输出继电器，可设置成故障继电器或隔离继电器。若 KA1 设置为故障继电器，则当软启动器控制电源通电时，KA1 闭合；当软启动器发生故障时，KA1 断开。若 KA1 设置为隔离继电器，则当软启动器接收到启动信号时，KA1 闭合；当软启动器停车结束时，或者在自由停车模式下接收到停车信号时，或者在运行过程中出现故障时，KA1 断开。KA2 为启动结束继电器，当软启动器完成启动过程后，KA2 闭合；当软启动器接收到停车信号或出现故障时，KA2 断开。

图 2-40 所示电路具有电动机单向运行、软启动、软停车或自由停车功能。图中，KA1 设置为隔离继电器，KM1 为电源接触器。当开关 QS 合上后，按下启动按钮 SB2，KA1 通电，其常开触点闭合，使 KM1 线圈得电，KM1 主触点闭合，主电源加入软启动器。电动机按设定的启动方式启动。当启动完成后，内部继电器 KA2 常开触点闭合，旁路接触器 KM2 线圈得电，主触点闭合，将软启动器内的晶闸管短接，电动机经 KM2 主触点由电网直接供电。但此时过载、过流等保护仍起作用。若发生过载，过流故障，KA1 失电，其常开触点分断，切断 KM1 线圈电源，软启动器随之断电，所以 KA1 起保护继电器的作用。因此，电动机不需要额外增加过载保护电路。正常停车时，按停车按钮 SB1，停止指令使 KA2 常开触点分断，旁路接触器 KM2 断电，使电动机软停车。软

停车结束后，KA1 常开触点分断。按钮 SB3 为紧急停车用，当按下 SB3 时，KM1 线圈失电，软启动器内部的 KA1 和 KA2 触点复位，使 KM2 线圈失电，电动机自由停车。

由于带有旁路接触器，而软启动器仅在启动和停车时工作，电动机在正常运行时就不存在软启动器产生的谐波干扰，晶闸管则可避免长期运行，减少了发热并延长了使用寿命。

2.4 三相交流绕线型异步电动机启动控制电路

在生产实际中，有时要求电动机要有较大的启动转矩，但启动电流却不能太大。前面介绍的三相交流笼型异步电动机各种启动方法，大多不能满足这个要求。为此，在起重机、卷扬机等要求启动转矩大的设备中，常采用三相交流绕线型异步电动机。

三相交流绕线型异步电动机可以在转子绕组中通过集电环串联外加电阻或频敏变阻器启动，达到减少启动电流、增大启动转矩并提高转子电路功率因数的目的。

2.4.1 转子绕组串联电阻启动控制电路

三相交流绕线型异步电动机转子绕组串电阻启动，常用的有按时间原则和按电流原则两种控制方法，现分别介绍如下。

1. 时间原则控制绕线型异步电动机转子绕组串联电阻启动控制电路

图 2-41 所示为时间继电器控制绕线型异步电动机转子串联电阻启动控制电路图，本图根据电动机各级启动所需时间，利用时间继电器控制接触器，自动切除转子电路的三级对称三相电阻，故称时间原则控制，电路工作原理为：

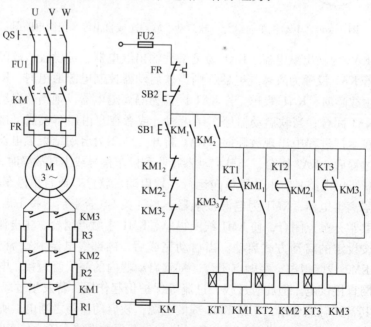

图 2-41 时间继电器控制绕线型异步电动机转子绕组串联电阻启动控制电路图

QS↓，SB1↓→KM┳→KM主↓→转子串联R1、R2、R3，M↻

    →KM₁↓自

    →KM₂↓→KT1┳→KT1↘→KM1┳→KM1主↓→切除 R1，转子串联R2、R3

                → KM1₂↑

                → KM1₁↓ → KT2┳ → KT2↘→

→KM2┳→KM2主↓ 切除 R2，转子串联 R3

  →KM2₂↑

  →KM2₁↓→KT3┳→KT3↘→KM3┳→KM3主↓ → 切除 R3

              →KM3₁↓自

              →KM3₂↑

              →KM3₃↑→KT1┻→KT1↑→

→KM1┻→KM1主↑

  →KM1₂↓

  →KM1₁↑→KT2┻→KT2↑→KM2┻→KM2主↑

                →KM2₂↓

                →KM2₁↑→KT3┻→KT3↑→KM3┻

与启动按钮 SB1 串联的三个接触器常闭触点 $KM1_2$、$KM2_2$、$KM3_2$ 的作用：保证电动机在转子绕组中接入全部启动电阻时才能启动。若其中任何一个接触器的主触点因熔焊或机械故障而使接触器不能释放时，其主触点切除部分启动电阻，但其常闭触点分断，即使按下 SB1，KM 也不可能有电，电动机就不能启动。

2. 电流原则控制绕线型异步电动机转子绕组串联电阻启动控制电路

图 2–42 所示为电流继电器控制绕线型异步电动机转子绕组串联电阻启动控制电路图，本图根据启动电流大小，利用电流继电器控制接触器，自动切除转子电路的三级对称三相电阻，故称电流原则控制。图中 KI1、KI2、KI3 三个欠电流继电器的线圈串在转子电路中，三个欠电流继电器的吸合电流一样，均为电动机启动最大电流 I_1；释放电流为启动切换电流 I_2，但三者均不同，KI1 释放电流最大，为 I_{21}；KI2 其次，为 I_{22}；KI3 最小，为 I_{23}。$I_{21} > I_{22} > I_{23}$。电路工作原理为：

QS↓，SB₁↓→KM┳→KM主↓→转子串联R1、R2、R3，M↻

    → $I=I_1$ → KI1┳ → KI1↑

    → KI2┳ → KI2↑

    → KI3┳ → KI3↑

  →KM₁↓自

  →KM₂↓→KA┳→KA↓ ∵ n↑ → I↓至 I_{21} KI1┻→KI1↓→

                                       KI2┻

                                       KI3┻

→KM1▽→KM1主▽ → 切除 R1、KI1,转子串联R2、R3

→ $I\uparrow = I_1$，然后 ∵ $n\uparrow$ → $I\downarrow$ 至 I_{22} → KI2凸→KI2▽ →

→KM1↑　　　　　　　　　　　　　　　　　　　　　　KI3凸

→KM2▽→KM2主▽ → 切除 R2、KI2,转子串联R3

→ $I\uparrow = I_1$，然后 ∵ $n\uparrow$ → $I\downarrow$ 至 I_{23} → KI3凸→KI3▽ →KM3▽→

→KM2↑

→KM3主▽ → 切除 R3、KI3,正常工作

→KM3↑

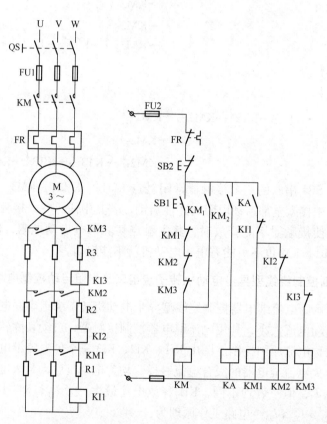

图2-42　电流继电器控制绕线型异步电动机转子绕组串联电阻启动控制电路图

图 2-42 中，与 SB1 串联的三个接触器常闭触点 KM1、KM2、KM3 的作用与图 2-41 中的一样。中间继电器 KA 的作用：刚开始启动时，KA 常开触点分断，切断了 KM1、KM2、KM3 线圈电路，这就保证了开始启动时转子串联全部电阻启动。本电路的启动切换电流 I_{21}、I_{22}、I_{23} 虽不相等，但互相间不能相差太大，否则增加启动时间。因此对三个欠电流继电器的灵敏度要求较高，应按所整定释放电流释放，不然就不会逐级切除启动电阻，出现大的冲击电流。

2.4.2 实训七：三相交流绕线型异步电动机转子串联三相对称电阻启动控制

1. 实训目的

掌握三相交流绕线型异步电动机转子串联三相对称电阻启动的应用场合及其特点。

2. 实训设备

浙江天煌教仪 DZSZ-1 型电动机及自动控制实验装置之 DZ01 挂件、D61 挂件、D62 挂件、D32 挂件、D41 挂件，DJ17 电动机。

3. 实训前准备工作

同实训一。

4. 实训内容

按图 2-43 接线，图中 SB_1、SB_2、KM_1、KM_2、FR_1、KT_1 选用 D61 挂件对应的元器件；Q_1、FU_1、FU_2、FU_3、FU_4 选用 D62 挂件对应的元器件，R 选用 D41 挂件的 180Ω 电阻；电流表选用 D32 挂件的 1A 挡电流表；电动机选用 DJ17 （Y/220V）。接线方法与图 2-13 一样。检查无误后，按下列步骤进行实际操作。

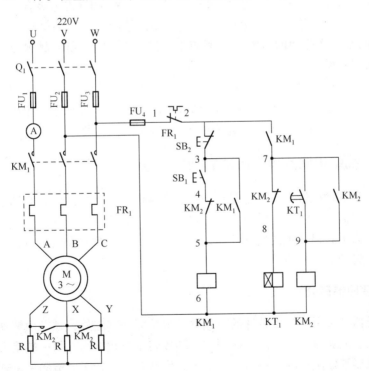

图 2-43　时间继电器控制绕线型异步电动机转子串联电阻启动控制实训电路图

（1）按下电源控制屏上的启动按钮，启动按钮绿色指示灯亮；

（2）合上 Q_1，接通三相交流 220V 电源；

（3）按下 SB_1，观察并记录电动机的运行情况，以及电动机启动时电流表的最大读数；

（4）经过一段时间延时，启动电阻被切除后，记录电流表的读数；

（5）按下 SB_2，电动机停转后，用导线把电动机三相转子短接；

（6）再按下 SB_1，记录电动机启动时电流表的最大读数。

5. 思考题

（1）三相交流绕线型异步电动机转子串联电阻启动可以减少启动电流、增加启动转矩和提高转子功率因数的原理是什么？如果转子串联的电阻过大，还有上述效果吗？为什么？

（2）三相交流绕线型异步电动机有哪几种启动方法？什么叫频敏变阻器，这种启动方法有何特点？

6. 常见电路故障及排除

（1）按下 SB_1，KM_1、KT_1 得电动作，电动机转子串联电阻启动，KT_1 延时结束，KM_2 得电，但瞬即 KT_1、KM_2 失电释放，然后 KT_1、KM_2 相继得电吸合……，如此不断重复，电动机转子则一直串联电阻运行。故障原因是 KM_2 的自锁触点接线松脱或错将该触点并接于点 2—7 之间的 KM_1 常开触点上，按图 2-43 接好自锁触点，并拧紧接线端子，故障便可排除。

（2）电动机虽能启动，但电动机转子一直串联电阻运行而不能被切除；或者电动机转子不串联电阻直接启动，故障原因分别是时间继电器常开延时触点不闭合或该触点瞬时动作所致。故障原因及排除方法参见实训六的故障（1）及（2）。

2.4.3 转子绕组串联频敏变阻器启动控制电路

绕线型异步电动机转子串联电阻启动时，在逐级切除电阻瞬间，启动电流和启动转矩会突增至最大值，产生一定的电气和机械冲击，而且启动电阻体积较大、能耗大、控制电路复杂。为了获得理想的启动性能，容量较大的绕线型异步电动机常采用转子绕组串频敏变阻器启动。

1. 频敏变阻器简介

频敏变阻器实际上是一个特殊的三相铁芯电抗器，其三柱式铁芯由铸铁板或钢板叠成，在每相铁芯上装有一个线圈，线圈的一端接转子三相绕组，另一端星形连接。

频敏变阻器等效阻抗的大小与转子电流频率有关，而转子电流频率是随着转子转速的变化而变化的。转子电流频率 $f_2 = sf_1$，其中 s 为转差率，f_1 为电源频率。刚启动时，转速为零，$s=1$，所以 $f_2 = f_1$，频敏变阻器的电感和电阻均为最大，转子电流受到抑制。

随着电动机转速的升高，s 减小，f_2 下降，频敏变阻器的阻抗随之减小，实现了平滑的无级启动。

2. 绕线型异步电动机转子绕组串联频敏变阻器启动控制电路

图 2-44 所示为绕线型异步电动机转子绕组串频敏变阻器 RF 正反转手动、自动控制电路。QS1 为手动与自动转换开关，KM1、KM2 为正、反转接触器，KM3 为短接频敏变阻器接触器，KT 为时间继电器。QS1 打至 A 挡为自动启动，打至 M 挡为手动启动，电路的工作原理请读者自行分析。

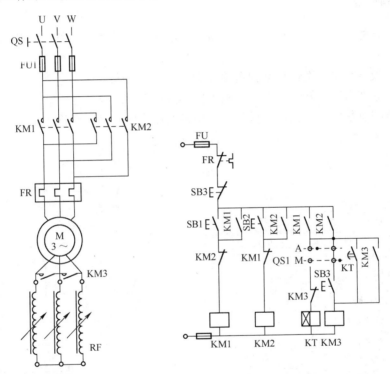

图 2-44 绕线型异步电动机转子绕组串联频敏变阻器正反转手动、自动控制电路

2.5 三相交流异步电动机制动控制电路

三相交流异步电动机被切断电源后，由于机械惯性，需经一段时间才能停止运转，称自由停车。而很多生产机械为了缩短辅助工作时间（如启动、制动时间）、提高生产效率和获得准确的停机位置，要求电动机断电后立即停转。这就要求对电动机进行制动控制，强迫其立即停车。常用的制动方法有机械制动和电气制动。机械制动是利用机械装置产生机械力强迫电动机迅速停车；电气制动是使电动机产生的电磁转矩方向与电动机旋转方向相反，起制动作用。用于电动机停车的电气制动有能耗制动和反接制动，下面分别进行介绍。

2.5.1 机械制动控制电路

1. 机械制动装置

目前使用较多的机械制动装置是电磁抱闸，其结构示意图如图2-45所示，它的主要工作部分是电磁铁和闸瓦制动器。电磁铁由电磁线圈、静铁芯、衔铁组成；闸瓦制动器由闸瓦、闸轮、弹簧、杠杆等组成。其中闸轮与电动机转轴相连，闸瓦对闸轮制动力矩的大小可通过调整弹簧弹力来改变。

2. 控制电路

电磁抱闸的控制电路图如图2-46所示。电磁抱闸线圈由380V交流电源供电，当电动机启动时，按下启动按钮SB2，接触器KM通电，使得电磁抱闸线圈通电，电磁铁产生电磁力吸合衔铁，衔铁克服弹簧的反力，带动制动杠杆动作，推动闸瓦松开闸轮，电动机有电立即启动运转。停车时，按下停止按钮SB1，接触器断电，使得电动机和电磁抱闸线圈同时断电，电磁铁衔铁释放，弹簧的反力使闸瓦紧紧抱住闸轮，闸瓦和闸轮间的强大摩擦力使惯性运动的电动机立即停止转动。

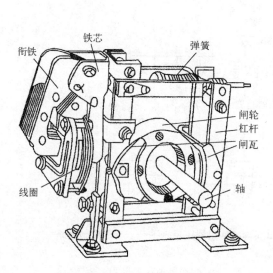

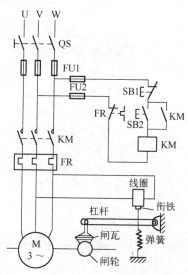

图2-45　电磁抱闸结构示意图　　　　图2-46　电动机的电磁抱闸制动控制电路图

电磁抱闸制动的优点是通电时制动装置松开，断电时起制动作用。例如起吊重物的卷扬机，当重物起吊到一定高度时突然停电，为使重物不致掉下；又如客货电梯，如果运行中突然停或电路发生故障，应使轿厢立即停止运行，稳定在井道中等待援助，最适合采用电磁抱闸制动。

2.5.2 能耗制动控制电路

1. 能耗制动原理

图2-47所示为三相交流异步电动机能耗制动主电路接线图，如果接触器KM1吸

合，KM2 分断，电动机接电源运行于电动状态。能耗制动时，KM1 分断而 KM2 吸合，于是电动机定子绕组脱离交流电源，经限流电阻 R 通入直流电流 I_d，在气隙中建立一个恒定的磁场，假设上为 N 极下为 S 极，如图 2 – 48 所示。这时转子由于惯性继续以逆时针方向旋转，此时 N 极下的转子导体切割磁力线的方向朝左，S 极下的转子导体切割磁力线的方向朝右，按右手定则可确定 N 极下转子导体感应电势和电流的方向为 $\odot$，S 极下转子导体感应电势和电流的方向为 $\otimes$。转子导体流过电流在气隙磁场中受到力的作用，按左手定则可确定 N 极下转子导体受到向右的力，S 极下转子导体受到向左的力，它们产生的电磁转矩 T 为顺时针方向，与转速方向相反。因此，电动机处于制动状态，将拖动系统中储存的动能，经电动机转变为电能，消耗在转子电阻上，故称能耗制动。

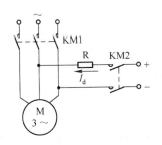

图 2 – 47　三相交流异步电动机
能耗制动主电路接线图

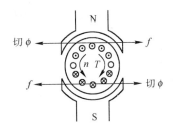

图 2 – 48　三相交流异步电动机能
耗制动原理图

通入定子绕组的直流电流 I_d 可取为 $1.5I_N$（额定电流）或 $3 \sim 4I_0$（空载电流）。

2. 单向能耗制动控制电路

1）按时间原则控制的单向运行能耗制动控制电路

图 2 – 49 所示为按时间原则控制的单向运行能耗制动控制电路图。图中，KM1 为单向运行接触器，KM2 为能耗制动接触器，KT 为时间继电器，TC 为整流变压器，VC 为桥式整流器，R 为限流电阻。电路工作原理如下。

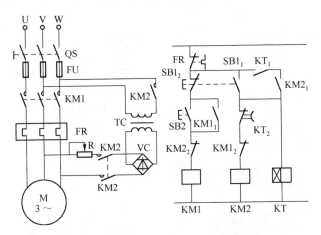

图 2 – 49　按时间原则控制的单向运行能耗制动控制电路图

启动：

$$QS \downarrow, SB2 \downarrow \rightarrow KM1 \boxed{} \rightarrow KM1_{主} \downarrow \rightarrow M \circlearrowleft$$
$$\rightarrow KM1_1 \downarrow 自$$
$$\rightarrow KM1_2 \uparrow 互$$

停车：

按下 SB1
$$\bigg\{ SB1_2 \uparrow 先 \rightarrow KM1 \boxed{} \rightarrow KM1_{主} \uparrow \rightarrow 切断定子交流电源$$
$$\rightarrow KM1_1 \uparrow$$
$$\rightarrow KM1_2 \downarrow$$

$$SB1_1 \downarrow 后 \because KM1_2 \downarrow \rightarrow KM2 \boxed{} \rightarrow KM2_{主} \downarrow \rightarrow 定子通直流电，能耗制动$$
$$\rightarrow KM2_1 \downarrow 自$$
$$\rightarrow KM2_2 \uparrow$$

$$\rightarrow KT \boxed{} \rightarrow KT_1 \downarrow 自$$
$$\rightarrow KT_2 \smile \rightarrow KM2 \boxed{} \rightarrow KM2_{主} \uparrow \rightarrow M 停车$$
$$\rightarrow KM2_1 \uparrow \rightarrow KT \boxed{} \rightarrow KT_1 \uparrow$$
$$\rightarrow KM2_2 \downarrow \qquad\qquad \rightarrow KT_2 \downarrow$$

本电路中如果无 KT 的常开瞬动触点 KT_1，当 KT 线圈断线或卡住而使 KT 不能动作时，会出现 KM2 长期通电，定子长期通入直流电流的故障。现将 KT_1 与 KM2 的自锁触点 $KM2_1$ 串联，若 KT 不动作，则 KT_1 分断，此时停止按钮只起点动能耗制动的作用，杜绝了定子长期通入直流电的故障。本电路要求按下 SB1 的时间要比 KM1 释放的时间长，这样才能确保能耗制动的进行。

2）按速度原则控制的单向运行能耗制动控制电路

图 2 - 50 所示为按速度原则控制的单向运行能耗制动控制电路图。本图与图 2 - 49

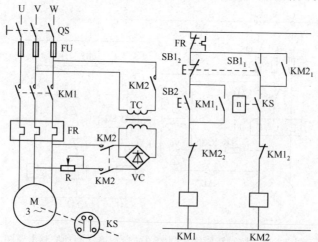

图 2 - 50 按速度原则控制的单向运行能耗制动控制电路图

的区别在于：用安装在电动机轴伸的速度继电器取代了时间继电器，电路工作原理如下。

启动：

QS↓，SB2↓ → KM1□ → KM1主↓ → M↻→ n↑至140r/min → KS↓
      → KM1₁↓自
      → KM1₂↑互

停车：

      SB1₂↑先→KM1□ → KM1主↑→切断定子交流电源
            → KM1₁↑
按下SB1   → KM1₂↓
    SB1₁↓后 ∵ KM1₂↓, KS↓→KM2□ → KM2主↓→定子通直流电，能耗制动→
             → KM2₁↓自
             → KM2₂↑

→ n↓至100r/min → KS↑ →KM2□ →KM2主↑→M停车
          →KM2₁↑
          →KM2₂↓

3. 电动机可逆运行能耗制动控制电路

图2-51所示为电动机按时间原则控制可逆运行能耗制动控制电路图。图中，KM1、KM2分别为正向、反向运行接触器，KM3为能耗制动接触器，电路工作原理与图2-49所示的按时间控制的单向能耗制动控制电路类似，就不再介绍了。

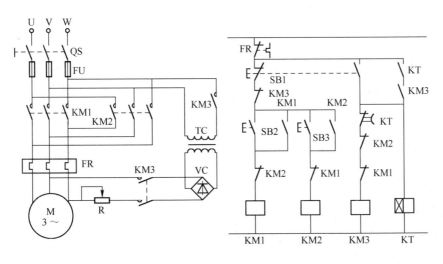

图2-51 电动机按时间原则控制可逆运行能耗制动控制电路图

4. 单管能耗制动控制电路

对制动要求不高，功率在10kW以下的电动机，为简化能耗制动电路，可取消整流变压器及整流装置，而代之以无变压器的单管半波整流器作为直流电源。该电路称为无变压器的单管能耗制动控制电路，如图2-52所示。其整流电源电压为交流220V，经制动接触器KM2主触点接至电动机定子两相绕组，并由另一相绕组经整流二极管VD和电阻R接到零线，构成能耗制动回路。电路工作原理与图2-49所示电路相似，请读者自行分析。

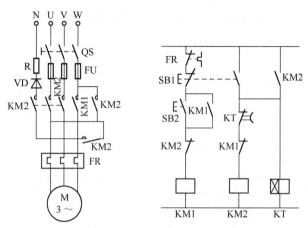

图2-52　无变压器的单管能耗制动控制电路

2.5.3　实训八：三相交流异步电动机能耗制动控制

1. 实训目的

掌握各种能耗制动的原理、特点和适用范围。

2. 实训设备

浙江天煌教仪DZSZ-1型电动机及自动控制实训装置之DZ01挂件、D61挂件、D62挂件、D41挂件、D31挂件——直流数字电压、毫安、安培表，DJ24电动机。

3. 实训前准备工作

同实训一。

4. 实训内容

按下电源控制屏上的停止按钮，切断三相交流电源。按图2-53接线。图中，SB_1、SB_2、FR_1、KM_1、KM_2、KT_1、T、B、R选用D61挂件对应的元器件；Q_1、FU_1、FU_2、FU_3、FU_4选用D62挂件对应的元器件；电流表选用D31挂件的5A挡电流表；电动机选用DJ24（△/220V）。接线方法与图2-13一样。检查无误后，按下列步骤进行实际操作。

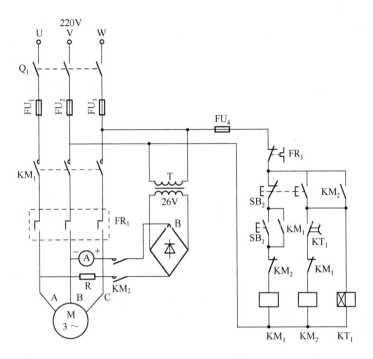

图 2 - 53　异步电动机按时间原则控制单向能耗制动实训电路图

（1）按下电源控制屏上的启动按钮，启动按钮绿色指示灯亮。

（2）合上 Q_1，接通三相交流 220V 电源。

（3）调节时间继电器的延时时间为 5s。

（4）按下 SB_1，使电动机启动运转。

（5）待电动机运转稳定后，按下 SB_2，观察并记录电动机从按下 SB_2 起至电动机停止旋转的能耗制动时间。

（6）记录通入定子绕组的直流电流值。

5. 思考题

（1）什么叫自由停车？什么叫制动停车？

（2）试述能耗制动的制动原理。

（3）时间继电器 KT_1 延时时间过短对电动机制动有何影响？为什么？如果延时时间过长，对电动机制动有影响吗？

6. 电路常见故障及排除

（1）按下停止按钮 SB_2，电动机断电自由停车而不是制动停车，故障原因可能是：接触器 KM_2 线圈断路，接触不良；接触器的自锁触点脱开；整流变压器 T 接线接触不良或断路；桥式整流电路烧毁或断路，可按控制电路逐一检查并排除之。

（2）按下停止按钮 SB_2，电动机进行能耗制动，但比预期的制动时间要长，故障原因是桥式整流电路某一桥臂的二极管烧毁，使得桥式整流变成单相半波整流，使流入定子绕组的直流励磁电流减小一半，制动转矩随之减少，造成制动时间延长。更换损坏的二极管便可。

（3）按下 SB_2，电动机进行能耗制动停车，但电动机停车后定子仍长期通入直流电流。故障表明 KM_2 仍通电吸合，其原因在于时间继电器 KT_1 线圈断路；KT_1 被卡住，其常闭触点不能分断所致。检查时间继电器并排除其故障便可。

2.5.4 反接制动控制电路

电源相序反接的反接制动，是利用改变电动机电源相序使定子绕组产生与电动机原转向相反的旋转磁场，因而产生制动转矩，使电动机快速制动停车的一种制动方法。

电动机反接制动时，定子绕组电流很大，为防止绕组过热和减小制动冲击，一般在 10kW 以上电动机的定子电路中串联反接制动电阻限流。反接制动电阻又分为三相对称制动电阻和两相不对称制动电阻两种接法。前者既可限制制动转矩又可限制制动电流；后者只限制了制动转矩，而未加制动电阻的那一相仍具有较大的电流。采用反接制动，当电动机转速接近零时，应及时切断电源，否则电动机将反向启动。

1. 反接制动原理

图 2 - 54 所示为三相交流异步电动机电源相序反接的反接制动主电路接线图。当接触器 KM1 通电吸合时，电动机处于电动运行状态，若要电动机停车，KM1 断电，接触器 KM2 通电吸合，定子串三相对称电阻进行反接制动。电动机转子因机械惯性，其转向不变，设为逆时针方向（见图 2 - 55），而电源相序改变，使旋转磁场的方向（在图 2 - 55 中用同步转速 n_1 表示）和转子转向相反。假设在某一瞬间旋转磁场转至上方为 N 极，下方为 S 极，于是 N 极下的转子导体切割磁力线的方向朝左，S 极下的转子导体切割磁力线的方向朝

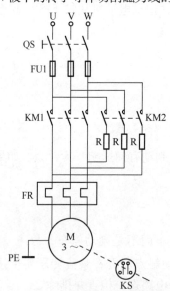

图 2 - 54　三相交流异步电动机电源相序
反接的反接制动主电路接线图

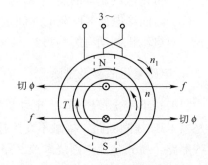

图 2 - 55　三相交流异步电动机
反接制动原理图

右，转子导体便感应电动势和产生电流，按右手定则可确定 N 极下导体感应电动势和感应电流方向为⊙，S 极下导体感应电动势和感应电流方向为⊗。带电导体在磁场中会受到力的作用，按左手定则可确定 N 极下导体受到向右的力的作用，S 极下导体受到向左的力的作用，于是电动机就产生了与其转向相反的制动转矩，使得电动机迅速停车，如果不采取切断电源措施，电动机便反转。

2. 单向反接制动的控制电路

图 2－56 所示为三相交流异步电动机单向反接制动控制电路图。图中，速度继电器 KS 用来检测电动机速度的变化，在 $140 \sim 3000 \mathrm{r/min}$ 范围内其触点闭合；当转速低于 $100 \mathrm{r/min}$ 时，触点分断。电路的工作原理如下。

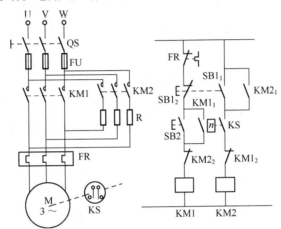

图 2－56　电动机单向反接制动控制电路图

启动：

$$QS \downarrow, SB2 \downarrow \rightarrow KM1 \downarrow\!\!\!\!\!\!\square \rightarrow KM1_{主} \downarrow \rightarrow M \circlearrowright \rightarrow n \uparrow 至 140 \mathrm{r/min} \rightarrow KS \downarrow$$
$$\rightarrow KM1_1 \downarrow 自$$
$$\rightarrow KM1_2 \uparrow 互$$

停车：

按下 SB1
$$\overset{先}{SB1_2 \uparrow} \rightarrow KM1 \uparrow\!\!\!\!\!\!\square \rightarrow KM1_{主} \uparrow \rightarrow 切断正序电源$$
$$\rightarrow KM1_1 \uparrow$$
$$\rightarrow KM1_2 \downarrow$$

$$\overset{后}{SB1_1 \downarrow} \because KS \downarrow, KM1_2 \downarrow \longrightarrow KM2 \downarrow\!\!\!\!\!\!\square \rightarrow KM2_{主} \downarrow \rightarrow 定子串联 R 反接制动 \rightarrow$$
$$\rightarrow KM2_1 \downarrow 自$$
$$\rightarrow KM2_2 \uparrow$$

$$\rightarrow n \downarrow 至 100 \mathrm{r/min} \rightarrow KS \uparrow \rightarrow KM2 \uparrow\!\!\!\!\!\!\square \rightarrow KM2_{主} \uparrow \rightarrow M 停车$$
$$\rightarrow KM2_1 \uparrow$$
$$\rightarrow KM2_2 \downarrow$$

3. 电动机可逆运行的反接制动控制电路

图 2-57 所示为电动机可逆运行的反接制动控制电路图。图中，R 是反接制动兼启动电阻，KM1 与 KM2 分别为正转和反转接触器，KM3 为启动和制动接触器，KA1 与 KA2 分别为正转和反转制动中间继电器，KA3 与 KA4 分别为正转和反转启动中间继电器，电路的工作原理如下。

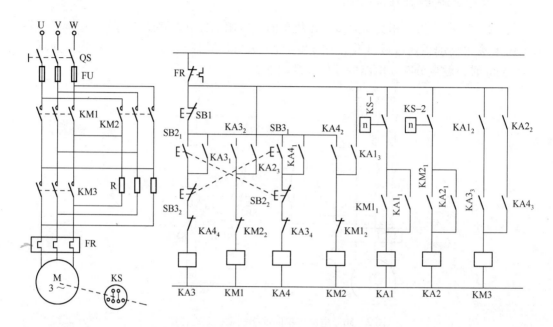

图 2-57　电动机可逆运行的反接制动控制电路图

正转启动：

$$QS \downarrow, SB2 \downarrow \begin{cases} SB2_2 \uparrow 互 \\ SB2_1 \downarrow \rightarrow KA3 \sqcap \rightarrow KA3_1 \downarrow 自 \\ \qquad\qquad \rightarrow KA3_2 \downarrow \rightarrow KM1 \sqcap \rightarrow KM1_{主} \downarrow \rightarrow M 串联 R 减压启动 \rightarrow \\ \qquad\qquad \rightarrow KA3_3 \downarrow \qquad\quad \rightarrow KM1_1 \downarrow \\ \qquad\qquad \rightarrow KA3_4 \uparrow 互 \qquad \rightarrow KM1_2 \uparrow 互 \end{cases}$$

$$\rightarrow n \uparrow 至 140r/min \rightarrow KS-1 \downarrow \underline{\because KM1_1 \downarrow} KA1 \sqcap \rightarrow KA1_1 \downarrow 自$$
$$\qquad\qquad\qquad\qquad\qquad\qquad \rightarrow KA1_2 \underline{\because KA3_3 \downarrow} \rightarrow KM3 \sqcap \rightarrow KM3_{主} \downarrow \rightarrow$$
$$\qquad\qquad\qquad\qquad\qquad\qquad \rightarrow KA1_3 \downarrow \rightarrow KM2 \sqcap 反接制动用$$

$\rightarrow$ 切除 R，全压启动，运行

正转停车：

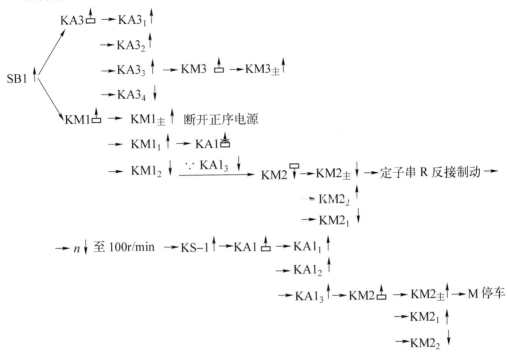

电动机反向启动和停车反接制动与正转类似，就不再介绍了。

异步电动机反接制动时，电网向电动机供给的电磁功率和电动机的动能转换成电能，全部消耗在转子电阻上，引起电动机的发热增加，因此，电动机每小时的反接制动次数不能太多，否则会烧毁电动机。

电动机反接制动效果与速度继电器触点反力弹簧调整的松紧程度有关。若反力弹簧调得过紧，电动机在转速较高时，动触点就在反力弹簧作用下分断，切断制动控制电路，制动效果不佳。反之，反力弹簧调得过松，电动机转速为零时，动触点仍不分断，于是会出现短时反转现象。

2.5.5 实训九：三相交流异步电动机可逆运行反接制动控制

1. 实训目的

掌握反接制动原理、特点和适用范围。

2. 实训设备

浙江天煌教仪 DZSZ－1 型电动机及自动控制实验装置之 DZ01 挂件、D61 挂件、D62 挂件、D63 挂件——继电接触控制挂箱（三）、D41 挂件，DJ24 电动机。

3. 实训前准备工作

同实训一。

4. 实训内容

按下电源控制屏上的停止按钮，切断三相交流电源，按图 2－58 接线。图中，SB₁、

SB_2、SB_3、FR_1、KM_1、KM_2、KM_3 选用 D61 挂件对应的元器件；KA_1、KA_2、Q_1、Q_2（模拟速度继电器）、FU_1、FU_2、FU_3、FU_4 选用 D62 挂件对应的元器件；KA_3、KA_4 选用 D63 挂件对应的元器件；R 选用 D41 挂件上的 180Ω 电阻；电动机选用 DJ24（△/220V）。接线方法与图 2-13 一样，检查无误后，按下列步骤进行实际操作。

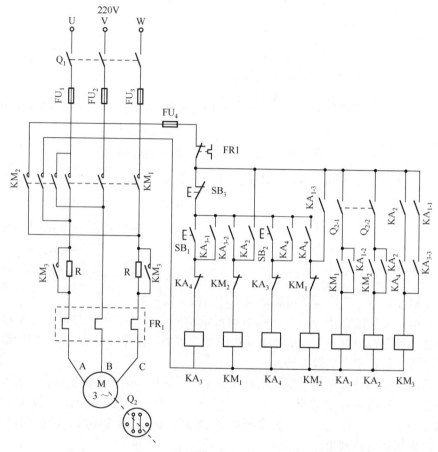

图 2-58 电动机可逆运行反接制动控制实训电路图

（1）按下电源控制屏上的启动按钮，启动按钮绿色指示灯亮。

（2）合上 Q_1，接通三相交流 220V 电源。

（3）按下正转按钮 SB_1，观察并记录电动机 M 的工作状态，此时电动机定子串联电阻减压启动。

（4）当电动机转速升至一定值时，用手合上 Q_2，模拟速度继电器动作，其常开触点闭合，观察各接触器通/断情况，此时将启动电阻 R 切除，电动机正常运行。

（5）按下停止按钮 SB_3，电动机定子串电阻进行反接制动，当电动机转速下降到接近零时，用手打开 Q_2，模拟速度继电器常开触点分断，观察电动机，此时应停车，不再转动。

（6）按下反转按钮 SB_2，重复步骤（3）至步骤（5），电动机反向启动，反向串电阻反接制动。

5. 思考题

（1）试述反接制动的制动原理，以及反接制动适用的场合。

（2）速度继电器在反接制动中起什么作用？

（3）当电动机反接制动至转速接近零时，尚未打开 Q_2，会出现什么现象？电动机能否停车？为什么？

6. 电路常见故障及排除

（1）按下启动按钮，电动机启动，但达不到额定转速；按下停止按钮，停车时没有制动作用。这是由模拟速度继电器的开关 Q_2 的正转常开触点 Q_{2-1} 错接至控制反转的制动中间继电器 KA_2 线圈电路（图 2-57 中为 KS-1 接至 KA2 线圈电路），将反转常开触点 Q_{2-2} 错接至控制正转的制动中间继电器 KA_1 线圈电路（图 2-57 中为 KS-2 接至 KA_1 线圈电路）引起的。使得电动机正向启动后，KA_1 不能通电，则启动、制动接触器 KM_3 不吸合，电动机定子串电阻长期运行，转速达不到额定转速。停车时，由于 KA_1 不能通电，则反转接触器 KM_2 不吸合，电动机只有断电而自由停车，没有反接制动迅速停车的效果。只要将 Q_{2-1} 和 Q_{2-2} 两个常开触点（即图 2-57 所示的 KS-1 和 KS-2）互相按图换接，故障自然消失。

（2）电动机启动正常，但制动效果不佳，停车时间较长。这是由于速度继电器 KS 的常开触点在转速较高时（远大于 $100r/min$）就复位（即分断），致使电动机制动过程结束，KM2 断电时，电动机转速仍较高，不能很快停车。处理办法是：切断电源，松开触点反力弹簧的锁定螺母，将反力弹簧的压力调小后再将螺母锁紧。重新试车观察制动情况，反复调整几次，直至故障排除。

（3）电动机启动正常，但制动时电动机转速为零后又反转，然后停车。这是由于速度继电器 KS 的常开触点分断过迟，即转速降低到 $100r/min$ 时还没有分断，造成 KM2 释放过晚，在电动机制动过程结束后，电动机又反转，待 KM2 释放后电动机才停车。处理办法是：将反力弹簧的压力调大，反复试验调整后，将螺母拧紧便可。

2.6 三相交流异步电动机调速控制电路

三相交流异步电动机的转速表达式为

$$n = n_1(1-s) = 60f_1(1-s)/p$$

可见，三相交流异步电动机的转速 n 与电源频率 f_1、转差率 s 及定子绕组的极对数 p 有关。因此异步电动机的调速方法有：改变极对数、改变转差率和改变电源频率三种。变极调速仅适用于笼型异步电动机；改变转差率调速可通过调节定子电压、改变转子电路中的电阻及采用串级调速来实现；变频调速是现代电气传动的一个主要发展方向，已广泛应用于工业自动控制中。

2.6.1 三相交流笼型异步电动机变极调速控制电路

变极调速是通过接触器触点来改变电动机定子绕组的接线方式，以获得不同的极对数来达到调速的目的。变极电动机一般有双速、三速、四速之分，双速电动机定子装有一套绕组，而三速、四速电动机则为两套绕组。

1. 变极调速原理

下面以 4 极电动机一相绕组如何改变绕组接法来说明变极原理。图 2－59 表示四极电动机 U 相绕组的两个线圈，每个线圈代表 U 相绕组的一半，称为半相绕组。将两个半相绕组顺向首端与末端串联，根据线圈的电流方向，用右手螺旋定则可判断出定子绕组产生 4 极磁场，$p = 2$。

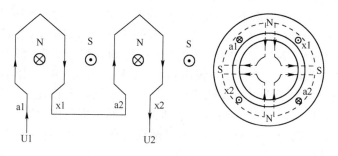

图 2－59　绕组变极原理图（$2p = 4$）

若将两个半相绕组末端连在一起再串联（反向串联），或者将它们的首端与末端连在一起接成并联（反向并联），如图 2－60 所示，根据线圈的电流方向，用右手螺旋定则可判断出定子绕组产生 2 极磁场，$p = 1$。

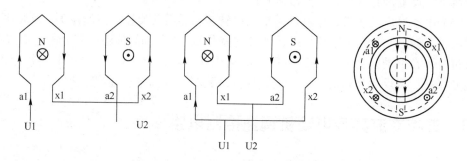

图 2－60　绕组变极原理图（$2p = 2$）

由此可见，如果将每相绕组的一个半相绕组，如 a2－x2 半相绕组的电流方向改变（见图 2－59 与图 2－60），就可改变极对数。

变极电动机定子绕组常用的连接方式有两种：一种是将星形改接成双星形，记为 Y/YY，如图 2－61（a）所示；另一种是将三角形改接成双星形，记为 △/YY，如图 2－61（b）所示。这两种接法可使电动机极对数减少一半。在改接绕组时，为了使电动机转向不变，应把绕组相序改变。变极调速主要用于各种机床及其他设备中，所需设备简单、体积小、重量轻；但调速级差大，不能实现无级调速。

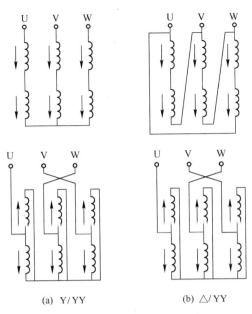

(a) Y/YY (b) △/YY

图 2-61　双速电动机常用的变极接线方式

2. 双速异步电动机变极调速△/YY 控制电路

图 2-62 所示为双速异步电动机变极调速△/YY 控制电路图，其中图 2-62（a）为主电路；图 2-62（b）为按钮控制的调速电路。其电路工作原理读者可自行分析；图 2-62（c）为按时间原则控制的调速电路。在图 2-62（c）中，KM1 为电动机三角形连接接触器；KM2、KM3 为电动机双星形连接接触器；KT 为电动机低速换高速时间继电器；SA 为高、低速选择开关，它有三个位置，"左"位为低速，"右"位为高速，"中间"位为停止。电路工作原理如下。

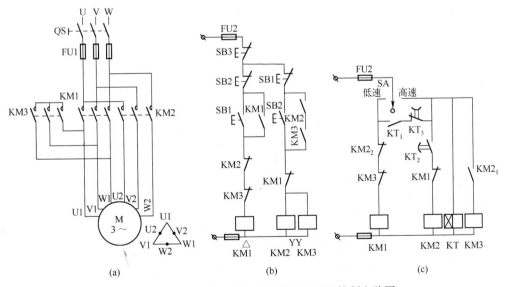

(a)　　　　　(b)　　　　　(c)

图 2-62　双速异步电动机变极调速△/YY 控制电路图

低速：

$$\text{SA 左合} \longrightarrow \text{KM1}_{自} \longrightarrow \text{KM1}_{主} \downarrow \longrightarrow \triangle \text{接低速}$$
$$\longrightarrow \text{KM1}_1 \uparrow \text{互}$$

高速：

$$\text{SA 右合} \longrightarrow \text{KT}_自 \longrightarrow \text{KT}_1 \downarrow \longrightarrow \text{KM1}_自 \longrightarrow \text{KM1}_{主} \downarrow \longrightarrow \triangle \text{接低速}$$
$$\longrightarrow \text{KM1}_1 \uparrow \text{互}$$

$$\longrightarrow \text{KT}_3 \overset{先}{\diagup} \longrightarrow \text{KM1}_自 \longrightarrow \text{KM1}_{主} \uparrow \longrightarrow \text{断开}\triangle\text{接}$$
$$\longrightarrow \text{KM1}_1 \downarrow$$

$$\longrightarrow \text{KT}_2 \overset{后}{\diagdown} \xrightarrow{\because \text{KM1} \downarrow} \text{KM2}_自 \longrightarrow \text{KM2}_{主} \downarrow \underline{\qquad\qquad\qquad\qquad}$$
$$\longrightarrow \text{KM2}_1 \downarrow \longrightarrow \text{KM3}_自 \longrightarrow \text{KM3}_{主} \downarrow \longrightarrow \text{YY 接高速}$$
$$\longrightarrow \text{KM2}_2 \uparrow \text{互} \qquad \longrightarrow \text{KM3}_1 \uparrow \text{互}$$

2.6.2 实训十：双速笼型异步电动机变极调速控制

1. 实训目的

掌握双速笼型异步电动机定子绕组不同接法时有何差异，其电源相序应做何种改变。

2. 实训设备

浙江天煌教仪 DZSZ-1 型电动机及自动控制试验装置之 DZ01 挂件、D61 挂件、D62 挂件、D63 挂件、D32 挂件，DJ22 双速异步电动机。

3. 实训前准备工作

同实训一。

4. 实训内容

按下电源控制屏上的停止按钮，切断三相交流电源。按图 2-63 接线。图中，SB$_1$、SB$_2$、KM$_1$、KM$_2$ 选用 D61 挂件对应的元器件，FU$_1$、FU$_2$、FU$_3$、FU$_4$、Q$_1$、KA$_1$ 选用 D62 挂件对应的元器件，KT$_2$ 选用 D63 挂件对应的元器件，电流表选用 D32 挂件中的 5A 挡电流表，电动机选用 DJ22。接线方法与图 2-13 一样。检查无误后，按下列步骤进行实际操作。

（1）按下电源控制屏上的启动按钮，启动按钮绿色指示灯亮。

（2）合上 Q$_1$，接通三相交流 220V 电源。

（3）按下 SB$_2$，电动机按三角形接法启动，观察并记录电动机转速和电流表最大读数。

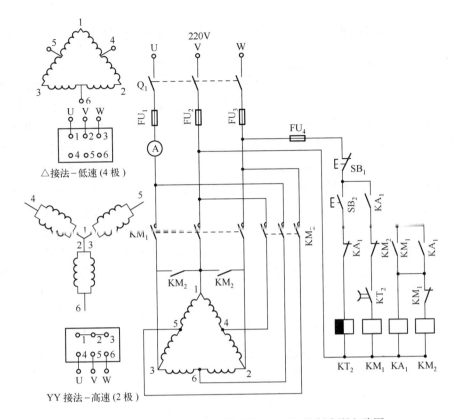

图 2-63　双速异步电动机变极调速 △/YY 控制实训电路图

（4）经过一段时间延时后，电动机按双星形接法运行，观察并记录电动机转速和电流表读数。

（5）按下 SB_1，电动机停止转动。

5. 思考题

（1）双速电动机靠改变什么来改变转速？

（2）从三角形接法换接成双星形接法应注意什么问题？

6. 电路常见故障及排除

（1）按下 SB_2，电动机不能启动，其原因在于时间继电器 KT_2 被卡住或线圈断线，致使其常开触点不能瞬时吸合，使得三角形连接接触器不通电，电动机不能启动，修复 KT_2 后，故障便可排除。

（2）按下 SB_2，电动机低速启动，松开 SB_2，电动机停车，其原因可能是：并联于 SB_2 的 KA_1 常开触点脱落，或者按下 SB_2 时间过短。因为按下 SB_2 的时间应比 KM_1 和 KA_1 吸合的时间之和要长，电动机才能正常工作。修复 KA_1 后，电路就能正常工作。

（3）电动机能在低速下运行却不能转换到高速运行，原因在于中间继电器 KA_1 串联于 KM_2 线圈的常开触点脱落，修复 KA_1 后，电动机就可转换到高速运行了。

2.6.3　三相交流绕线型异步电动机转子串联电阻调速控制电路

为满足起重运输机械要求其拖动电动机启动转矩大、启动电流小、速度可以调节，常使用三相绕线型异步电动机，在转子电路串联电阻（可以串联三相对称电阻或不对称电阻），用凸轮控制器或主令控制器直接或通过接触器来控制电动机的正反转、短接转子电路电阻来实现调速的目的。从其机械特性曲线图 2-64 可见，设转子电阻为 $R2$，当转子串联对称电阻时，同步转速 n_1 和最大转矩 T_m 不变，但临界转差率 s_m 随着串联电阻的增加而增大，机械特性斜率随之增加。对恒转矩负载，电动机的工作点随着转子电路串联电阻的增加而下移（从 a 到 c），而转速则随之减小，从 n_a 减至 n_c。对于起重机械，在电动机工作于机械特性第 I 象限时，用于提升负载；第 Ⅲ 象限用于下放负载位能转矩小于摩擦转矩的轻载，此时称强力下降；第 Ⅳ 象限用于重载的下放低速，电动机工作于倒拉反接制动状态；也可用于轻载高速下放（此时负载位能转矩大于摩擦转矩），电动机工作于反向回馈制动状态，所有这些详见第 5 章的有关内容。这种调速方法的优点是简单，但调速是有级的，转子铜损耗随着转速的下降而增加，经济性差。

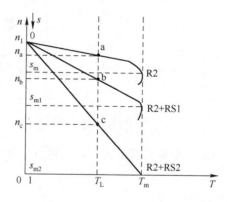

图 2-64　绕线型异步电动机转子串联三相对称电阻调速的机械特性曲线图

2.6.4　三相交流异步电动机的变频调速

从电机原理 $n_1 = 60f_1/p$ 可知，改变电源频率 f_1 即可改变电动机的同步转速，其转速随之改变，通常变频调速的控制形式有两种：开环控制和闭环控制。开环控制有 V/F 控制，闭环控制有矢量控制等。

1. 控制模式

1）V/F 控制

从三相异步电动机的定子相电压 $U_1 \approx E_1 = 4.44f_1 w_1 k_{w1} \Phi_m$ 可见（式中 E_1 为定子每相感应电动势，w_1、k_{w1} 为每相绕组匝数和绕组系数），若保持 U_1 为额定值不变，降低 f_1，磁通 Φ_m 便增加，导致磁路过饱和，令铁损耗增加，功率因数下降。如 f_1 增加高于电源频率，要保持 Φ_m 不变，U_1 就会高于额定值，这是不允许的；因此只能保持 U_1 额定值不变，但随着 f_1 升高，Φ_m 将减小，引起电动机电磁转矩下降。

为此，应在改变频率的同时，控制变频器的输出电压，使两者成比例变化（线性变化），以保持电动机的磁通不变，这就是V/F控制。V/F控制是一种最简单的控制方式，通用性好；但与其他控制方式相比，由于在低速区内电压难以调节，故调速范围不宽，通常在1:10左右；急加速、急减速或负载较大时，抑制过电流能力有限，不能准确控制电动机的转速，不适合同步运转的场合。因此V/F控制多用于通用变频器，如风机和泵类机械，以及生产流水线的传送控制和空调等家用电器中。

2）矢量控制

众所周知，直流电动机的电枢电流控制方式简单且性能优良。矢量控制就是模拟直流电动机的控制方式，将异步电动机的电流、电压、磁通和电磁转矩各参量从它们相当复杂的电磁耦合状态中解耦，然后将定子电流分成两部分：产生磁场的电流分量（磁场电流）和与磁场相垂直的产生转矩的电流分量（转矩电流），它们分别与直流电动机的磁场电流与转矩电流相当，并分别控制解耦后的磁场电流和转矩电流，将两者合成后，成为定子电流，再供给异步电动机，就可对电动机的转速进行控制了。

矢量控制方式使异步电动机具有与直流电动机相同的控制性能。其特点是：需要使用电动机参数，一般用做专用变频器；调速范围在1:100以上，速度的响应性极高，适合于急加速、急减速运转，可连续在4个象限运行，能适用任何场合，目前已广泛应用于生产实际中。

2. 变频器的操作和显示

一台变频器应有可供用户方便操作的操作器和显示变频器运行状态及参数设定的显示器。通用变频器的操作方式有如下三种。

1）数字操作器和数字显示器

数字操作器可以对变频器进行设定操作：如电动机运行频率、运转方式、V/F类型、加减速时间等。数字操作器有若干个操作键，其中运行键、停止键、上升键和下降键无论哪种变频器都是必备的。运行键控制电动机的启动，停止键控制电动机的停车，上升键或下降键可以检索设定功能及改变功能的设定值。

在数字操作器上配备有6位或4位数字显示器，它显示变频器的功能代码及各功能代码的设定值。在变频器运行前显示变频器的设定值，在运行过程中显示电动机的某一参数如电流、频率、转速等的运行状态。

2）远程操作器

远距离集中控制是变频器应用的趋势，新型的变频器一般都具有标准的通信接口，用户可以利用通信接口在远处如中央控制室使用远程操作器对变频器进行集中控制。如参数设定、启动/停止控制、速度设定和状态读取等。它比数字操作器功能强大，而且更方便。

3）端子操作

变频器的端子包括电源接线端子和控制端子两类。电源接线端子有三相电源输入端子、三相电源输出端子、直流侧外接制动电阻用端子及接地端子。控制端子有频率指令模拟设定端子、运行控制操作输入端子、报警端子、监视端子等。

3. 采用 MICRO MASTER 440 变频器的交流异步电动机调速电路

目前实用化的变频器种类器很多，下面以西门子 MICRO MASTER 440 为例简要说明变频器的使用。

MICRO MASTER 440 是一种集多种功能于一体的变频器，它通过数字操作面板或远程操作器修改其内置参数，可工作于各种场合。其主要特点是：内置多种运行控制方式；快速电流限制，实现无跳闸运行；内置式制动斩波器，实现直流注入制动；具有 PID 控制功能的闭环控制，控制器参数可自动整定；多组参数设定且可相互切换，变频器可用于控制多个交替工作的生产过程；多功能数字、模拟输入/输出口，可任意定义其功能并具有完善的保护功能。

1）控制方式

变频器运行控制方式即变频器输出电压与频率的控制关系。通过变频器相应的参数设置即可选择其控制方式，有 7 种控制方式可供选用。

（1）线性 V/F 控制。变频器输出电压与频率为线性关系，用于恒转矩负载。

（2）带磁通电流控制（FCC）的线性 V/F 控制。变频器根据电动机特性实时计算所需输出电压，以此来保持电动机的磁通处于最佳状态。此方式可提高电动机效率和改善电动机动态响应性能。

（3）平方 V/F 控制。变频器的输出电压的平方与频率呈线性关系。用于变转矩负载，如风机和泵类负载。

（4）特性曲线可编程的 V/F 控制。变频器输出电压和频率为分段线性关系，用于在某一特定频率下为电动机提供特定的转矩。

（5）带能量优化控制（ECO）的线性 V/F 控制。变频器能自动增加或降低电动机电压，搜寻并使电动机运行在损耗最小的工作点。

（6）无传感器的矢量控制。用固有的滑差补偿对电动机的速度进行控制。可以得到大的转矩、改善瞬时响应特性和具有优良的速度稳定性，在低频时可增大电动机的转矩。

（7）无传感器的矢量转矩控制。变频器可直接控制电动机的转矩。当负载要求具有恒转矩时，变频器通过改变向电动机输出的电流，使转矩维持在设定的数值。

2）保护特性

有过电压和欠电压保护、变频器过热保护、接地故障保护、短路保护、电动机过载保护和用 PTC 为传感器的电动机过热保护等。

3）变频器功能方框图

图 2-65 所示为变频器内部功能方框图。该变频器共有 20 多个控制端子，分为 4 类：输入信号端子、频率模拟设定输入端子、监视信号端子和通信端子。

DIN1～DIN6 为数字输入端子，用于变频器外部控制，其具体功能由相应设置决定。例如，出厂时设置 DIN1 为正向运行，DIN2 为反向运行等，根据需要通过修改参数可改变功能，使输入信号端子可以完成对电动机的正反转、复位、多级速度设定、自由停车、点动等控制操作。PTC 端子用于电动机内置测温保护，为 PTC 传感器输入端。

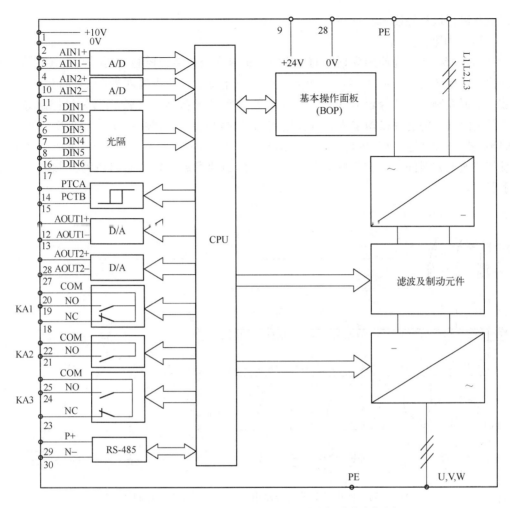

图 2 – 65　MICRO MASTER 440 变频器内部功能方框图

AIN1、AIN2 为模拟信号输入端子，分别用做频率给定信号和闭环时反馈信号输入。变频器提供了 3 种频率模拟设定方式：外接电位器设定、0～10V 电压设定和 4～20mA 电流设定。当用电压或电流设定时，最大的电压或电流对应变频器输出频率设定的最大值。变频器有两路频率设定通道，开环控制时只用 AIN1 通道，闭环控制时使用 AIN2 通道作为反馈输入，两路模拟设定进行叠加。

输出信号的作用是对变频器运行状态的指示，或向上位机提供这些信息。KA1、KA2、KA3 端子为继电器输出，其功能是可编程的，如故障报警、状态指示等。AOUT1、AOUT2 端子为模拟量输出 0～20mA 信号，其功能是可编程的，用于输出指示运行频率、电流等。

P +、N – 为通信接口端子，是一个标准的 RS – 485 接口。通过此通信接口，可以实现对变频器的远程控制，包括运行/停止及频率设定控制；也可与端子控制进行组合，完成对变频器的控制。

变频器可使用数字操作面板控制，也可使用端子控制，还可使用 RS – 485 通信接口对其进行远程控制。

4）应用实例

图 2-66 所示为使用变频器的异步电动机可逆调速系统控制电路图，此电路具有电动机的正反向运行、调速和点动功能。根据功能要求，首先要对变频器编程并修改参数。根据控制要求选择合适的运行方式，如线性 V/F 控制、无传感器矢量控制等；频率设定值信号源选择模拟输入。选择控制端子的功能，将变频器 DIN1、DIN2、DIN3 和 DIN4 端子分别设置为正转运行、反转运行、正向点动、反向点动功能。此外，还要设置如斜坡上升时间、斜坡下降时间等参数，详细的参数设定方法可查看变频器的使用手册。

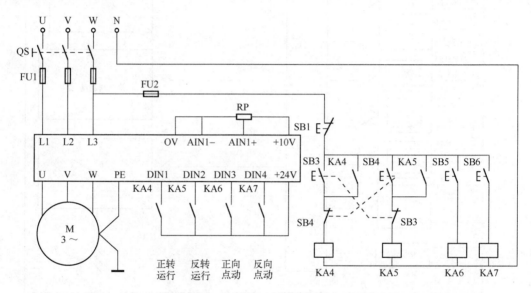

图 2-66　使用变频器的异步电动机可逆调速系统控制电路图

在图 2-66 所示电路中 SB3、SB4 为正、反向运行控制按钮，运行频率由电位器 RP 给定。SB5、SB6 为正、反向点动运行控制按钮，点动运行频率由变频器内部设置，SB1 为总停止控制按钮。

2.7　电液控制

液压控制可以获得较大的力和转矩，运动传递平稳，控制方便，容易实现自动化，尤其在和电气控制系统相结合使用时，更易实现复杂的自动工作循环。因此，液压传动和电气控制相结合的电液控制系统，在组合机床、自动化机床、生产自动线或数控机床中应用较多。

2.7.1　液压传动系统的液压元件及其图形符号

液压传动系统是由动力装置（液压泵）、执行机构（液压缸或液压马达）、控制阀（压力控制阀、流量控制阀、方向控制阀）和辅助装置（油箱、油管、滤油器、压力表等）4 部分组成的。

在液压系统图中，液压元件要按照国家标准 GB 786—93 所规定的图形符号绘制。这些符号只代表元件的职能，不表示元件的结构和参数，故又称为液压元件的职能符号。

如图 2 - 67（a）所示，用内接尖顶向外实心三角形的圆表示液压泵，图中没有箭头的表示定量泵，有箭头的表示变量泵。

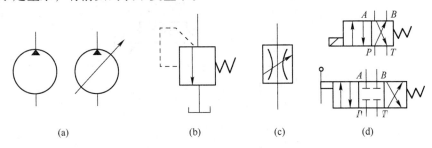

(a)　　　　　　　　(b)　　　　　　(c)　　　　　　　(d)

图 2 - 67　液压元件的图形符号

图 2 - 67（b）所示为压力阀的图形符号，方格相当于阀芯，箭头表示工作液通道，方格外上下直线表示工作液进出管道，虚线表示控制油路。当控制油路液体压力超过弹簧力时，阀芯移动，使阀芯上的通道和进出管道接通，多余工作液溢回油箱，并能控制系统的液压力，故称溢流阀。

图 2 - 67（c）所示为节流阀的图形符号，方格中的两圆弧所形成的缝隙表示节流孔道，倾斜的箭头表示节流孔大小可以调节，即通过节流阀的流量可以调节。

方向控制阀在液压系统中用来接通或关断油路，改变工作液的流动方向，实现运动的换向。在电液控制系统中，常用由电磁铁推动阀芯移动的电磁换向阀来控制工作液的流动方向。图 2 - 67（d）所示为换向阀的图形符号，为改变工作液的流动方向，换向阀的阀芯位置要变换，它一般有 2～3 个工作位置，其结构可参见 1.7.1 节的有关内容。图中，用方格表示工作位置，有几个方格就表示几位阀。方格内的符号↑表示工作液通道，符号⊥表示阀内通道堵塞。换向阀的控制形式有手动、电动和液动等，它表示在阀的两端，图中两位阀为电磁换向阀，三位阀为手动换向阀。对于电磁换向阀，当电磁铁断电时，阀芯被弹簧推向左边，阀口 P 与 B 通，A 和 T 通。当电磁铁得电时，阀芯被推向右边，P 与 A 通，B 与 T 通。其中阀口 P 为压力油口（进油口），A 与 B 为工作油口，T 为回油口（流回油箱）。

液压缸及油箱、滤油器等辅助装置的图形符号比较直观，这里不再介绍。

2.7.2　电液控制实例

图 2 - 68 所示为电液控制半自动车床刀架部分液压系统图，刀架的纵向液压缸Ⅰ和横向液压缸Ⅱ分别由二位四通电磁换向阀 1 和 2 及行程开关 SQ1 和 SQ2 控制，实现刀架纵向移动、横向移动及合成后退的顺序动作。

图 2 - 69 所示是上述半自动车床刀架电气控制电路图，液压泵 M1 和主轴电动机 M2 分别由接触器 KM1 和 KM2 控制，电磁换向阀 1 和 2 的电磁铁线圈分别为 1YV 和 2YV。电路工作原理如下所述。

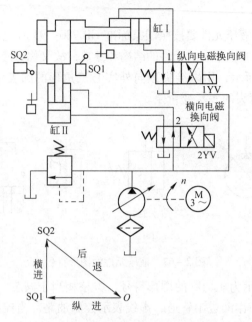

图 2 - 68 半自动车床刀架部分液压系统图

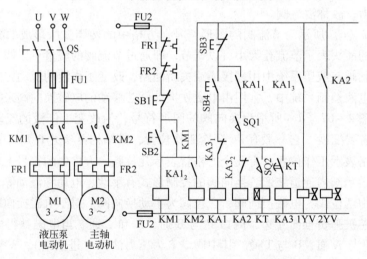

图 2 - 69 半自动车床刀架电气控制电路图

1. 主轴移动和刀架纵向移动

SB2 $\downarrow$ → KM1 $\overline{\square}$ → KM1$_{主}$ $\downarrow$ → M1 $\nearrow$

→ KM1 $\downarrow$ 自

SB4 $\downarrow$ → KA1 $\overline{\square}$ → KA1$_1$ $\downarrow$ 自

→ KA1$_2$ $\downarrow$ → KM2 $\overline{\square}$ → KM2$_{主}$ $\downarrow$ → M2 $\nearrow$

→ KA1$_3$ $\downarrow$ → 1YV $\overline{\square}$ → 工作液经阀 1 进入液压缸 1 的无杆腔，刀架纵移

2. 刀架横向移动

刀架纵移到预定位置，挡铁压下 SQ1。

SQ1↓ $\xrightarrow{\therefore\ KA1_1\downarrow}$ KA2⊟ →KA2↓ →2YV⊟ → 工作液经阀 2 进入液压缸 2 的无杆腔，

刀架横移，切削

3. 刀架纵向和横向合成退回

刀架横移到预定位置，挡铁压下 SQ2，在 M2 仍转动时，进行无进给切削。

SQ2↓ · KT⊟ · KT↘ · KA3⊟

→KA3₁↑ →KA1⊡ →KA1₁↑ →KT⊡ →KT↑ →KA3⊡ →KA3₁↓ →KA1⊟
　　　　　　　　　　　　　　　　　　　　　　　　　　　→KA3₂↓ →KA2⊟

→KA1₂↑ →KM2⊡ →KM2主↑ → M2 停，切削停

→KA1₃↑ →1YV⊡

→KA3₂↑ →KA2⊡ →KA2↑ →2YV⊡ ⎬ 工作液经阀 1、2 进入液压缸 1、2 的

有杆腔，刀架纵向和横向合成退回

2.8 直流电动机的控制电路

直流电动机具有良好的启动、制动与调速性能，容易实现各种运动状态的自动控制，所以在要求大范围无级调速或大启动转矩的场合可采用直流电动机。直流电动机按励磁方式可分为他励、串励与复励三种，在机床等设备中，以他励直流电动机应用较多；而在牵引设备中，则以串励和复励直流电动机应用较多。下面介绍工厂常用的直流电动机的启动、正反转、制动及调速的方法及电路。

2.8.1 直流电动机的启动控制电路

直流电动机启动时其启动电流很大，可达额定电流的 10～20 倍。这样大的电流可能导致电动机换向器和电枢绕组的损坏，大电流产生的电磁转矩和加速度对机械部件也将产生强烈的冲击。因此，直流电动机一般不允许全压直接启动，通常采用电枢电路串电阻或减低电枢电压来限制启动电流。

他励直流电动机的一个特点是在弱磁或零磁时会出现"飞车"现象。因此应在接通电枢电源之前接上额定的励磁电压，至少是同时接上励磁电压；在电动机停车时，应先断开电枢电源，再断开励磁绕组电源，以避免"飞车"事故的发生。

图 2-70 所示为直流电动机电枢串二级电阻按时间原则启动控制电路图。图中 KI1 为

过电流继电器，KI2为欠电流继电器。KM1为电源接触器，KM2、KM3为短接启动电阻接触器，KT1、KT2为时间继电器，R1、R2为启动电阻，R3为他励绕组放电电阻。

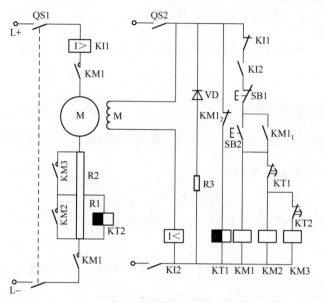

图2-70　直流电动机电枢串二级电阻按时间原则启动控制电路图

1. 电路工作原理

QS1↓、QS2↓ → 接通励磁绕组电源

→KT1↓ → KT1↑ → KM2↓

→ KI2↓ → KI2↓

SB2↓ —∵ KI2↓→ KM1↓ → KM1主↓ → M 串联R1、R2启动 → KT2↓ → KT2↑ → KM3↓

→ KM1₁↓ 自

→ KM1₂↑ → KT1↓ → KT1↘ → KM2↓ → KM2主↓ → 切除 R1

→ KT2↓

→KT2↘ → KM3↓ → KM3主↓ → 切除 R2，M正常运行

2. 电路的保护

过载、短路保护：

KI1↓ → KI1↑ → KM1↓、KM2↓、KM3↓ → M 停车

电动机的弱磁保护：

KI2 $\overset{}{\underset{}{\leftarrow}}$→ KI2 $\uparrow$→ KM1 $\overset{}{\underset{}{\leftarrow}}$、KM2 $\overset{}{\underset{}{\leftarrow}}$、KM3 $\overset{}{\underset{}{\leftarrow}}$→ M 停车

电动机励磁绕组断电时防止过电压保护：励磁绕组经 R3 放电。

2.8.2 直流电动机的正、反转控制电路

直流电动机的转向取决于电磁转矩 $T = C_T\Phi I$ 的方向，因此，改变直流电动机的转向有两种方法：保持励磁绕组端电压极性不变，改变电枢绕组端电压极性；或者保持电枢绕组端电压极性不变，改变励磁绕组端电压极性。但后一种方法中因为励磁绕组电磁惯性大，改变转向的时间较长，特别不适合要求频繁正、反转运行的电动机，通常均采用前一种方法来改变电动机的转向。要注意的是，当两者的电压极性同时改变时，电动机转向仍维持原方向不变。

图 2–71 所示为直流电动机正、反转控制电路图，图中 KM1、KM2 为正、反转接触器，KM3、KM4 为短接启动电阻接触器，KT1、KT2 为时间继电器，KI1 为过电流继电器，KI2 为欠电流继电器，R1、R2 为启动电阻，R3 为他励绕组放电电阻，SQ1、SQ2 为正反向运动的限位开关。下面以电动机先正转后反转为例说明电路的工作原理。

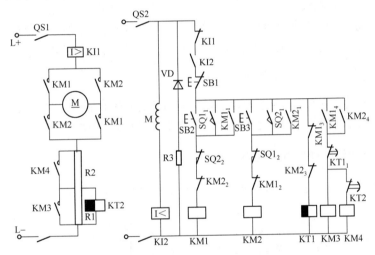

图 2–71 直流电动机正、反转控制电路图

QS1 $\downarrow$、QS2 $\downarrow$→接通励磁绕组电源

　　　　　→KI2 $\overset{}{\underset{}{\boxminus}}$→KI2 $\downarrow$→KT1 $\overset{}{\underset{}{\boxminus}}$→KT1 $\uparrow$

SB2 $\downarrow$→KM1 $\overset{}{\underset{}{\boxminus}}$→KM1主$\downarrow$→电枢串联R1、R2 正转启动→KT2 $\overset{}{\underset{}{\boxminus}}$→KT2 $\uparrow$

　　　　　→KM1₁$\downarrow$自

　　　　　→KM1₂$\uparrow$互

　　　　　→KM1₃$\uparrow$→KT1 $\overset{}{\underset{}{\leftarrow}}$→KT1 $\searrow$→KM3 $\overset{}{\underset{}{\boxminus}}$→KM3主$\downarrow$→切除 R1

　　　　　→KM1₄$\downarrow$ ────────┘　　　　　　　　　→KT2 $\overset{}{\underset{}{\leftarrow}}$→KT2 $\searrow$→KM4 $\overset{}{\underset{}{\boxminus}}$

→KM4主$\downarrow$→切除 R2，M 正转正常运行

工件正向运动至需要位置，挡铁压下 SQ2。

$$SQ2 \Bigg\downarrow \begin{array}{l} SQ2_2 \uparrow^{先} \rightarrow KM1 \overset{\boxdot}{\uparrow} \rightarrow KM1_{主} \uparrow \\ \qquad \rightarrow KM1_1 \uparrow \\ \qquad \rightarrow KM1_2 \uparrow \\ \qquad \rightarrow KM1_3 \downarrow \rightarrow KT1 \overset{\boxdot}{\downarrow} \rightarrow KT1 \uparrow \rightarrow KM3 \overset{\boxdot}{\uparrow} \rightarrow KM3_{主} \uparrow \\ \qquad \rightarrow KM1_4 \uparrow \qquad\qquad\qquad \rightarrow KM4 \overset{\boxdot}{\uparrow} \rightarrow KM4_{主} \uparrow \\ SQ2_1 \downarrow^{后} \overset{\therefore KM1_2 \downarrow}{\longrightarrow} KM2 \overset{\boxdot}{\downarrow} \rightarrow KM2_{主} \rightarrow \text{电枢串联 R1、R2 反转启动} \rightarrow KT2 \overset{\boxdot}{\downarrow} \rightarrow KT2 \uparrow \end{array}$$

$$\begin{array}{l} \rightarrow KM2_1 \downarrow^{自} \\ \rightarrow KM2_2 \uparrow^{互} \\ \rightarrow KM2_3 \uparrow \rightarrow KT1 \rightarrow KT1 \rightarrow KM3 \overset{\boxdot}{\downarrow} \rightarrow KM3_{主} \downarrow \rightarrow \text{切除 R1} \\ \rightarrow KM2_4 \downarrow \qquad\qquad\qquad\qquad\qquad\qquad \rightarrow KT2 \overset{\boxdot}{\uparrow} \rightarrow \end{array}$$

$$\rightarrow KT2 \searrow \rightarrow KM4 \overset{\boxdot}{\downarrow} \rightarrow KM4_{主} \downarrow \rightarrow \text{切除 R2，M 反转正常运行}$$

本电路要求电动机从正转自动向反转过渡时，KM3、KM4 先释放，然后 KM2 才吸合，否则会出现电动机短时不串电阻反接制动的情况，此时冲击电流很大，电动机从反转自动向正转过渡时亦有同样的要求。当电动机先停转再反向启动时就不存在这个问题。

2.8.3 直流电动机的制动控制电路

直流电动机的电气制动有能耗制动、反接制动和发电反馈制动三种。如果要求电动机准确停车，可采用能耗制动；如果要求电动机快速停车，可采用电枢极性反接的反接制动。

1. 直流电动机的能耗制动控制电路

图 2-72 所示为直流电动机单向运行、能耗制动控制电路图。图中，KM1 为电源接

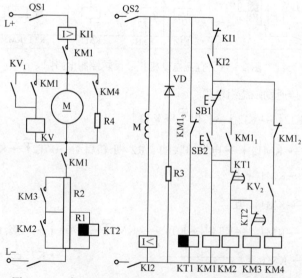

图 2-72 直流电动机单向运行、能耗制动控制电路图

触器，KM2、KM3 为短接启动电阻接触器，KM4 为制动接触器，KI1 为过电流继电器，KI2 为欠电流继电器，KV 为电压继电器，KT1、KT2 为时间继电器。电路工作原理如下。

（1）启动：

QS1↓、QS2↓ → 接通励磁绕组电源

　　　　　　　→KT1 ⊓ →KT1↑

　　　　　　　→KI2 ⊓ →KI2↓

SB2↓ →KM1 ⊓ →KM1主↓ →M 串联R1、R2 启动 →KT2 ⊓ →KT2↑

　　　　→KM1₁↓ 自　　　　　　　　　　　　 $\overset{n↑}{→}$ KV ⊓ →KV₁↓ 自

　　　　→KM1₂↑　　　　　　　　　　　　　　　　　 →KV₂↓ $\xrightarrow{\because KM1_2↑}$ KM4 ⊓

　　　　→KM1₃↑ →KT1 ⊔ →KT1 ↘ →KM2 ⊓ →KM2主↓ → 切除 R1

　　　　　　　　　　　　　　　　　　　　　　　　　 →KT2 ⊔ →KT2 ↘ →KM3 ⊓

→KM3主↓ → 切除 R2，M 正常运行

（2）停车：

SB1↑ →KM1 ⊔ →KM1主↑ →KT2 ⊔ →KT2↓

　　　　→KM1₁↑

　　　　→ KM1₃↓ →KT1 ⊓ →KT1↑ →KM2 ⊔ →KM2主↑

　　　　→KM1₂↓　　　　　　　　　　　 →KM3 ⊔ →KM3主↑

制动开始时转速高 →KV ⊓ →KV₁↓ 自

　　　　　　　　　　→KV₂↓ $\xrightarrow{\because KM1_2↓}$ KM4 ⊓ →KM4主↓ →M 串联R4 能耗制动→

→ n↓ →n≈0→KV ⊔ →KV₁↑

　　　　　　　　　→KV₂↑ →KM4 ⊔ →KM4主↑ →M 停车

2. 直流电动机的电枢极性反接的反接制动控制电路

1）反接制动原理

在反接制动时，为了限制制动冲击电流，必须在电枢回路中串联相当大的附加电阻
Rz，它约为启动电阻的两倍。也就是说，在反接制动时，除了串入全部启动电阻 $R_{st} = R_1 + R_2$ 外（见图 2-73），还必须再串一段反接制动电阻 R_4，使 $R_z = R_1 + R_2 + R_4$。而反接制动结束并反向启动时，则应将 R_4 切除。此外，电动机由静止状态开始启动时，电枢回路只需接入全部启动电阻，故在启动初瞬也

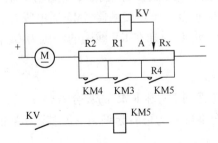

图 2-73　直流电动机按电动势原则控制反接制动环节

应立即短接 R4。

反接电阻 R4 的接入和切除通常采用电动势原则。由反接制动电压继电器 KV 进行控制，如图 2-73 所示。从图可见，KV 并联于电动机电枢上，但具体接在何处，其动作电压如何整定，才能控制反接制动接触器 KM5，短接或接入反接制动电阻 R4，请看下面介绍。

（1）反接制动电压继电器连接点的决定。

当电动机开始反接制动时，如上所述，KV 应释放，使得 KM5 释放，将反接制动电阻 R4 接入电枢电路，KV 的连接点 A 就是据此决定的。

KV 线圈上的电压 U_{KV} 为

$$U_{KV} = U - IR_x$$

在电动机反接过程中，由于机械惯性，电动机的转速 n 和电动势 E 的大小和方向来不及变化，而电枢电压 U 的方向却反了，此时 U 与 E 同向，于是，电枢电流为

$$I = \frac{U + E}{R} = \frac{U + C_e \Phi n}{R} \tag{2-1}$$

则

$$U_{KV} = U - (U + C_e \Phi n) \frac{R_x}{R} \tag{2-2}$$

式中　　C_e——电动机电势常数；

Φ——每极磁通；

$R = R_s + R_{st} + R_4$——电枢回路总电阻，R_s 为电枢绕组电阻；

R_x——待定电阻。

为了确保 KV 能在反接制动开始时释放，以便加入反接制动电阻 R4，最保险的做法是使加到 KV 的电压在此时为零。由式（2-2）可知，反接初瞬应满足：

$$U_{KV} = U - (U + C_e \Phi n) \frac{R_x}{R} = 0 \tag{2-3}$$

在反接制动开始时，$C_e \Phi n = E_{max}$，对于他励直流电动机，在额定磁通和额定转速下进行反接制动时，可近似认为 $E_{max} \approx U$。于是，据式（2-3）可求出使反接初瞬 $U_{KV} = 0$ 的 R_x 值为

$$R_x = \frac{U}{U + E_{max}} R \approx \frac{1}{2} R \tag{2-4}$$

（2）反接制动电压继电器动作整定值的决定。

为了使电动机在反接制动结束（此时 $n = 0$）后马上反向启动，或由静止状态（$n = 0$）开始启动都能立即短接反接制动电阻 R4，就必须正确整定 KV 的吸合值，使它在 $n = 0$ 时吸合，于是接触器 KM5 通电吸合，短接 R4。

设 $n = 0$ 时加在 KV 线圈的电压为 U_{KVO}，则由式（2-2）可求得：

$$U_{KVO} = U \left(1 - \frac{R_x}{R}\right) \tag{2-5}$$

考虑到 KV 和 KM5 的吸合需要一定的时间，电网电压的降低和继电器的整定不一定十分准确，为可靠起见，一般整定 KV 的吸合值 U_{KVN} 为

$$U_{KVN} = 0.8 U_{KVO} \tag{2-6}$$

当选定 $R_x = R/2$ 时，则

$$U_{KVN} = 0.4U \qquad (2-7)$$

2）反接制动控制实例

图 2 - 74 所示为直流电动机可逆运转、电枢极性反接的反接制动控制电路。图中，KM1、KM2 为正、反转接触器，KM3、KM4 为短接启动电阻接触器，KM5 为反接制动接触器，KI1 为过电流继电器，KI2 为欠电流继电器，KV1、KV2 为反接制动电压继电器，KT1、KT2 为时间继电器，R1、R2 为启动电阻，R3 为励磁绕组放电电阻，R4 为反接制动电阻，SQ1 为正转变反转行程开关，SQ2 为反转变正转行程开关。下面以电动机从正转经反接制动再反转为例说明电路工作原理。

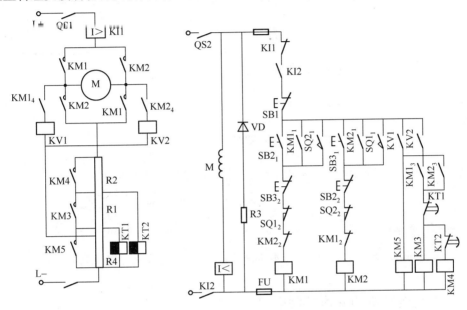

图 2 - 74　直流电动机可逆运转、电枢极性反接的反接制动控制电路

（1）正转启动：

QS1↓、QS2↓ →励磁绕组接电源
　　　　　　　→KI2↑→KI2↓

SB2↓ ⎰ SB2₂↑先互
　　　⎱ SB2₁↓后→KM1↓→KM1主↓→M 串 R1、R2、R4→KT1↓→KT1↑
　　　　　　　　　→KM1₁↓自　　　　　　　　　　→KT2↓→KT2↑
　　　　　　　　　→KM1₂↓互
　　　　　　　　　→KM1₃↓
　　　　　　　　　→KM1₄↓→KV1↓→KV1↓→KM5↓→KM5主↓→切除 R4, M 串联 R1、R2 启动
　　　　　　　　　　　　　　　　　　　　　→KT1↓

→KT1↑ ∵KM1₃↓ →KM3↓→KM3主↓→切除 R1
　　　　　　　　　　→KT2↓→KT2↓→KM4↓→KM4主↓→切除R2, M正转正常运行

（2）正转运行机构至预定位置，挡铁压下 SQ1。

$SQ1_2\uparrow^{先}$ →$KM1\overset{凸}{凹}$ →$KM1_主\uparrow$
　　　　　　　　→$KM1_1\uparrow$
　　　　　　　　→$KM1_2\downarrow$
　　　　　　　　→$KM1_3$ →$KM3\overset{凸}{凹}$ →$KM3_主\uparrow$
　　　　　　　　　　　　→$KM4\overset{凸}{凹}$ →$KM4_主\uparrow$

　　　　　　　　→$KM1_4\uparrow$ →$KV1\overset{凸}{凹}$ →$KV1\uparrow$ →$KM5\overset{凸}{凹}$ →$KM5_主\uparrow$

$SQ1_1\downarrow^{后}\because KM1_2\downarrow$ →$KM2\overline{\underline{}}$ →$KM2_主\downarrow$ →M 串联R1、R2、R4 反接制动 →$KT1\overline{\underline{}}$ →$KT1\uparrow$
　　　　　　　　　　　　　　　　　　　　　　　　　　　　　　　　　→$KT2\overline{\underline{}}$ →$KT2\uparrow$
　　　　　　　　　　　　　　　　　　　　　　　　　　　　　　　　　　→$n\downarrow$ →$n\approx0$ →

　　　　　→$KM2_1\downarrow$ 自

　　　　　→$KM2_2\uparrow$ 互

　　　　　→$KM2_3\downarrow$

　　　　　→$KM2_4\downarrow$ →$KV2\overline{\underline{}}$ 原理见前

→$KV2\overline{\underline{}}$ →$KV2\downarrow$ →$KM5\overline{\underline{}}$ →$KM5_主\downarrow$ →切除 R4，M 串联R1、R2 反向启动
　　　　　　　　　　　　→$KT1\overset{凸}{凹}$ →$KT1\searrow$ $\underset{\overline{\underline{}}}{\because KM2_3\downarrow}$ →$KM3\overline{\underline{}}$ →

→$KM3_主\downarrow$ →切除 R1
　　　　　→$KT2\overset{凸}{凹}$ →$KT2\searrow$ →$KM4\overline{\underline{}}$ →$KM4_主\downarrow$ →切除 R2，M 反转正常运行

2.8.4　直流电动机的调速控制电路

直流电动机的调速方法有三种：电枢电路串电阻调速、降低电源电压调速及减弱磁通调速。第一种方法通过改变电枢电路的电阻大小进行调速；第二种方法由晶闸管构成单相或三相可控整流电路，通过改变晶闸管的导通角来改变电枢电压，实现减压调速；第三种方法通过改变串联在励磁绕组的电阻，使励磁电流变化来实现弱磁调速。图 2－75 所示为改变励磁电流进行弱磁调速的控制电路图。此电路是 T4163 坐标镗床主传动电路的一部分。图中，电动机的直流电源采用两相零式整流电路。KM2 为电源接触器，KM3 为短接启动电阻接触器，KM1 为能耗制动接触器，R 为启动电阻，R2 为励磁绕组放电电阻，R3 为励磁绕组调节电阻，KT 为时间继电器，SB2 为启动按钮，SB1 为停止按钮。

电路的工作特点为：电动机串一级启动电阻，按时间原则启动。在正常运行状态下，调节电位器 R3 即可改变电动机的转速。停车时，短接电容 C，使电源电压全部加于励磁绕组。以实现能耗制动过程中的强励作用，加速制动效果。电路的工作原理在此略去。

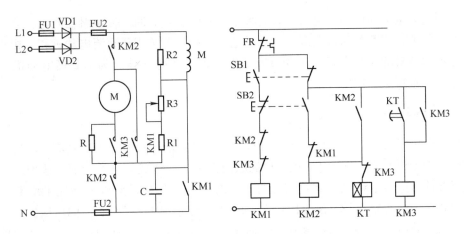

图 2-75　改变励磁电流进行弱磁调速的控制电路图

2.9　电气控制系统常用的保护环节

电气控制系统必须在安全可靠的前提下满足生产工艺要求，为此系统应设置各种保护装置，在系统发生各种故障时及不正常工作的情况下对供电设备和电动机实行保护。常用的保护环节有：过电流、过载、短路、过电压、欠电压或失电压、断相、弱磁与超速保护等。本节主要介绍低压电动机常用的保护环节。

2.9.1　短路保护

当电动机、电器或线路绝缘遭到损坏及负载短路、接线错误时将产生短路现象。短路电流可达到额定电流的十几倍到几十倍，使电气设备或配电线路因过电流产生的电动力而损坏，甚至因电弧而引起火灾。短路保护要求具有瞬动特性，应在极短时间内切断电源。短路保护常用熔断器和低压断路器进行保护。熔断器熔体的选择见 1.5 节。低压断路器动作电流按电动机启动电流的 1.2 倍来整定，与此相应，低压断路器切断短路电流的触点容量应加大。

2.9.2　过电流保护

过电流保护是区别于短路保护的一种电流型保护。过电流是指电动机或电气元件超过其额定电流的运行状态，它比短路电流小，不超过 6 倍额定电流。过电流发生时，电气元件不会马上损坏，只要电气设备尚未达到最大允许温升之前，电流能恢复到正常值，还是允许的。但对电动机却不然，过大的冲击电流会损坏电动机；同时，过大的电动机电磁转矩也会使机械传动部件受损，因此要瞬时切断电源，保护电动机。电动机在运行中产生过电流的可能性要比发生短路时大，频繁启动和正反转、断续周期工作的电动机更是如此。

过电流保护常用过电流继电器来实现。通常将过电流继电器线圈串联在被保护电路中，而过电流继电器的常闭触点则串联在接触器线圈电路中。当电路发生过电流，其值达到过电流继电器动作整定值时，就会吸合，常闭触点分断，使接触器断电释放，接触器主触点分断，切断电动机电源。这种过电流保护环节常用于直流电动机和三相交流绕线型异步电动机的控制电路中。若过电流继电器动作电流整定为 1.2 倍电动机启动电流，则它可做短路保护用。

2.9.3　过载保护

过载保护是过电流保护的一种。过载是指电动机的运行电流大于其额定电流，但在 1.5 倍额定电流之内。引起电动机过载的原因很多，如负载的突然增加，缺相运行或电源电压降低等。若电动机长期过载运行，其绕组温升将超过允许值而使绝缘老化、损坏。过载保护装置要求具有反时限特性，即过载电流小时，经较长时间后保护装置才动作，如果过载电流较大，保护装置短时动作；但不会受电动机短时冲击电流如启动电流或短路电流的影响而瞬间动作，所以通常用热继电器做过载保护。当有 6 倍以上额定电流流过热继电器时，需经 5s 后才动作。这样在热继电器未动作前，可能使热继电器的发热元件先烧坏。所以在使用热继电器做过载保护时，还必须有熔断器或低压断路器做短路保护。由于过载保护特性与过电流保护特性不同，故不能用过电流保护方法来进行过载保护。

对于定子为△连接的电动机进行缺相保护，可选用带断相保护的热继电器来实现过载保护。

2.9.4　失电压保护

电动机正常工作时，如果因为电源电压消失而停转，一旦电源电压恢复，有可能自行启动，电动机的自行启动将造成人身事故或机械设备损坏。为防止电压恢复时电动机自行启动或电气元件自行投入工作而设置的保护称失电压保护。采用接触器和按钮控制的启动、停止控制环节就具有失电压保护功能。因为当电源电压消失时，接触器会自动释放而切断电动机电源；电源电压恢复时，由于接触器自锁触点已断开，不会自行启动。如果用不能自动复位的手动开关、主令控制器、凸轮控制器来控制接触器，必须采用专门的零电压继电器。工作过程中一旦失电压，零电压继电器就释放，其自锁电路断开，电源电压恢复时，不会自行启动。

2.9.5　欠电压保护

电动机运转时，当出现电压过分降低现象时，在负载转矩不变的情况下，电动机转速下降；同时，如果磁通不变，则电动机电流增大。此外，由于电压降低可能导致控制电器释放，造成电路不能正常工作。因此，当电源电压降到 $60\% \sim 80\%$ 额定电压 U_N 时，应将电动机电源切除并停止运行，这种保护称为欠电压保护。

除上述采用接触器及按钮控制环节，利用接触器本身的欠电压保护作用外，还可采用欠电压继电器来进行欠电压保护，其吸合电压通常整定为 $0.8U_N \sim 0.85U_N$，释放电压整定为 $0.5U_N \sim 0.7U_N$。此时可将欠电压继电器的线圈跨接在电源上，其常开触点则串联在接触器线圈电路中。当电源电压低于释放值时，欠电压继电器释放，其常开触点分断，随后接触器释放，接触器主触点断开电动机电源实现欠电压保护。

2.9.6 过电压保护

电磁铁、电磁吸盘等大电感负载及直流电磁机构、直流继电器等，在通/断时会产生较高的感应电动势，可能将电磁线圈绝缘击穿而损坏。因此，必须采用过电压保护措施。通常，过电压保护是在线圈两端并联一个电阻、并联电阻串电容电路或并联二极管串电阻电路，以形成一个放电回路，释放线圈的电磁能量，实现过电压保护。

2.9.7 弱磁保护

直流电动机磁通过度减小会引起电动机超速、甚至飞车，需设置弱磁保护，这种保护是利用在电动机励磁线圈电路中串入欠电流继电器实现的。在电动机运行时，若励磁电流过小，欠电流继电器释放，其常开触点分断，断开电动机电枢电路的电源接触器线圈电路，接触器释放，接触器主触点断开直流电动机电枢电路，电动机停车，实现了弱磁保护。

平面磨床的电磁吸盘是用于吸牢加工工件的，当电磁吸盘的线圈磁通下降时，吸力不足，会使工件高速飞出，造成事故，故需设弱磁保护。可利用欠电压继电器或欠电流继电器测量线圈的电压或电流，当电压或电流不足时，使电磁吸盘的电源接触器释放，电磁吸盘断电，从而实现了弱磁保护。

2.9.8 其他保护

除上述保护外，还有超速保护、行程保护、油压（水压）保护等，这些都是在控制电路中串联一个受这些参量控制的常开触点或常闭触点，通过这些触点断开受控接触器的线圈电路来实现控制的。这些装置有离心开关、测速发电机、行程开关、压力继电器等。

本章小结

电气控制系统中的电气原理图、电气元件布置图及电气安装接线图是经常应用的、必不可少的工具，应熟悉并掌握图形符号、文字符号和接线端子的有关规定，各种图的画法及绘制原则，为熟练地阅读电气原理图和电气安装接线图打下良好的基础。

本章重点讲述了各种电动机的启动、制动、调速等电气控制系统的基本控制环节，它为今后学习电气控制系统设计做了很好的铺垫，应熟练掌握各基本控制环节的特点及各电气触点间的逻辑关系。

1. 电动机的控制原则

在电气控制系统中常用的控制原则有：时间原则、电流原则、速度原则、电动势原则、行程原则、频率原则等。

2. 电动机的启动控制

三相交流笼型异步电动机的启动方法有：全压启动和减压启动。减压启动又分为：定子串电阻或电抗减压启动、自耦变压器减压启动、星形－三角形减压启动、延边三角形减压启动及软启动器启动等。

三相交流绕线型异步电动机的启动方法有：转子串电阻启动、转子串频敏变阻器启动等。

直流电动机的启动方法有：电枢串联电阻启动、减压启动等。

3. 电动机的制动控制

本章主要研究电气制停控制，无论是交流电动机还是直流电动机，均可采用能耗制动准确停车或反接制动快速停车。

4. 电动机的调速控制

交流电动机的调速方法有：变极调速、转子串联电阻调速和变频调速等。

直流电动机的调速方法有：电枢串电阻调速、减压调速及弱磁调速等。

5. 电气控制系统中的保护环节

电动机常用的保护环节有：短路保护、过电流保护、过载保护、失电压保护、欠电压保护、过电压保护、弱磁保护等。

控制电路中常用的联锁保护有：自锁、电气互锁、机械互锁、顺序动作联锁等。

思考题与习题2

1. 在控制电路中使用热继电器时，应将热元件串联在控制电路中。（　　　）
2. 在控制电路中，几个交流电器的电磁线圈应并联使用。（　　　）
3. 若使用熔断器做短路保护时，应将它串联在被保护的电路中。（　　　）
4. 三相交流异步电动机能否全压启动，主要取决于供电电源的容量。（　　　）
5. 星形－三角形减压启动适合于各种三相异步电动机。（　　　）
6. 在控制电路中，互锁控制的主要作用是实现正、反转控制。（　　　）
7. 若三相交流笼型异步电动机的容量小于 20kW，则可直接启动。（　　）
8. 绘制电气原理图应遵循哪些原则？
9. 电气安装接线图与电气原理图有哪些不同？
10. 什么叫自锁，自锁电路是怎样构成的？
11. 什么叫互锁，互锁电路是怎样构成的？
12. 点动电路是否要安装过载保护装置？
13. 三相交流笼型异步电动机连续正转控制电路有哪些保护环节？
14. 实现多地点控制时，多个启动按钮和停止按钮如何连接？

15. 三相交流笼型异步电动机在什么情况下可以全压启动？

16. 试分析图 2-76 中各电路有何错误，工作时会出现什么现象？应如何改进？

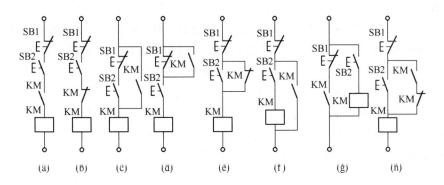

图 2-76　习题 2.16 的图

17. 试分析图 2-17（b）所示电路的工作原理。若没有接触器辅助触点的电气互锁，当某个接触器的主触点因电弧熔焊不能释放时，电路可能出现什么问题？

18. 三相交流笼型异步电动机减压启动方法有哪些？各有何特点？使用条件是什么？

19. 三相交流笼型异步电动机定子绕组为星形接法，能否用星形 - 三角形减压启动方法？为什么？

20. 在图 2-32（c）所示的星形 - 三角形减压启动控制电路中，时间继电器 KT 起什么作用？KT 延时时间为零，会出现什么问题？

21. 在图 2-42 所示的三相交流绕线型异步电动机转子串电阻启动控制电路中，中间继电器 KA 起什么作用？若 KA 线圈断线，会出现什么问题？

22. 在图 2-56 所示的电路中，若不用速度继电器 KS，还可以用什么方法实现反接制动控制？

23. 三相交流异步电动机的制动方法有哪几种？各用于什么场合？

24. 三相交流异步电动机有哪几种调速方法？

25. 直流电动机启动时，为什么要限制启动电流？限制启动电流的方法有哪几种？这些方法分别适用于什么场合？

26. 直流电动机的制动方法有哪几种？各有什么特点？

27. 直流电动机的调速方法有哪几种？

28. 电动机常用的保护环节有哪些？通常它们是由哪些电器来实现其保护的？

29. 图 2-77 所示电路可使一个工作机构向前移动到指定位置上停一段时间，再自动返回原位。试述其工作原理和限位开关 SQ1、SQ2 的作用。

30. 试设计可从两地对一台电动机实现连续运行

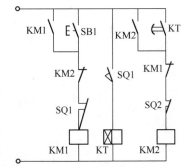

图 2-77　习题 2.29 的图

和点动控制的电路。

31. 试设计两台电动机的顺序控制电路。要求：M1 启动后，M2 才能启动；M2 停止后，M1 才能停止。

32. 试设计一个控制电路，三台电动机启动时，M1 先启动，经 10s 后 M2 自行启动，运行 60s 后 M1 停止并同时使 M3 自行启动，再运行 60s 后三台电动机全部停车。

33. 试设计一个小车运行的电路图，其动作程序如下：

（1）小车由原位开始前进，到终端后自动停止；

（2）在终端停留 6min 后自动返回原位停止；

（3）要求能在前进或后退途中任意位置都能停止或再次启动。

34. 有两台三相交流笼型异步电动机，一台为主轴电动机，另一台为油泵电动机。现要求：

（1）主轴电动机必须在油泵电动机启动之后才能启动；

（2）若油泵电动机停车，主轴电动机应同时停车；

（3）主轴电动机可单独停车；

（4）有短路和过载保护。

第3章 机床电气控制系统

电气控制系统是机械设备的重要组成部分，针对不同的生产设备，电气控制系统的拖动方式各异，控制电路也各不相同，在阅读电气图时重要的是要学会其基本分析方法。本章通过对典型的机床电气控制系统的分析，进一步阐述分析电气控制系统的方法与步骤，使读者掌握分析电气图的方法，培养阅读电气图的能力，加深对生产设备中机械、液压与电气控制紧密配合的理解；学会从设备加工工艺出发，掌握几种典型机床电气控制系统；为电气控制系统的设计、安装、调试、维护打下基础。下面对卧式车床、平面磨床、摇臂钻床、万能铣床与卧式镗床电气控制系统进行分析和讨论。

3.1 电气控制系统分析基础

分析生产设备的电气控制系统的依据是设备本身的基本结构、运行情况、加工工艺要求和对电力拖动的要求。要熟悉了解控制对象，掌握其控制要求，这样分析起来才有针对性。这些依据的获得来源于设备的有关技术资料，如设备说明书、电气原理图、电气安装接线图及电气元器件一览表等。

3.1.1 电气控制系统分析内容

通过对各种技术资料的分析，掌握电气控制系统的工作原理、技术指标、操作方法、维护要求等。分析的内容和要求有以下几方面。

1. 设备说明书

设备说明书由机械（包括液压）与电气两部分组成，通过阅读这两部分说明书，重点掌握以下内容。

（1）设备的结构，主要技术指标，机械、液压、气动部分的传动方式与工作原理。

（2）电气传动方式、电动机及执行电器的数目、规格型号、安装位置、用途及控制要求。

（3）了解设备的使用方法，各操作手柄、开关、按钮、指示信号装置所在位置及其在控制系统中的作用。

（4）了解与机械、液压部分直接关联的电器，如行程开关、电磁阀、电磁离合器、传感器、压力继电器、微动开关等的位置及工作状态，与机械、液压部分的关系及其在控制中的作用。特别应了解机械操作手柄与电气开关元件的关系、液压系统与电气控制系统的关系。

2. 电气原理图

电气原理图由主电路、控制电路、辅助电路、保护与联锁环节及特殊控制电路等部分组成，这是电气控制系统分析的中心内容。

在分析电气原理图时，必须与阅读其他技术资料结合起来，根据电动机及执行电器的控制方式、位置及作用，各种与机械有关的行程开关、主令电器的状态来理解电气控制系统的工作原理。

在分析电气原理图时，还可通过设备说明书提供的元器件一览表来查阅元器件的技术参数，进而分析出电气控制系统的主要参数，估计出各部分的电流、电压值，以便在调试或检修中合理使用仪表进行检测。

3. 电气控制系统的总装接线图

阅读总装接线图，可以了解系统的组成与分布情况、各部分的连接方式，以及主要电气部件的布置、安装要求，导线和导线管的规格型号。

阅读和分析总装接线图应与电气原理图、设备说明书结合起来。

4. 电气元件布置图与电气安装接线图

在电气控制系统的调试、检修中，可通过电气元件布置图与电气安装接线图迅速方便地找到各元器件和测试点，进行必要的调试、检测和维修保养。

3.1.2　电气原理图的阅读分析方法与步骤

1. 分析主电路

从主电路入手，根据每台电动机和执行电器的控制要求，分析对它们的控制方法，如启动、方向控制、调速和制动等。例如，从主电路可以看出设备用几台电动机来拖动，搞清楚每台电动机的作用，这些电动机分别用哪些接触器或开关控制，有没有正反转、减压启动、电气制动等环节，各电动机由哪个电器进行短路保护，哪个电器进行过载保护。还有哪些保护，如果有速度继电器，则应弄清与哪台电动机有机械联系。

2. 分析控制电路

根据主电路中各台电动机和执行电器的控制要求，逐一找出控制电路中的控制环节，利用前面学过的基本控制环节的知识，按功能的不同，划分成若干个局部控制电路来进行分析。分析控制电路的最基本方法是"查线读图法"。

"查线读图法"通常从执行电路即电动机着手，从主电路上看有哪些元器件的主触点和其他电器，根据其组合规律看控制方式。然后根据主电路中控制元件主触点及其他电器的文字符号和控制电路中的相同文字符号一一对照，找到有关的控制环节及环节间的联系，分清控制电路中哪一部分电路控制哪一台电动机，如何控制。接着从按启动按钮开始，查对电路，观察哪些元件受控动作，并逐一查看动作元器件的触点如何控制其他元器件如接触器的动作，进而驱动被控对象（如电动机）如何动作。跟踪机械动作，当信号检测元器件状态变化时，再查对电路，观察执行元器件的动作变化，进而分析如何影响被控制对象的运行。读图过程中要注意元器件间相互联系和制约的关系，直到将电路看懂为止。

3. 分析辅助电路

辅助电路包括电源显示、工作状态显示、照明和故障报警等部分，它们大多由控制电路中的元器件所控制，所以在分析时，还要对照控制电路进行分析。

4. 分析联锁与保护环节

生产机械对安全性、可靠性有很高的要求，因此在控制电路中还设置了一系列电气保护和必要的电气、机械联锁，在分析中不能遗漏。

5. 分析特殊控制环节

在某些电气控制系统中，还设置了一些相对独立的特殊环节，如产品计数装置、自动检测系统等。这些部分往往自成一个小系统，可参照上述分析过程，并灵活运用学过的电子技术、检测与转换等知识逐一分析。

6. 总体检查

经过"化整为零"，逐步分析了每一个局部电路的工作原理及各部分之间的控制关系之后，还必须用"集零为整"的方法。检查整个控制电路，看是否有遗漏，特别要从整体角度去进一步检查和理解各控制环节之间的联系，这样才能清楚地掌握每个元器件在电路中所起的作用。

3.2　C650 型卧式车床的电气控制系统

车床是应用极为广泛的金属切削机床，在各种车床中，用得最多的是卧式车床。主要用于切削外圆、内圆、端面、螺纹、倒角、切断及割槽等，并可装上钻头或绞刀进行钻孔和铰孔等加工。

3.2.1　C650 型卧式车床的主要结构及运动形式

C650 型卧式车床结构示意图如图 3-1 所示。它由床身、主轴、进给箱、溜板箱、方刀架、丝杆、光杆、尾座等部分组成。最大加工工件回转直径为 1020mm，最大工件长度为 3000mm。

车床的主运动是主轴通过卡盘带动工件做旋转运动。根据工件的材料性质、车刀材料及几何形状、工件直径、加工方式及冷却条件的不同，要求主轴有不同的切削速度。车削加工时一般不要求主轴反转，但在加工螺纹时，为避免乱扣，加工完毕后要反转退刀，所以主轴要正反转运行。当主轴反转时，刀架也跟着后退。

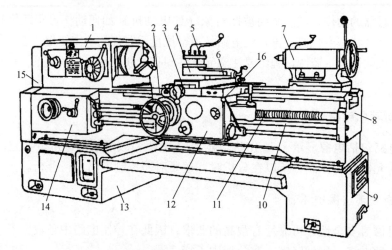

注：1—主轴箱；2—纵溜板；3—横溜板；4—转盘；5—方刀架；6—小溜板；7—尾座；8床身；9—右床座；
10—光杠；11—丝杠；12—溜板箱；13—左床座；14—进给箱；15—挂轮架；16—操纵手柄

图 3－1　C650 型卧式车床结构示意图

车床的进给运动是刀架带动刀具的直线运动。溜板箱把丝杆或光杆的转动传递给刀架部分，变换溜板箱外的手柄位置，经刀架部分使车刀做纵向或横向进给。为了满足机械加工工艺的要求，主轴旋转运动与带动刀具溜板箱的进给运动由同一台主轴电动机驱动。

车床的辅助运动为车床上除切削运动外的其他一切必需的运动，如为提高效率和减轻劳动强度的溜板箱快速移动、尾架的纵向移动、工件的夹紧与放松等。

3.2.2　C650 型卧式车床的电力拖动特点及控制要求

C650 型卧式车床是一种中型车床，由三台三相交流笼型异步电动机拖动。即主轴电动机 M1（30kW），刀架快速移动电动机 M3（2.2kW）及冷却泵电动机 M2（125W）。从车削加工工艺要求出发，对各电动机的控制要求如下。

（1）主轴电动机 M1 采用全压空载直接启动，能实现正、反方向旋转的连续运动。主轴采用齿轮变速机构调速，调速范围可达 40∶1 以上，为便于对工件做调整运动，即对刀操作，要求主轴电动机能实现单方向的低速点动控制，可由定子串联电阻 R 实现。

（2）主轴电动机停车时，由于加工工件转动惯量较大，采用电气反接制动，通过速度继电器 KS 实现快速停车。

（3）加工过程中为显示电动机工作电流，设有电流监视环节，它由电流互感器 TA 和电流表 A 组成。

（4）因为车床床身较长，为减少刀具进给的辅助工作时间而设快速移动电动机 M3，因此对其要求为单向点动、短时运转。

（5）冷却泵电动机 M2 用于在车削加工时提供冷却液，故 M2 应连续工作、直接启动、单向旋转。

（6）电路应有必要的保护和联锁，有安全可靠的照明电路。

（7）由于控制与辅助电路中电气元件很多，故通过控制变压器 TC 与三相电网进行电隔离，提高操作和维修时的安全性。控制电路由交流 110V 供电，照明由交流 6.3V 供电。

3.2.3　C650 型卧式车床电气控制系统分析

1. 主电路分析

图 3 - 2 所示为 C650 型卧式车床电气原理图。图中 QS 为电源开关。FU1 为主轴电动机 M1 的短路保护用熔断器，FR1 为其过载保护用热继电器。R 为限流电阻，在主轴点动时，限制启动电流，在停车反接制动时，又起限制过大的反向制动电流的作用。电流表 A 用来监视主轴电动机的线电流，由于 M1 功率较大，故 A 接在电流互感器 TA 副边电路。KM1、KM2 为 M1 的正、反转接触器，KM3 用于短接电阻 R 的接触器。

快速移动电动机 M3 由接触器 KM5 控制，单向旋转点动控制。由于是短时工作，故不设置热继电器。

冷却泵电动机 M2 由接触器 KM4 控制，单向连续运行，FR2 为其过载保护用热继电器。熔断器 FU3 做 M2 和 M3 短路保护用。

2. 控制电路分析

控制电路电源由控制变压器 TC 供给控制电路交流电压 110V，照明电路由 TC 供给交流电压 6.3V，FU4 为控制电路短路保护用熔断器，FU5 为照明电路短路保护用熔断器。

1）主轴电动机的点动调整控制

图 3 - 2 中 SB2 为点动按钮，按下 SB2 后，其工作过程为：

SB2$\downarrow$→KM1$_{线}\uparrow$→KM1$_{主}\downarrow$→定子串联 R，M1$\nearrow$→$n\uparrow$至n=140r/min→KS$_{9-10}\downarrow$

　　　　　　→KM1$_{5-8}\downarrow$正转用

　　　　　　→KM1$_{10-12}\uparrow$互

松手，SB2$\uparrow$→KM1$_{线}\downarrow$→KM1$_{主}\uparrow$→断开正序电源

　　　　→KM1$_{5-8}\uparrow$

　　　　→KM1$_{10-12}\downarrow$ $\xrightarrow{\because \text{KA}_{3-9}\downarrow,\ \text{KS}_{9-10}\downarrow}$ KM2$_{线}\uparrow$→KM2$_{主}\downarrow$→

　　　　　　　　　　　　　　　　　　　　→KM2$_{8-11}\downarrow$反转用

　　　　　　　　　　　　　　　　　　　　→KM2$_{4-6}\uparrow$互

→定子串联 R，M1 反接制动→$n\downarrow$至100r/min→KS$_{9-10}\uparrow$→KM2$_{线}\downarrow$→KM2$_{主}\uparrow$→M1 停车

　　　　　　　　　　　　　　　　　　　　　　→KM2$_{8-11}\uparrow$

　　　　　　　　　　　　　　　　　　　　　　→KM2$_{4-6}\downarrow$

2）主轴电动机的正、反转控制

图 3 - 2 中 SB3、SB4 为正、反转启动按钮，SB1 为停止按钮，KA 为中间继电器，KT 为时间继电器，KS$_{9-10}$ 为速度继电器正转常开触点。下面以正转为例说明其工作原理。

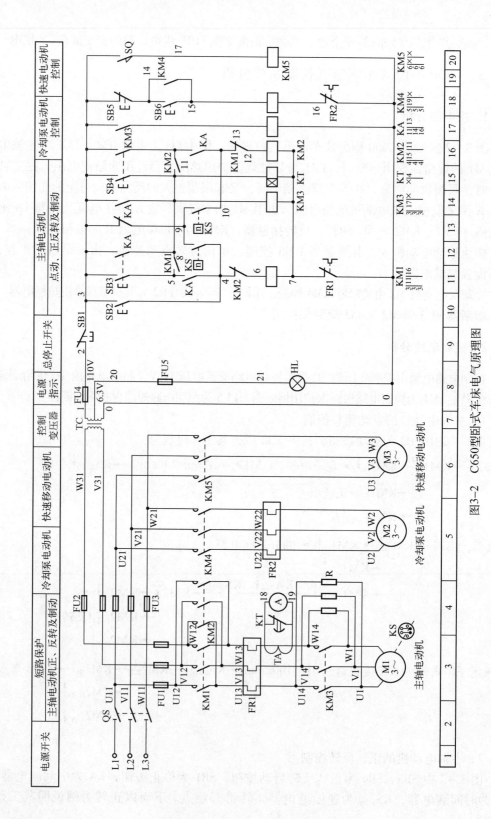

图3-2　C650型卧式车床电气原理图

$$SB3 \Big\downarrow \begin{cases} SB3_{3-8}\downarrow \to KM3\overline{\Box} \to KM3_{\pm}\downarrow \to 切除R \\ \qquad\qquad \to KM3_{3-13}\downarrow \to KA\overline{\Box} \to KA_{5-4}\downarrow \\ \qquad\qquad\qquad\qquad\qquad\qquad \to KA_{3-8}\downarrow \\ \qquad\qquad\qquad\qquad\qquad\qquad \to KA_{11-10}\downarrow 反转用 \\ \qquad\qquad\qquad\qquad\qquad\qquad \to KA_{3-9}\downarrow \to 断开KS_{9-10}、KS_{9-4}电源 \\ \qquad \to KT\overline{\Box} \to KT_{18-19}\diagup 启动（延时内）短接A，工作时接入A \\ SB3_{3-5}\downarrow \overset{\because KA_{5-4}\downarrow}{\longrightarrow} KM1\overline{\Box} \to KM1_{\pm}\downarrow \to M1\nearrow \to n\uparrow 至140r/min \to KS_{9-10}\downarrow \\ \qquad\qquad \to KM1_{5-8}\downarrow 与KA_{3-8}\downarrow 构成KM1自锁电路 \\ \qquad\qquad \to KM1_{10-12}\uparrow 互 \end{cases}$$

3）主轴电动机的反接制动

以正转时反接制动为例说明其工作原理。

$$SB1\uparrow \to KM1\overline{\sqcup} \to KM1_{\pm}\uparrow \to 断开正序电源$$
$$\qquad\qquad \to KM1_{5-8}\uparrow$$
$$\qquad\qquad \to KM1_{10-12}\downarrow$$
$$\to KM3\overline{\sqcup} \to KM3_{\pm}\uparrow \to 主电路接入R$$
$$\qquad\qquad \to KM3_{3-13}\uparrow$$
$$\to KA\overline{\sqcup} \to KA_{5-4}\uparrow$$
$$\qquad\qquad \to KA_{3-8}\uparrow$$
$$\qquad\qquad \to KA_{11-10}\uparrow$$
$$\qquad\qquad \to KA_{3-9}\downarrow$$
$$\to KT\overline{\sqcup} \to KT_{18-19}\uparrow \to 短接A$$

$$松手，SB1\underset{\because KA_{3-9}\downarrow,\ KS_{9-10}\downarrow,\ KM1_{10-12}\downarrow}{\Big\downarrow\Big\downarrow} KM2\overline{\Box} \to KM2_{\pm}\downarrow \to 定子串联R，M1反接制动\to$$
$$\qquad\qquad \to KM2_{8-11}\downarrow 反转用$$
$$\qquad\qquad \to KM2_{4-6}\uparrow 互$$

$$\to n\downarrow 至100r/min \to KS_{9-10}\uparrow \to KM2\overline{\sqcup} \to KM2_{\pm}\uparrow \to M1停车$$
$$\qquad\qquad \to KM2_{8-11}\uparrow$$
$$\qquad\qquad \to KM2_{4-6}\downarrow$$

4）刀架的快速移动和冷却泵控制

转动刀架手柄，压下行程开关 SQ，接触器 KM5 通电吸合，M3 通电工作，此为点动控制。按下冷却泵启动按钮 SB6，接触器 KM4 通电吸合并自锁，M2 通电工作。按下冷却泵停止按钮 SQ5，KM4 断电，M2 停车。

5）联锁与保护

虽然电流表 A 接在电流互感器 TA 副边电路中，但主轴电动机 M1 启动与制动电流对它的冲击仍然很大，为此，在电路中设置了时间继电器 KT 进行保护。当 M1 正、反向启动时，KT 通电吸合，其常闭触点延时分断，其延时时间整定为启动时间，在延时期间常闭触点仍闭合，将电流表短路。启动结束，常闭触点分断，电流表接入电路，就能显示 M1 的工作电流。制动时，KT 断电，其常闭触点短接电流表。

正反转接触器 KM1、KM2 有电气互锁，熔断器 FU1～FU5 实现各台电动机与控制、辅助电路的短路保护。热继电器 FR1、FR2 实现 M1 与 M2 的过载保护。触点 $KM1_{5-8}$、KA_{3-8} 组成 KM1 的自锁环节；触点 $KM2_{8-11}$、KA_{3-8} 组成 KM2 的自锁环节；$KM4_{14-15}$ 为 KM4 的自锁触点，使 KM1、KM2、KM4 具有欠电压与零电压保护功能。

3.2.4　C650 型卧式车床电气控制系统的故障及维修

下面以列表方式介绍 C650 型卧式车床电气控制系统可能出现的部分故障现象、产生原因及检修方法见表 3-1。

表 3-1　C650 型卧式车床电气控制系统的部分故障及检修方法

故障现象		故障原因	检修方法
操作时无反应		1. 无电源。 2. QS 接触不良或内部熔体断开。 3. FU2 或 FU4 熔断或接触不良。 4. 变压器 TC 线圈开路。 5. SB1 接触不良。 6. QS 的出线端 V11、W11；TC 的原副边出线端 V31、W31、1、0；SB1 的出线端 2、3 中有脱落或断路	检查电源是否正常；断电后用万用表电阻挡检查相关部分是否断路、接触不良或接线端脱落
主轴电动机不能点动，其余动作正常		1. SB2 的出线端 3、4 中有脱落或断路。 2. SB2 接触不良	用万用表电阻挡检查相关部分
主轴电动机不能正、反转	接触器 KM3 不能吸合	1. SB3 和 SB4 的出线端 3、5、8；KM1、KM2 和 KM3 线圈的接线端 7 中有脱落或断路。 2. FR1 常闭触点断开或接触不良。 3. KM3 线圈断路	用万用表电阻挡检查相关部分
	接触器 KM3 能吸合	1. 常开触点 $KM3_{3-13}$ 的出线端 3、13；KA 线圈的接线端 13、0 中有脱落或断路。 2. 常开触点 $KM3_{3-13}$ 接触不良。 3. KA 线圈断路	用万用表电阻挡检查相关部分
主轴电动机不能正转，但能点动和反转		1. SB3 出线端 3、5；常开触点 KA_{5-4} 的出线端 5、4；常开触点 $KM1_{5-8}$ 的出线端 5、8 中有脱落或断路。 2. SB3 接触不良。 3. 常开触点 KA_{5-4} 接触不良	用万用表电阻挡检查相关部分
主轴电动机不能点动及正转，且反转时无反接制动		1. 常闭触点 $KM2_{4-6}$ 的出线端 4、6；KM1 线圈的接线端 6、7 中有脱落或断路。 2. 常闭触点 $KM2_{4-6}$ 接触不良（分断）。 3. KM1 线圈断路	用万用表电阻挡检查相关部分
主轴电动机反转不能自锁，马上停车		1. 常开触点 $KM2_{8-11}$ 的出线端 8、11 中有脱落或断路。 2. 常开触点 $KM2_{8-11}$ 接触不良	用万用表电阻挡检查相关部分
主轴电动机正、反均不能自锁，马上停车		1. 常开触点 KA_{3-8} 的出线端 3、8 中有脱落或断路。 2. 常开触点 KA_{3-8} 接触不良	用万用表电阻挡检查相关部分
主轴电动机正转、点动均无反接制动，但反转正常		1. 速度继电器正转常开触点 KS_{9-10} 的出线端 9、10 中有脱落或断路。 2. 常开触点 KS_{9-10} 接触不良	用万用表电阻挡检查相关部分
主轴电动机正、反转均无反接制动		1. 常闭触点 KA_{3-9} 的出线端 3、9 中有脱落或断路。 2. 常闭触点 KA_{3-9} 接触不良。 3. 速度继电器 KS 损坏	用万用表电阻挡检查相关部分

故障现象	故障原因	检修方法
主轴电动机反转缺相运行；点动、正转不能停车（∵反转单相运行，无反接制动）	接触器 KM2 主触点有一个接触不良	用万用表电阻挡检查相关部分
主轴电动机点动缺相运行；正反转运行时正常；但正、反转时均不能停车（∵停车时为单相运行，无反接制动）	三相制动电阻 R 中有一个电阻开路	用万用表电阻挡检查相关部分
主轴电动机控制电路正常，但 M1 不能转动	1. FU1 中有两相熔断。 2. 电动机星形接点脱开。 3. 电动机引出线有两根脱落	用万用表电阻挡检查相关部分
主轴电动机点动、正转、反转均不能停车	接触器 KM1 和 KM2 的主触点均接相同相序。	KM1 和 KM2 主触点接不同相序

3.3 实训十一：C650 型卧式车床电气控制系统实训及排除故障技能训练

3.3.1 浙江天煌教仪 KH 系列机床电气技能培训考核装置简介

1. 装置的技术参数

（1）输入电压：三相四线制 380V ± 10%，50Hz。

（2）工作环境：环境温度范围为 – 5℃～ + 40℃；相对湿度 < 85%（25℃）；海拔 < 2000m。

（3）装置容量：< 1.5kVA

（4）外形尺寸：157cm × 73cm × 150cm

2. 操作台的布局及操作使用

（1）装置的左边为机床的控制面板，上面有机床的外形示意图、机床的操作按钮及机床的照明和动作指示灯，且所有开关的触点都用弱电接线柱引至面板上，方便学生排除故障（不需要打开后门就可以测量到所有的点，所有的故障在装置表面都可全部排除）。在控制面板下面有一块主电源控制板，另外有一个故障设置箱。在主电源控制板上设有一只交流电压指示表，通过转换开关的切换，可分别指示电网的 Uuv、Uvw、Uwu 线电压值；还设有三相带灯熔断器做主电路的短路保护，还有照明灯开关、三相输出电源的启、停按钮及急停按钮等。故障箱内设有超过 25 个的故障点，故障箱门配有钥匙，便于管理和考核。

（2）装置的右边为电气线路元器件布线区，上面装有低压断路器、螺旋式熔断器、直插式熔断器、交流接触器、继电器、热继电器、控制变压器等。电气线路元器件布线区铁板的下面为机床电动机，用来模拟实际机床的电动机运动情况。

（3）操作台设有电流型漏电保护和电压型漏电保护，当三相输出电源中任意一相和控制屏壳发生漏电（只要漏电流超过一定值）时，漏电保护装置动作，自动切断交流电源的输出。

3.3.2　C650型卧式车床实训设备

浙江天煌教仪KH系列机床电气技能培训考核装置。

1. KH-JC01电源控制铝质面板

（1）交流电源380V（带有漏电保护措施）。

（2）人身安全保护体系。

电压型漏电保护装置，对电路出现漏电现象进行保护，使控制屏内的接触器跳闸，切断电源。

电流型漏电保护装置：控制屏若有漏电现象，漏电流超过一定值，即切断电源。

2. KH-C01铝质面板

面板上装有C650型卧式车床的所有主令电器及动作指示灯，车床的所有操作都在这块面板上进行，指示灯可指示车床的相应动作。

面板上印有C650型卧式车床示意图，可以很直观地看出其外形轮廓。

3. KH-C03铁质面板

面板上装有C650型卧式车床电气控制系统的断路器、熔断器、接触器、继电器、热继电器、变压器等元器件，可以很直观地看到它们的动作情况。

4. 三相异步电动机三台

三台380V三相交流笼型异步电机，分别用做主轴电动机、快速移动电动机及冷却泵电动机。

5. 故障开关箱

设有32个开关，其中K1～K23用于故障设置；K24～K31备用；K32用做指示灯开关，可以用来设置车床动作指示与不指示。

3.3.3　C650型卧式车床电气控制系统实训

1. 准备工作

（1）检查装置背面各元器件的接线是否牢固，各熔断器是否安装良好。

（2）独立安装好接地线，设备下方垫好绝缘垫，将各个开关置于分断位置。

（3）插入三相电源。

2. 实训步骤

参见图3-2所示的电气原理图，按下列步骤进行实训。

（1）将装置中漏电保护装置的接触器先合上，再合上QS，电源指示灯亮。

（2）按下SQ，快速移动电动机M3工作。

（3）按下 SB6，冷却泵电动机 M2 工作，相应指示灯亮，按下 SB5，M2 停车。

（4）按下 SB2，主轴电动机 M1 实现点动。注意：该按钮不宜长时间反复操作，以免制动电阻 R 及 M1 过热。

（5）按下 SB3，KM3、KT、KA、KM1 相继吸合，主轴电动机 M1 正转，相应指示灯亮，KT 延时结束，电流表指示 M1 工作电流值。按下 SB1，KM1、KM3、KA 均释放，KM2 吸合，M1 实现反接制动，迅速停车，KM2 释放。

（6）按下 SB4，KM3、KT、KA、KM2 相继吸合，主轴电动机 M1 反转，相应指示灯亮，KT 延时结束，电流表指示 M1 工作电流值。按下 SB1，KM2、KM3、KA 均释放，KM1 吸合，M1 实现反接制动，迅速停车，KM1 释放。

3.3.4　C650 型卧式车床电气控制系统排除故障技能训练

1. 排除故障技能训练内容

（1）用通电试验方法发现故障现象，进行故障分析，并在电气原理图中用虚线标出最小故障范围。

（2）按图排除 C650 型卧式车床主电路或控制电路中人为设置的两个电气自然故障点。

2. 电气故障的设置原则

（1）人为设置的故障点，必须是模拟车床在使用过程中由于振动、受潮、高温、异物侵入、电动机长期过载运行、频繁启动、安装质量低劣和调整不当等原因造成的"自然"故障。

（2）切忌设置改动电路、换线、更换电气元件等由于人为原因造成的非"自然"故障点。

（3）故障点的设置应做到隐蔽且设置方便，除简单控制电路外，两处故障点一般不宜设置在单独支路或单一回路中。

（4）对设置一个以上故障点的电路，其故障现象应尽可能不要相互掩盖。学生在检修时，虽检查思路尚清楚，但花去 2/3 的规定时间还查不出一个故障点时，可适当提示。

（5）应尽量不设置容易造成人身或设备事故的故障点，如有必要，教师必须在现场密切注意学生的检修动态，随时做好采取应急措施的准备。

（6）设置的故障点必须与学生应该具有的修复能力相适应。

3. 故障图及故障设置说明

设置故障和排除故障的训练是一种实践性极强的技能训练，该装置可以通过人为设置故障来模仿实际车床的电气故障，它采用"触点"绝缘、设置假线、导线头绝缘等方式，形成电气故障。训练者在通电运行明确故障后进行分析，在切断电源、无电状态下，使用万用表检测直至排除电气故障，从而掌握电路维修基本要领。实际设置故障形式可以多样，可按教学对象的不同而定。

图 3-3 所示为 C650 型卧式车床故障电气原理图。图中带黑圆点的开关 K 为人为设置的故障点。表 3-2 所示为 C650 型卧式车床故障设置一览表。

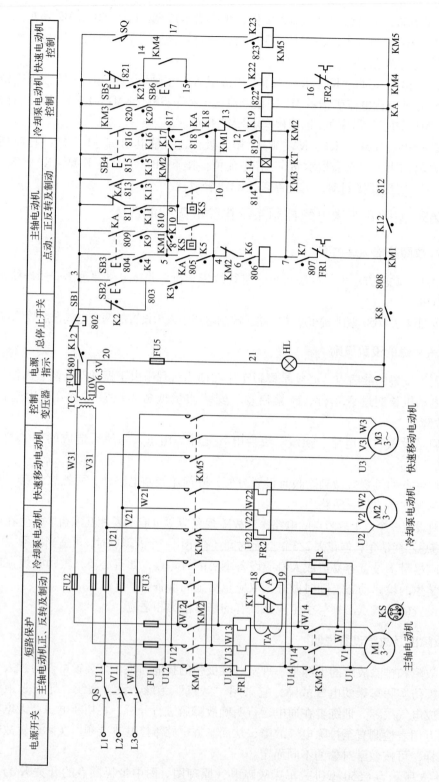

图3-3 C650型卧式车床故障电气原理图

表 3-2 C650 型卧式车床故障设置一览表

故障开关	故障现象	备注
K1	车床不能启动	FU4 及 SB1 出线端 2 断开，或它们本身接触不良，控制电路无电，M1、M2、M3 均不能工作；但 HL 灯亮
K2	主轴自行启动	SB2 被短路，通电后 KM1 自行吸合，M1 自行启动。其他则正常
K3	主轴不能点动控制	SB2 出线端 3、4 断开或本身接触不良，M1 不能点动，能正反转、反接制动；M2、M3 工作正常
K4	主轴不能正转启动	SB3$_{3-5}$ 出线端 5 断开或 SB3$_{3-5}$ 触点接触不良。正转启动时，KM3、KT、KA 能吸合，但 KM1 不吸合，故 M1 不能正转启动，但点动、反转正常，反转能反接制动；M2、M3 能工作
K5	主轴不能正转启动	触点 KA$_{5-4}$ 出线端 4 断开，或本身接触不良，正转启动时，KM3、KT、KA 能吸合，但 KM1 不吸合，故 M1 不能正转启动，但点动、反转、反转反接制动均正常；M2、M3 能工作
K6	主轴不能点动，不能正转启动	KM2$_{4-6}$、KM1 线圈的出线端 6 断开，或 KM1 线圈断开，触点接触不良，正转启动时 KM3、KT、KA 能吸合，但 KM1 不吸合，故 M1 不能正转启动，不能点动，反转正常但无制动；M2、M3 能工作
K7	主轴不能启动	FR1$_{7-0}$ 的出线端 7 断开或本身接触不良，或未复位，按正反转按钮均无反应、无点动；但 M2、M3 能工作
K8	车床不能启动	HL 与 FR1 间 0 线断开，控制电路无电，M1、M2、M3 不能工作，HL 灯亮
K9	主轴不能正转启动	SB3$_{3-8}$ 出线端 8 断开或本身接触不良，M1 不能正转启动；但能点动，能反转、反转反接制动，M2、M3 工作正常
K10	主轴正转变成正转点动	KM1$_{5-8}$ 出线端 8 断开或本身接触不良，断开了 KM1 线圈自锁电路，使主轴正转变成正转点动；但能点动、反转、反转反接制动；M2、M3 工作正常
K11	主轴无制动	KA$_{3-9}$ 出线端 9 断开或本身接触不良，M1 能点动、正反转，但均不能反接制动而自由停车，M2、M3 能工作
K12	主轴只能点动，冷却泵、快移电动机不能工作	FR1$_{7-0}$、KA 线圈间 0 线断开，KA、KM4、KM5 不能吸合，M1 只能点动，点动制动停车，不能正、反转；M2、M3 不能工作
K13	主轴只能点动	KA$_{3-8}$ 出线端 8 断开或本身接触不良，断开了 KM1、KM2 线圈的自锁电路，使主轴正、反转变成主轴正反向点动；点动正常，M2、M3 能工作
K14	主轴只能点动	KM3 线圈出线端 8 断开或本身开路，M1 只能点动，不能正、反转；M2、M3 能工作
K15	主轴不能反转启动	SB4$_{3-8}$ 出线端 8 断开或本身接触不良，M1 不能反转启动；但能点动，能正转、正转反接制动；M2、M3 能工作

故障开关	故障现象	备注
K16	主轴不能反转启动	SB4$_{3-11}$出线端11断开或本身接触不良，反转启动时KM3、KT、KA能吸合，但KM2不吸合，故M1不能反转启动；但能点动、正转、正转反接制动正常；M2、M3能工作
K17	主轴反转变成反转点动	KM2$_{8-11}$出线端11断开或本身接触不良，断了KM2线圈自锁电路，使主轴反转变成反转点动；但能点动、正转、正转反接制动正常；M2、M3工作正常
K18	主轴不能反转启动	KA$_{11-10}$出线端10断开或本身接触不良，反转启动时KM3、KT、KA能吸合，但KM2不吸合，故M1不能反转启动；但能点动、正转、正转反接制动正常；M2、M3能工作
K19	主轴不能反转启动	KM1$_{10-12}$、KM2线圈的出线端12断开或本身接触不良，或KM2线圈断开，反转启动时KM3、KT、KA能吸合，但KM2不吸合，故M1不能反转启动，正转正常但无制动；点动正常，但无反接制动；M2、M3能工作
K20	主轴不能正、反转启动	KM3$_{3-13}$、KA线圈的出线端13断开，或它们本身接触不良。KA线圈断路，按正、反转按钮KM3动作，KA不动作，故M1不能正、反转启动；但能点动，M2、M3能工作
K21	冷却泵不工作	SB5$_{3-14}$、SB6$_{14-15}$的出线端14断开或本身接触不良，KM4不能吸合，M2不工作；但M1能点动、正反转；M3能工作
K22	冷却泵不工作	KM4线圈出线端15断开或KM4线圈断开，M2不工作；但M1能点动、正反转；M3能工作
K23	快速移动电动机不工作	行程开关SQ、KM5线圈的出线端17断开，SQ接触不良，KM5线圈断路，M3不工作；但M1能点动、正反转；M2能工作

4. 排除故障技能训练步骤

（1）先熟悉原理，再进行正确的通电试车操作。

（2）熟悉电气元件的安装位置，明确各电气元件的作用。

（3）教师示范故障分析检修过程（故障可人为设置）。

（4）教师设置让学生知道的故障点，指导学生如何从故障现象着手进行分析，逐步引导到采用正确的检查步骤和检修方法。

（5）教师设置人为的自然故障点，由学生检修。

5. 排除故障技能训练要求

（1）学生应根据故障现象，先在原理图中正确标出最小故障范围的线段，然后采用正确的检查和排除故障方法并在规定时间内排除故障。

（2）排除故障时，必须修复故障点，不得采用更换电气元件、借用触点及改动电路的方法。否则，作为不能排除故障点扣分。

（3）检修时，严禁扩大故障范围或产生新的故障，并不得损坏电气元件。

6. 排除故障技能训练注意事项

（1）设备应在指导教师指导下操作，安全第一。设备通电后，严禁在电器侧随意扳动电器。进行排除故障训练时，尽量采用不带电检修。若带电检修，必须有指导教师在现场监督。

（2）必须安装好各电动机、支架接地线，设备下方垫好绝缘橡胶垫，厚度不小于8mm，操作前要仔细查看各接地线端有无松动或脱落，以免通电后发生意外或损坏电器。

（3）在操作中若发出不正常声响，应立即断电，查明故障原因，待修。故障噪声主要来自电动机缺相运行及接触器、继电器吸合不正常等。

（4）发现熔断器熔断，找出故障后，方可更换同规格熔断器。

（5）在维修设备故障中不要随便互换线端处号码管。

（6）操作时用力不要过大，速度不宜过快，操作频率不宜过高。

（7）实训结束后应拔出电源插头，将各开关置于分断位置。

（8）做好实训记录。

7. 设备维护

（1）操作中，若发出较大噪声要及时处理。如接触器发出较大"嗡嗡"声，一般可将该电器拆下，修复后使用或更换新电器。

（2）设备在经过一定次数的排除故障训练使用后，可能出现导线过短的情况，一般可按电气原理图进行第二次接线，便可重复使用。

（3）更换电器配件或新电器时应按原型号配置。

（4）电动机在使用一段时间后，需加少量润滑油，做好电动机保养工作。

（5）当主轴电动机运行时，按下按钮SB1后，如果出现正反振荡现象，可打开速度继电器KS后盖，调整弹簧，重新试车，直到振荡现象消除为止。

3.4 M7120型卧轴矩台平面磨床的电气控制系统

磨床是用砂轮的周边或端面进行加工的精密机床。磨床的种类很多，按其工作性质不同可分为外圆磨床、内圆磨床、平面磨床、工具磨床及专用磨床、如球面磨床、花键磨床、导轨磨床与无心磨床等，其中尤以平面磨床应用最为普遍。

3.4.1 M7120型卧轴矩台平面磨床的主要结构及运动形式

M7120型卧轴矩台平面磨床的主要结构如图3-4所示，它由床身、矩形工作台、电磁吸盘、砂轮箱（又称磨头）、滑座和立柱等部分组成。在箱型床身中装有液压传动装置，工作台通过活塞杆由压力油推动做往复运动，床身导轨由自动润滑装置进行润滑。工作台表面有 T 形槽，用以固定电磁吸盘，再由电磁吸盘来吸持加工工件。工作台的行程长度可通过调节装在工作台正面槽中的撞块的位置来改变。换向撞块是通过碰撞工作台往复运动液压换向手柄以改变油路来实现工作台往复运动的。

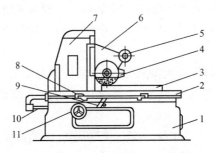

注：1—床身；2—工作台；3—电磁吸盘；4—砂轮箱；5—砂轮箱横向移动手轮；6—滑座；7—立柱；
8—工作台换向撞块；9—工作台往复运动换向手柄；10—活塞杆；11—砂轮箱垂直进给手轮

图 3-4　M7120 型卧轴矩台平面磨床结构示意图

在床身上固定有立柱，沿立柱的导轨装有滑座，砂轮箱能沿其水平导轨移动。砂轮箱由嵌入式电动机直接拖动，在滑座内部往往也装有液压传动机构。

滑座可在立柱导轨上上下移动，并可由垂直进给手轮操作。砂轮箱的水平轴向移动可由横向移动手轮操作，也可由液压传动做连续或间接移动，前者用于调节运动或修理砂轮，后者用于进给。

分析以上结构可知，平面磨床的运动情况如图 3-5 所示。主运动是平面磨床砂轮的旋转运动。进给运动是：垂直进给即滑座在立柱上的上下运动，横向进给即砂轮箱在滑座上的水平运动，纵向进给即工作台沿床身的往复运动。这三种进给运动的关系是：工作台每完成一次往复纵向进给运动，砂轮箱做一次间断性的横向进给；当加工完整个平面后，砂轮箱做一次间断性的垂直进给。

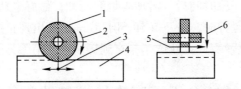

注：1—砂轮；2—主运动；3—纵向进给运动；4—工作台；5—横向进给运动；6—垂直进给运动

图 3-5　M7120 型卧轴矩台平面磨床工作示意图

3.4.2　M7120 型卧轴矩台平面磨床的电力拖动特点及控制要求

（1）M7120 型卧轴矩台平面磨床采用多台电动机拖动，其中 M1 为液压泵电动机，M2 为砂轮电动机，M3 为冷却泵电动机，M4 为砂轮箱升降电动机。

（2）砂轮电动机、液压泵电动机和冷却泵电动机只要求单方向旋转，且不要求调速。由于三台电动机容量都不大，可采用全压启动。

（3）砂轮箱升降电动机要求能正反转，短时工作，采用全压启动。

（4）采用电磁吸盘固定加工工件，使工件在磨削过程中受热能自由伸缩。电磁吸盘要有充磁和去磁控制电路，并能在电磁吸力不足时利用欠电压继电器 KV 使磨床停止工作。

（5）冷却泵电动机与砂轮电动机有顺序联锁关系，在砂轮电动机启动后才可开动冷却泵电动机。

（6）应具有完善的保护环节，如电动机的短路保护、过载保护、零电压保护、电磁吸盘欠电压保护等。

（7）电磁吸盘的直流电源通过控制变压器 TC 与交流电源隔离、降压并整流得来，磨床的工作照明与指示电源亦通过 TC 降压取得。

3.4.3　M7120 型卧轴矩台平面磨床电气控制系统分析

1. 主电路分析

图 3-6 所示为 M7120 型卧轴矩台平面磨床电气原理图，图中 QS 为电源开关，TC 为控制变压器，M1 液压泵电动机由接触器 KM1 控制，M2 砂轮电动机由接触器 KM2 控制，M3 冷却泵电动机通过插座 XS2 与 KM2 主触点相连，在 M2 启动后同时启动，M4 砂轮箱升降电动机由接触器 KM3、KM4 分别控制其正、反转。熔断器 FU1 对整个电路进行短路保护，热继电器 FR1、FR2、FR3 分别对 M1、M2、M3 进行过载保护。因砂轮箱升降电动机短时运行，故不设过载保护。

2. 控制电路分析

图 3-6 中，SB1、SB2 为液压泵电动机停止按钮与启动按钮，SB3、SB4 为砂轮电动机停止按钮与启动按钮，SB5、SB6 为砂轮升降电动机正、反转按钮，YH 为电磁吸盘线圈，SB7、SB8 为停止充磁及充磁按钮，SB9 为去磁按钮，KM5、KM6 为充磁、去磁接触器。KV 为欠电压继电器。

磨床开动前，首先按下 QS，QS↓→TC 有电→整流→KV↓→KV$_{4-W12}$↓→磨床可以操作。

（1）液压泵电动机的控制：以启动为例说明。

$$SB2↓\xrightarrow{\because KV_{4-W12}↓}KM1↓→KM1_{主}↓→KM1↵$$
$$→KM1_{1-2}↓自$$
$$→KM1_{102-104}↓→HL2 液压泵工作灯亮$$

（2）砂轮电动机及冷却泵电动机的控制：以启动为例说明，将 M3 插入插座 XS2 中。

$$SB4↓\xrightarrow{\because KV_{4-W12}↓}KM2↓→KM2_{主}↓\begin{array}{l}→M2↵\\→M3↵\end{array}$$
$$→KM2_{5-6}↓自$$
$$→KM2_{102-105}↓→HL3 砂轮工作灯亮$$

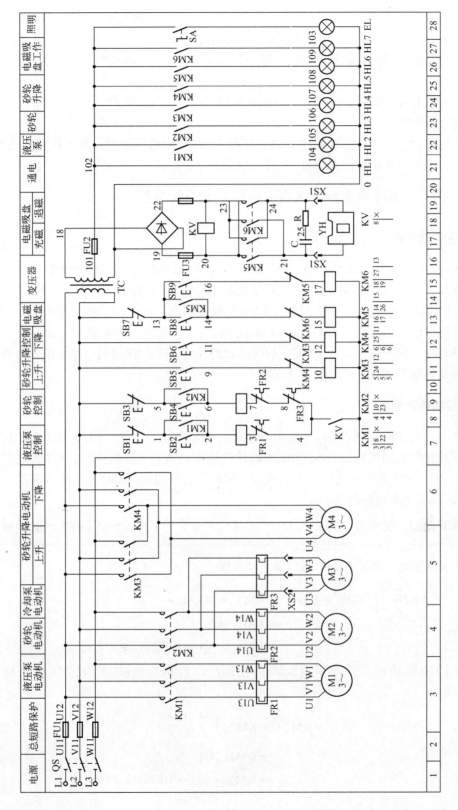

图3-6　M7120型卧轴矩台平面磨床电气原理图

（3）砂轮箱升降电动机的控制：以砂轮箱上升为例说明。

$$SB5\downarrow \rightarrow KM3 \rightarrow KM3_{\text{主}} \rightarrow M4 \rightarrow 砂轮箱上升$$
$$\rightarrow KM3_{11-12}\uparrow 互$$
$$\rightarrow KM3_{102-106}\downarrow \rightarrow HL4砂轮箱上升灯亮$$

$$松手SB5\uparrow \rightarrow KM3 \rightarrow KM3_{\text{主}}\uparrow \rightarrow M4停车$$
$$\rightarrow KM3_{11-12}\downarrow$$
$$\rightarrow KM3_{102-106}\uparrow \rightarrow HL4灭$$

（4）电磁吸盘的控制。

① 电磁吸盘构造及原理。

电磁吸盘工作原理图如图3-7所示。在钢制吸盘体的中部凸起的芯体A上绕有线圈，钢制盖板被隔磁层隔开。当线圈通入直流电后，芯体被磁化，磁力线经盖板、工件、盖板、芯体、吸盘体闭合，如图3-7中虚线所示，将工件牢牢吸住。盖板中的隔磁层由铅、铜、黄铜及巴氏合金等非磁性材料制成，其作用是使磁力线都通过工件再回到吸盘体，不致直接通过盖板闭合，以增强对工件的吸持力。

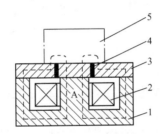

注：1—钢制吸盘体；2—线圈；3—钢制盖板；4—隔磁层；5—工件

图3-7　电磁吸盘工作原理图

电磁吸盘与机械夹紧装置相比，具有夹紧迅速、不损伤工件、工作效率高、能同时吸持多个小工件、在加工过程中工件发热可自由延伸、加工精度高等优点。其缺点是夹紧力不及机械夹紧、调节不便、需用直流供电、不能吸持非磁性材料。

② 电磁吸盘YH的控制分析。

YH控制电路由整流装置、控制装置及保护装置组成。整流装置由控制变压器和桥式整流器组成，输出110V直流电供电磁吸盘用。

a. 充磁控制，将YH插入插座XS1中。

$$SB8\downarrow \rightarrow KM5 \rightarrow KM5_{\text{主}}\downarrow \rightarrow YH线圈有电，充磁$$
$$\rightarrow KM5_{13-14}\downarrow 自$$
$$\rightarrow KM5_{16-17}\uparrow 互 \rightarrow KM6$$
$$\rightarrow KM5_{102-108}\downarrow \rightarrow HL6充磁灯亮$$

b. 退磁控制：

$$SB7\uparrow \rightarrow KM5\overset{\sqcup}{} \rightarrow KM5_{主}\uparrow \rightarrow 断开充磁电路$$

$$\rightarrow KM5_{13-14}\uparrow$$

$$\rightarrow KM5_{16-17}\downarrow$$

$$\rightarrow KM5_{102-108}\uparrow \rightarrow HL6灯灭$$

$$SB9\downarrow\overset{\because KM5_{16-17}}{\rule{2cm}{0.4pt}} \rightarrow KM6\overset{\sqcap}{}\downarrow \rightarrow KM6_{主}\downarrow \rightarrow YH流过反向电流，退磁$$

$$\rightarrow KM6_{14-15}\uparrow 互$$

$$\rightarrow KM6_{102-109}\rightarrow HL7退磁灯亮$$

$$松手SB9\uparrow \rightarrow KM6\overset{\sqcup}{} \rightarrow KM6_{主}\uparrow \rightarrow YH断电，退磁完毕$$

$$\rightarrow KM6_{14-15}\downarrow$$

$$\rightarrow KM6_{102-109}\uparrow \rightarrow HL7灭$$

③ 电磁吸盘的保护。

欠电压保护：当电源电压不足或控制变压器发生故障时，吸盘的吸力不足，在加工工件时，会使工件高速飞离而造成事故。为防止此情况出现，引入欠电压继电器 KV 检测加于 YH 的电压，当电压不足或为零时，KV 释放，其常开触点 KV_{4-W12} 分断，KM1、KM2 断电，M1、M2 停车，从而确保生产安全。

电磁吸盘线圈的过电压保护：电磁吸盘线圈匝数多，电感大，当线圈断电时会产生高压，若无放电回路，将使线圈绝缘及其他电气设备受损。为此，在线圈两端接入 RC 放电回路吸收电源断开后释放出的电磁能量。

电磁吸盘的短路保护：在桥式整流输出端设熔断器 FU3 做短路保护。

3.4.4 M7120 型卧轴矩台平面磨床电气控制系统的故障及维修

下面以列表方式介绍 M7120 型卧轴矩台平面磨床电气控制系统可能出现的故障现象、产生原因及检修方法，见表 3-3。

表 3-3 M7120 型卧轴矩台平面磨床电气控制系统的部分故障及检修方法

故 障 现 象	故 障 原 因	检 修 方 法
操作时无反应	1. 无电源。 2. QS 接触不良或内部熔体断开。 3. FU1 接触不良或熔断 4. FU1 的出线端 U12、V12、W12 有两端脱落或断开	检查电源是否正常，断电后，用万用表电阻挡检查相关部分是否脱落、接触不良或接线端脱落
电源正常，但冷却泵、砂轮和液压泵不能启动	1. 电磁吸盘控制电路有故障。 2. 电动机过载。 3. 欠电压继电器常开触点 KV_{4-W12} 接触不良。 4. 常开触点 KV_{4-W12} 出线端 4、W12 有脱落或断开	1. 检查 FU2、FU3 有否熔断；TC 是否正常；桥式整流是否正常；KV 线圈是否烧断。 2. 检查 FR1、FR2、FR3 常闭触点是否因电动机过载而分断。 3. 修复或更换 KV。 4. 检查 KV_{4-W12} 触点出线端

故 障 现 象	故 障 原 因	维 修 方 法
液压泵电动机不能启动	1. SB1、SB2 中有接触不良。 2. KM1 线圈烧断。 3. SB1 出线端 V12、1；SB2 出线端 1、2；KM1 线圈出线端 2、3；常闭触点 FR1$_{3-4}$ 出线端 3、4 中有脱落或断路。 4. 液压泵电动机损坏	1. 检查 SB1、SB2。 2. 检查或更换 KM1。 3. 检查相应元器件及触点的出线端。 4. 更换 M1
砂轮及冷却泵电动机不能启动	1. SB3、SB4 中有接触不良。 2. KM2 线圈烧断。 3. SB3 出线端 V12、5；SB4 出线端 5、6；KM2 线圈出线端 6、7；常闭触点 FR2$_{7-8}$ 出线端 7、8；常闭触点 FR3$_{8-4}$ 出线端 8、4 有脱落或断路。 4. 插座 XS2 接触不良。 5. 砂轮及冷却泵电动机损坏	1. 检查 SB3、SB4。 2. 检查或更换 KM2。 3. 检查相应元器件及触点的出线端。 4. 维修 XS2。 5. 更换 M2、M3
砂轮箱升降电动机不能升降	1. SB5、SB6 中有接触不良。 2. KM3、KM4 线圈烧断。 3. SB5 出线 V12、11；SB6 出线端 V12、11；常闭触点 KM4$_{9-10}$ 出线端 9、10；常闭触点 KM3$_{11-12}$ 出线端 11、12；KM3 线圈出线端 10、W12；KM4 线圈出线端 12、W12 中有脱落或断路。 4. 砂轮箱升降电动机损坏	1. 检查 SB5、SB6。 2. 检查或更换 KM3、KM4。 3. 检查相应元器件及触点的出线端。 4. 更换 M4
电磁吸盘无吸力	1. FU1、FU3 熔断器中有熔断。 2. 控制变压器 TC 损坏。 3. 桥式整流相邻两二极管都烧断。 4. KM5 线圈烧坏。 5. KM5 主触点接触不良。 6. SB7、SB8、常闭触点 KM6$_{14-15}$ 接触不良。 7. KM5 线圈支路各元件器件及触点的出线端 V12、13、14、15、W12 有脱落或断路。 8. 电磁吸盘控制电路各元器件及触点的出线端 18、19、20、21、22、23、24 有脱落或断路。 9. 电磁吸盘线圈开路。 10. 插座 XS1 接触不良	1. 检查 FU1、FU3。 2. 修复或更换 TC。 3. 检查并更换二极管。 4. 修理或更换 KM5。 5. 检查相应元器件及触点的出线端。 6. 修理或更换电磁吸盘线圈 7. 维修 XS1
电磁吸盘吸力不足	1. 电源电压过低。 2. 桥式整流中有一个二极管或一对桥臂上两个二极管开路。 3. 电磁吸盘线圈局部短路	1. 检查电源电压。 2. 检查并更换二极管。 3. 检查并更换电磁吸盘线圈
充磁正常但不能退磁	1. KM6 线圈烧断。 2. KM6 主触点接触不良。 3. SB9、常闭触点 KM5$_{16-17}$ 接触不良。 4. KM6 线圈支路各元件器件及触点的出线端 13、16、17、W12 有脱落现象或断路	1. 修理或更换 KM6。 2. 检查相应元器件及触点的出线端

3.5 实训十二：M7120 型卧轴矩台平面磨床电气控制系统实训及排除故障技能训练

3.5.1 M7120 型卧轴矩台平面磨床实训设备

浙江天煌教仪 KH 系列机床电气技能培训考核装置。

（1）KH – JC01 电源控制铝质面板，同实训十一。

（2）KH – M7120 铝面板。

面板上装有 M7120 型卧轴矩台平面磨床的所有主令电器及动作指示灯。磨床的所有操作都在这块面板上进行，指示灯可指示磨床的相应动作。

面板上印有 M7120 型卧轴矩台平面磨床示意图，可以很直观地看出其外形轮廓。

（3）KH – M7120 铁面板。

面板上装有 M7120 型卧轴矩台平面磨床电气控制系统的断路器、熔断器、接触器、继电器、热继电器、变压器等元器件，可以很直观地看到它们的动作情况。

（4）三相异步电动机四台。

四台 380V 三相交流笼型异步电动机，分别用做液压泵电动机、砂轮电动机、冷却泵电动机和砂轮箱升降电动机。

（5）故障开关箱。

设有 32 个开关，其中 K1～K25 用于故障设置，K26～K31 六个开关备用；K32 用做指示灯开关，可以用来设置磨床动作指示与不指示。

3.5.2 M7120 型卧轴矩台平面磨床电气控制系统实训

准备工作与实训十一相同。

参看图 3 –6 所示电气原理图，按下列步骤进行实训。

（1）将装置左侧的总电源开关合上，按下主控电源板的启动按钮。

（2）合上断路器 QS，"电源"指示灯亮，表示控制变压器已有输出。

（3）照明控制。将开关 SA 旋到"开"位置，"照明"指示灯；旋到"关"位置，"照明"指示灯灭。

（4）液压泵电动机的操作。按下 SB2，KM1 吸合并自锁，液压泵电动机 M1 转动，同时"液压泵启动"指示灯亮；按下 SB1，KM1 释放，M1 停车，同时"液压泵启动"指示灯灭。

（5）砂轮电动机和冷却泵电动机的操作。将 M3 插入插座 XS2 中，按下 SB4，KM2 吸合并自锁，砂轮电动机 M2 和冷却泵电动机 M3 同时转动，"砂轮启动"、"冷却泵启动"指示灯亮。按下 SB3，KM2 释放，M2、M3 均停车，"砂轮启动"、"冷却泵启动"指示灯灭。

（6）砂轮箱升降电动机的操作。

按下 SB5，KM3 吸合，砂轮箱电动机 M4 正向转动，"砂轮上升"指示灯亮。松开

SB5，KM3 释放，M4 停车，"砂轮上升"指示灯灭。

按下 SB6，KM4 吸合，M4 反向转动，"砂轮下降"指示灯亮。松开 SB6，KM4 释放，M4 停车，"砂轮下降"指示灯灭。

（7）充磁退磁的控制。电磁吸盘由白炽灯模拟。

① 充磁。

按下 SB8，KM5 吸合并自锁，电磁吸盘 YH 通入直流电工作（模拟灯发光），"充磁"指示灯亮。

按下 SB7，KM5 释放，YH 断电（模拟灯熄灭），"充磁"指示灯灭。

② 退磁。

按下 SB9，KM6 吸合，YH 通入反向直流电（模拟灯发光），"退磁"指示灯亮。松开 SB9，KM6 释放，YH 断电（模拟灯熄灭），"退磁"指示灯火。

3.5.3　M7120 型卧轴矩台平面磨床电气控制系统排除故障技能训练

排除故障技能训练内容、步骤、要求、注意事项，故障设置原则，设备维护等与实训十一类似，在此不再重复。

图 3−8 所示为 M7120 型卧轴矩台平面磨床故障电气原理图，图中带黑圆点的开关 K 为人为设置的故障点。表 3−4 为 M7120 型卧轴矩台平面磨床故障设置一览表。

表 3−4　M7120 型卧轴矩台平面磨床故障设置一览表

故障开关	故障现象	备　　注
K1	磨床无法启动	FU1 出线端 V12 断开，控制电路无电压，M1、M2、M3、M4、YH 不能工作
K2	液压泵电动机无法启动	SB1 出线端 1 断开，或者本身接触不良，M1 无法启动；但 M2、M3、M4、YH 正常工作
K3	液压泵电动机无法启动	KM1 线圈出线端 2 断开或线圈断路，M1 无法启动；但 M2、M3、M4、YH 正常工作
K4	液压泵电动机无法启动	常闭触点 $FR1_{3-4}$ 出线端4 断开或本身接触不良，或未复位，M1 无法启动；但 M2、M3、M4、YH 正常工作
K5	液压泵电动机、砂轮电动机和冷却电动机均无法启动	常开触点 KV_{4-w12} 出线端4 断开或本身接触不良，M1、M2、M3 无法启动；但 M4、YH 正常工作
K6	砂轮电动机和冷却泵电动机无法启动	SB3 出线端 5 断开或本身接触不良，M2、M3 无法启动；但 M1、M4、YH 工作均正常
K7	砂轮电动机和冷却泵电动机无法启动	SB4 出线端 6 断开或本身接触不良，M2、M3 无法启动；但 M1、M4、YH 工作均正常
K8	砂轮电动机和冷却泵电动机无法连续工作，只起点动作用	KM2 自锁触点 $KM2_{5-6}$ 出线端6 断开或本身接触不良，无自锁功能，M2、M3 只能点动；但 M1、M4、YH 工作均正常

故障开关	故障现象	备注
K9	砂轮电动机和冷却泵电动机无法启动	KM2 线圈出线端 6 断开或线圈断路，M2、M3 无法启动；但 M1、M4、YH 工作均正常
K10	砂轮电动机和冷却泵电动机无法启动	常闭触点 FR2$_{7-8}$、FR3$_{8-4}$ 出线端 8 断开，或者它们本身接触不良，或它们未复位，M2、M3 无法启动；但 M1，M4，YH 工作均正常
K11	砂轮箱无法上升	SB5、常闭触点 KM4$_{9-10}$ 出线端 9 断开或它们本身接触不良，砂轮箱无法上升，但可下降；M1、M2、M3、YH 工作均正常
K12	砂轮箱无法上升	KM3 线圈、常闭触点 KM4$_{9-10}$ 的出线端 10 断开或线圈断路或触点分断，砂轮箱无法上升，但可下降；M1、M2、M3、YH 工作均正常
K13	砂轮箱无法下降	SB6、常闭触点 KM3$_{11-12}$ 的出线端 11 断开或它们本身接触不良，砂轮箱无法下降，但可上升；M1、M2、M3、YH 工作均正常
K14	砂轮箱无法下降	KM4 线圈、常闭触点 KM3$_{11-12}$ 的出线端 12 断开或线圈断路或触点分断，砂轮箱无法下降，但可上升，M1、M2、M3、YH 工作均正常
K15	电磁吸盘不能工作	SB7 出线端 13 断开或触点分断，KM5、KM6 不能吸合，YH 不能工作，但 M1、M2、M3、M4 均可运行
K16	电磁吸盘只能短时充磁，不能长期充磁	KM5 自锁触点 KM5$_{13-14}$ 出线端 14 断开或触点不能闭合，无自锁作用，不能长期充磁；M1、M2、M3、M4 工作均正常，但不可加工工件
K17	电磁吸盘不能进行充磁	SB8、常闭触点 KM6$_{14-15}$ 的出线端 14 断开或它们不能闭合，KM5 不能吸合，无法充磁。M1、M2、M3、M4 工作均正常，但不可加工工件
K18	电磁吸盘不能进行充磁	KM5 线圈、常闭触点 KM6$_{14-15}$ 的出线端 15 断开或线圈断路或触点分断，KM5 不能吸合，无法充磁，M1、M2、M3、M4 工作均正常，但不可加工工件
K19	电磁吸盘不能退磁	SB9、常闭触点 KM5$_{16-17}$ 的出线端 16 断开或它们本身接触不良，KM6 不能吸合，无法退磁；M1、M2、M3、M4 工作正常
K20	电磁吸盘不能退磁	KM6 线圈、常闭触点 KM5$_{16-17}$ 的出线端 17 断开或线圈断路，KM6 不能吸合，无法退磁；M1、M2、M3、M4 工作正常
K21	电磁吸盘不能工作	桥式整流输入端 0 号线断开，YH 断电不能工作；M1、M2、M3 不能工作，M4 可运行
K22	电磁吸盘不能工作	桥式整流输入端 18 号线断开，YH 断电不能工作；M1、M2、M3 亦不能工作，M4 可运行
K23	液压泵电动机、砂轮电动机和冷却泵电动机不能工作	KV 线圈出线端 23（正极）开路，其常开触点 KV$_{4-w12}$ 分断，KM1、KM2 不能吸合，M1、M2、M3 不能工作；但 M4 可运行
K24	电磁吸盘不能退磁	KM6 主触点的出线端 21 断开，YH 断路，无法退磁，但可充磁，M1、M2、M3、M4 工作正常
K25	电磁吸盘不能工作	插座 XS1、KM5 主触点出线端 24 断开，YH 无电压，无法工作；M1、M2、M3、M4 工作正常，但不可加工工件

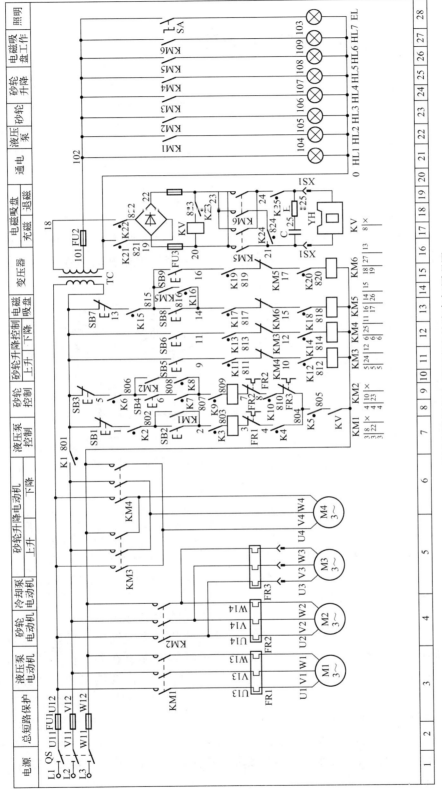

图3-8 M7120型卧轴矩台平面磨床故障电气原理图

3.6 Z35 型摇臂钻床的电气控制系统

钻床用来对工件进行钻孔、扩孔、绞孔、攻螺纹及修刮端面等多种形式的加工。钻床的形式很多，主要有台式钻床、立式钻床、摇臂钻床和专用钻床等。台式钻床和立式钻床结构简单，应用的灵活性及范围受到一定的限制，摇臂钻床操作方便、灵活，适用范围广，具有典型性，多用于大、中零件的加工，是常见的机械加工设备。

3.6.1 Z35 型摇臂钻床的主要结构及运动形式

Z35 型摇臂钻床的主要结构如图 3-9 所示，它主要由底座、内外立柱、摇臂、主轴箱、主轴及工作台等部分组成。摇臂钻床的内立柱固定在底座上，外面套有外立柱，外立柱可依靠人力绕内立柱旋转 360°（不要沿一个方向连续转动以防扭断内立柱中的电线）。摇臂的一端为套筒，套装在外立柱上，并且借助丝杆的正、反转可沿外立柱做升降运动。由于该丝杆与外立柱连成一体，而升降螺母固定在摇臂上，故摇臂不能绕外立柱转动，只能与外立柱一起绕内立柱回转。主轴箱由主传动电动机、主轴、主轴传动机械、进给与变速机构及机床的操作机构等部分组成。主轴箱安装在摇臂的水平导轨上，可以通过手轮操作使其沿摇臂水平导轨移动。回转、升降、水平三种运动形式构成主轴箱带动刀具在立

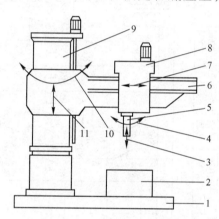

注：1—底座；2—工作台；3—主轴纵向进给；
4—主轴旋转运动；5—主轴；6—摇臂；
7—主轴箱沿摇臂径向运动；8—主轴箱；
9—内外立柱；10—摇臂回转运动；
11—摇臂垂直运动

图 3-9　Z35 型摇臂钻床结构示意图

体空间的三维运动。加工前，可以将主轴上安装的刀具移至固定在底座上工件的任一加工位置。加工时，使用液压系统驱动夹紧装置将主轴箱夹紧固定在摇臂导轨上，外立柱夹紧在内立柱上，摇臂直接用机械装置夹紧在外立柱上，然后用主轴的旋转与进给带动刀具对工件进行钻削加工。可见，摇臂钻床的运动方式有以下三种。

（1）主运动：主轴的旋转运动；

（2）进给运动：主轴的纵向进给；

（3）辅助运动：摇臂沿外立柱垂直移动；主轴箱沿摇臂导轨水平移动；摇臂与外立柱一起绕内立柱回转移动。

3.6.2 Z35 型摇臂钻床的电力拖动特点及控制要求

（1）由于 Z35 型摇臂钻床运动部件较多，故采用多台电动机拖动。设有主轴电动机 M2、摇臂升降电动机 M3、立柱夹紧与放松电动机 M4 及冷却泵电动机 M1。

（2）摇臂钻床的主运动与进给运动均由主轴电动机拖动，分别经主轴与进给传动机构实现主轴旋转和进给。

（3）摇臂钻床为了适应多种加工方式的要求，主轴旋转和进给要有较大的调速范围，通常由机械变速机构实现；为加工螺纹，主轴要求正、反转，亦由机械方法获得，故主轴电动机无须电气调速，且只要单方向旋转、全压启动便可。

（4）摇臂升降电动机应能正、反向旋转，采用全压启动。摇臂的升、降均要限位保护。摇臂的夹紧与放松由机械与电气联合完成。

（5）内、外立柱的放松与夹紧及主轴箱和摇臂的放松与夹紧是由立柱夹紧与放松电动机 M4 拖动一台液压泵，通过液压装置同时进行的。因此 M4 不需要调速，但能正、反转，采用全压启动。

（6）根据加工需要，操作者手动控制冷却泵电动机，只要求其单向旋转、全压启动。

（7）具有必要的联锁与保护环节。

3.6.3 Z35 型摇臂钻床电气控制系统分析

1. 主电路分析

图 3-10 所示为 Z35 型摇臂钻床电气原理图，图中 QS 为电源开关，TC 为控制变压器。M1 为冷却泵电动机，提供冷却液，由于容量较小，由转换开关 SA1 控制。M2 为主轴电动机，由接触器 KM1 控制单向旋转，热继电器 FR 做过载保护。M3 为摇臂升降电动机，由接触器 KM2 和 KM3 控制其正反转、点动运行，不设过载保护。M4 为立柱夹紧与放松电动机，由接触器 KM4 和 KM5 控制其正反转，点动运行，不设过载保护。在主电路中，整台钻床用 FU1 做短路保护，M3、M4 及其控制电路公用 FU2 做短路保护。

2. 控制电路分析

控制电路的电源由控制变压器 TC 将 380V 交流电降为 220V 得到。Z35 型摇臂钻床控制电路采用十字开关 SA3 操作，十字开关由十字手柄和四个微动开关组成，十字手柄有 5 个位置："上"、"下"、"左"、"右"、"中"，如表 3-5 所示。十字开关每次只能扳到一个方向接通一个方向的电路。

钻床开动前，首先合上 QS，QS↓→TC 有电，然后 SA3 向左→SA3$_{2-3}$ ↓→KV↑→KV↓自→钻床可以操作。

（1）主轴电动机的控制。

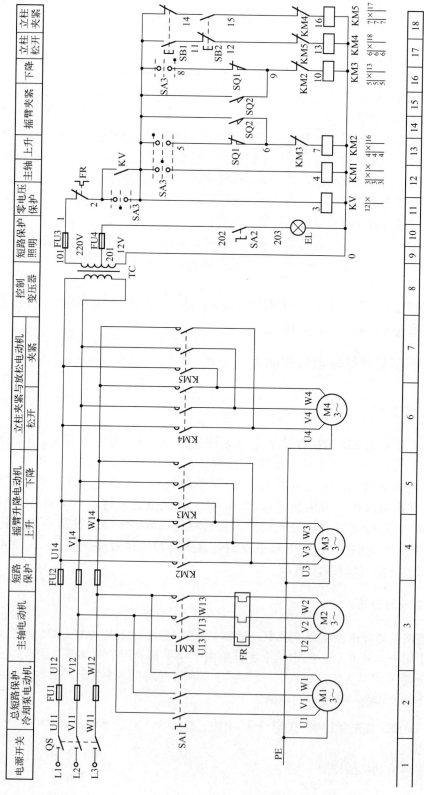

图3-10　Z35型摇臂钻床电气原理图

表 3-5　十字开关的操作说明

手 柄 位 置	实 物 位 置	接通微动开关的触点	控 制 电 路 工 作 情 况
中		都不通	控制线路断电
左		SA3$_{2-3}$	KV 得电并自锁，零电压保护
右		SA3$_{3-4}$	KM1 得电，主轴运动
上		SA3$_{3-5}$	KM2 得电，摇臂上升
下		SA3$_{3-8}$	KM3 得电，摇臂下降

$$\text{SA3向右} \quad \begin{array}{l} \rightarrow \text{SA3}_{2-3}\uparrow \rightarrow \text{KV} \\ \rightarrow \text{SA3}_{3-4}\downarrow \rightarrow \text{KM1}\downarrow \rightarrow \text{KM1}_{主}\downarrow \rightarrow \text{M2} \end{array}$$

$$\text{SA3向中} \quad \rightarrow \text{SA3}_{3-4}\uparrow \rightarrow \text{KM1}\uparrow \rightarrow \text{KM1}_{主}\uparrow \rightarrow \text{M2停}$$

（2）摇臂升降电动机的控制。

要想升、降摇臂，首先应松开摇臂，然后摇臂升、降，当到达预定位置时，再将摇臂夹紧。摇臂升降的松开和夹紧由机械和电气联合自动完成。

① 摇臂放松夹紧机构。

摇臂放松夹紧机构示意图如图 3-11 所示。当电动机 M3 带动升降丝杆正转时，升降螺母也跟着旋转，所以摇臂不会上升。下面的辅助螺母因不能旋转而向上移动，通过拨叉使传动松紧装置的轴逆时针转动，结果松紧装置将摇臂松开。在辅助螺母上移时，带动传动条向上移动。当传动条压住升降螺母后，升降螺母就不能再转动了，只能带动摇臂上升。辅助螺母上升转动拨叉的同时，拨叉又通过齿轮转动行程开关 SQ2 的轴，使 SQ2$_{3-9}$↓，为夹紧做准备。当摇臂上升到所需位置时，令电动机 M3 反转，使辅助螺母向下移动，它一方面带动传动条下移而与升降螺母脱离接触，于是升降螺母随升降丝杆空转，摇臂停止上升；另一方面它通过拨叉使传动松紧装置的轴顺时针转动，结果松紧装置将摇臂夹紧；同时，拨叉又通过齿轮反方向转动行程开关 SQ2 的轴，使其复原，令 M3 断电停车。

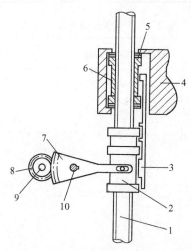

注：1—升降丝杠；2—辅助螺母；3—传动条；4—摇臂；5—轴承；6—升降螺母；
7—拨叉；8—齿轮；9—传动行程开关 SQ2 的轴；10—传动松紧装置的轴

图 3-11　摇臂放松夹紧机构示意图

当 M3 带动升降丝杆反转时，升降螺母随之旋转，摇臂不会下降。而辅助螺母则下移，通过拨叉使传动松紧装置的轴顺时针转动，松紧装置将摇臂松开。辅助螺母又带动传动条下移，当传动条压住升降螺母后，升降螺母不转并带动摇臂下降。同时拨叉又转动行程开关 SQ2 的轴，使 $SQ2_{3-6}$↓，为夹紧做准备。当摇臂下降到所需位置时，令 M3 正转，辅助螺母上移，传动条随之上移与升降螺母脱离接触，升降螺母随升降丝杆空转，摇臂停止下降；辅助螺母通过拨叉使传动松紧装置的轴逆时针转动，将摇臂夹紧；同时行程开关 SQ2 复原，使 M3 断电停车。

② 摇臂升降的电气控制：以摇臂上升为例说明。

SA3向上 → $SA3_{3-5}$↓ → $KM2^{\boxminus}$ → $KM2_{主}$ → M3↻ → 机械松摇臂 → $SQ2_{3-9}$↓为夹紧准备
　　　　　　　　　 → $KM2_{9-10}$↑互　　　　　　　　　　　　　→ 摇臂上升

摇臂升至所需位置，SA3向中 → $SA3_{3-5}$↑ → $KM2^{\boxbox}$ → $KM2_{主}$↑ → M3断电，摇臂停止上升
　　　　　　　　　　　　　　　　　 → $KM2_{9-10}$↓ $\because SQ2_{3-9}$↓ → $KM3^{\boxminus}$ → $KM3_{主}$↓ →
　　　　　　　　　　　　　　　　　　　　　　　　　　　　　　　　→ $KM3_{6-7}$↑互

→ M3↻ → 摇臂夹紧 → $SQ2_{3-9}$↑ → $KM3^{\boxbox}$ → $KM3_{主}$↑ → M3停车
　　　　　　　　　　　　　　　→ $KM3_{6-7}$↓

③ 内外立柱的松开与夹紧、主轴箱与摇臂的松开与夹紧的控制。

两者的松开与夹紧由同一台电动机 M4、同一液压机构同时进行。如果要立柱松开，M4 正转，通过齿轮离合器带动齿轮式油泵旋转，送出高压油，经油路系统和传动机构将外立柱松开。当 M4 反转，油泵送出反向高压油，在液压推动下将立柱夹紧。

按下SB1 $\Big\langle$ $\begin{array}{l} SB1_{3-11}\!\downarrow\!\rightarrow\!KM4\overline{\uparrow}\!\rightarrow\!KM4_{主}\!\downarrow\!\rightarrow\!M4\curvearrowright\!\rightarrow\!松开立柱 \\ \qquad\qquad\quad\rightarrow\!KM4_{15-16}\overline{\uparrow}\!互 \\ SB1_{3-14}\!\uparrow\!互 \end{array}$

松手 $\Big\langle$ $\begin{array}{l} SB1_{3-11}\!\uparrow\!\rightarrow\!KM4\overline{\downarrow}\!\rightarrow\!KM4_{主}\!\uparrow\!\rightarrow\!M4停车 \\ \qquad\qquad\quad\rightarrow\!KM4_{15-16}\!\downarrow \\ SB1_{3-14}\!\downarrow \end{array}$

手推外立柱到所需位置，按下SB2 $\Big\langle$ $\begin{array}{l} SB2_{14-15}\!\downarrow\!\rightarrow\!KM5\overline{\uparrow}\!\rightarrow\!KM5_{主}\!\downarrow\!\rightarrow\!M4\curvearrowright\!\rightarrow\!立柱夹紧 \\ \qquad\qquad\quad\rightarrow\!KM5_{12-13}\!\uparrow\!互 \\ SB2_{11-12}\!\uparrow\!互 \end{array}$

松手 $\Big\langle$ $\begin{array}{l} SB2_{14-15}\!\rightarrow\!KM5\overline{\downarrow}\!\rightarrow\!KM5_{主}\!\uparrow\!\rightarrow\!M4停车 \\ \qquad\qquad\quad\rightarrow\!KM5_{12-13}\!\downarrow \\ SB2_{11-12}\!\downarrow \end{array}$

④ 冷却泵电动机的控制。

$$SA1\!\downarrow\!\rightarrow\!M1\curvearrowright,\ SA1\!\uparrow\!\rightarrow\!M1停车$$

⑤ 联锁与保护。

零电压保护：由零电压继电器 KV 实现，可防止电源中断又恢复时，钻床自行启动的危险。

摇臂升降的限位保护：摇臂升至极限位置，限位开关 $SQ1_{5-6}$ 分断，KM2 断电，M3 停车。摇臂降至极限位置，限位开关 $SQ1_{8-9}$ 分断，KM3 断电，M3 停车。

主轴夹紧与放松电动机正反转的机械联锁与电气联锁：由按钮 SB1、SB2 的常闭触点及 KM4、KM5 的常闭辅助触点实现。

主轴电动机与摇臂升降电动机的互锁，摇臂升降的机械联锁：主轴旋转时，不允许摇臂升降，而十字开关每次只能扳一个方向，接通一条电路，便可实现这个要求。

摇臂升降的电气联锁：由 KM2、KM3 的常闭辅助触点实现。

3.6.4　Z35 型摇臂钻床电气控制系统的故障及维修

1. 主轴电动机不能启动

主轴电动机 M2 不能启动，首先要检查电源开关 QS 是否正常，电源电压是否过低；其次检查十字开关 SA3 的触点，接触器 KM1 的主触点和零电压继电器 KV 的触点是否接触良好。如果 KV 的自锁触点 KV_{2-3} 接触不良，则将十字开关向左扳，KV 能吸合，但十字开关离开左边位置时，KV 由于不能自锁而释放，KM1 不吸合，M2 不能启动。如果触点 $SA3_{3-4}$ 接触不良，在 KV 吸合并自锁后，将 SA3 向右扳，KM1 也不能吸合，M2 不能启动。此外，还要检查 KM1 线圈是否开路，有无接线松动或脱落现象。

2. 主轴电动机不能停转

当十字开关离开右边位置后，M2 仍不停转，应先切断电源，检查原因。若 KM1 主触点熔焊，查明原因并将故障排除；若十字开关触点 $SA3_{3-4}$ 失控（不能分断），则对其修复或更换。

3. 摇臂升降后不能完全夹紧

故障原因是鼓形行程开关 $SQ2_{3-6}$、$SQ2_{3-9}$ 的动、静触头变形、磨损、移位、接触不良，造成它们过早分断，致使摇臂未夹紧就停止了夹紧动作。将 SQ2 的触点修复，故障便可消除。

4. 摇臂升降后不能按要求停止

如果检修时误将触点 $SQ2_{3-6}$ 与 $SQ2_{3-9}$ 的接线互换就会出现这种故障，此时应立即切断电源，否则会产生严重后果，现以十字开关向下扳为例进行说明。

$SA3_{3-8}\!\downarrow\!\rightarrow\!KM3^{\sqcap}\!\rightarrow\!KM3_{主}\!\rightarrow\!M3\rangle$ 机械松摇臂 $\rightarrow\!SQ2_{3-6}\!\downarrow$ 但接到端点 3-9，将 $SA3_{3-8}$、$SQ1_{8-9}$ 短路

$\qquad\qquad\rightarrow\!KM3_{6-7}\!\uparrow$ 互 $\qquad\rightarrow$ 摇臂下降

当 SA3 向中，$SA3_{3-8}\!\uparrow$

或下限位开关 $SQ1_{8-9}\!\uparrow$ $\Big\rangle\!\rightarrow\!KM3_{否}\!\rightarrow\!M3\rangle$ 摇臂下降不止，与加工工件相撞

5. 摇臂升降电动机正、反转重复不停，致使摇臂升降后夹紧放松动作反复不止

故障原因是 SQ2 两个触点 $SQ2_{3-6}$ 和 $SQ2_{3-9}$ 之间的距离调得太近。如当摇臂上升到所需位置时，SA3 回中间位置，KM2 释放，$SQ2_{3-9}$ 闭合，KM3 吸合，M3 反转，将摇臂夹紧，夹紧后 $SQ2_{3-9}$ 分断，KM3 释放，则摇臂上升任务完成。但电动机和传动机械的惯性使得机械部分继续转动一小段距离，由于 $SQ2_{3-6}$ 离得太近而被接通，KM2 又吸合，M3 又正转，经过很短的距离，$SQ2_{3-6}$ 分断，KM2 释放，但电动机和传动机械的惯性，使得机械部分再转动一小段距离。由于 $SQ2_{3-9}$ 离得太近而被接通，KM3 又吸合，M3 又反转，如此循环不断，致使摇臂升降后夹紧放松动作反复不止。调整好 SQ2 触点的位置，故障自然消除。

6. 立柱夹紧与放松电动机不能启动

若 M4 不能启动，故障原因为：按钮 SB1 或 SB2 接触不良，接触器 KM4、KM5 的主触点或常闭辅助触点接触不良。

7. 立柱夹紧与放松电动机工作后不能停转

故障原因在于 KM4、KM5 主触点熔焊。应立即切断总电源，更换主触点，防止电动机因过载而烧毁。

3.7 实训十三：Z35 型摇臂钻床电气控制系统实训及排除故障技能训练

3.7.1 Z35 型摇臂钻床实训设备

浙江天煌教仪 KH 系列机床电气技能培训考核装置。

（1）KH - JC01 电源控制铝质面板，同实训十一。

（2）KH - Z35 铝面板。

面板上装有 Z35 型摇臂钻床的所有主令电器及动作指示灯，钻床的所有操作都在这块面板上进行，指示灯可指示钻床的相应动作。

面板上印有 Z35 型摇臂钻床示意图，可以很直观地看出其外形轮廓。

（3）KH - Z35 铁面板。

面板上装有断路器、熔断器、接触器、继电器、热继电器、变压器等元器件，可以很直观地看到它们的动作情况。

（4）三相异步电动机四台。

四台 380V 三相交流异步电动机分别用做冷却泵电动机、主轴电动机、摇臂升降电动机和立柱夹紧与放松电动机。

（5）故障开关箱。

设有 32 个开关，其中 K1～K25 用于故障设置，K26～K31 六个开关备用，K32 用做指示灯开关，可以用于设置钻床动作指示与不指示。

3.7.2 Z35 型摇臂钻床电气控制系统实训

准备工作与实训十一相同。

参看图 3-10 所示电气原理图，按下列步骤进行实训。

（1）将装置左边的总电源开关合上，按下主控电源板上的启动按钮，合上断路器 QS。

（2）照明灯的控制。将开关 SA2 旋到"开"的位置，"照明"指示灯 EL 亮；旋到"关"的位置，"照明"指示灯灭。

（3）接通零电压继电器 KV。将十字开关 SA3 扳到左边，KV 吸合并自锁，然后将 SA3 扳到中间位置，为其他操作做好准备。

（4）主轴操作。将 SA3 扳到右边，KM1 吸合，主轴电动机 M2 转动，"主轴工作"指示灯亮。将 SA3 扳回中间位置，KM1 释放，M1 停车，"主轴工作"指示灯灭。

（5）摇臂上升操作。将 SA3 向上扳，KM2 吸合，摇臂升降电动机 M3 正转，"摇臂松开"、"摇臂上升"指示灯亮，将开关 SQ2 向左转（模拟摇臂上升时行程开关触点 $SQ2_{3-9}$ 闭合）。

将 SA3 扳回中间位置，KM2 释放，"摇臂上升"指示灯灭，而 KM3 吸合，M3 反转，"摇臂下降"、"摇臂夹紧"指示灯亮。将 SQ2 旋到中间的"正常"位置（模拟

SQ2$_{3-9}$分断），KM3 释放，M3 停车，"摇臂下降"、"摇臂松开"、"摇臂夹紧"指示灯同时灭。

（6）摇臂下降操作。将 SA3 向下扳，KM3 吸合，M3 反转，"摇臂松开"、"摇臂下降"指示灯亮，将开关 SQ2 向右转（模拟摇臂下降时行程开关触点 SQ2$_{3-3}$闭合）。

将 SA3 扳回中间位置，KM3 释放，"摇臂下降"指示灯灭，而 KM2 吸合，M3 正转，"摇臂上升"、"摇臂夹紧"指示灯亮。将 SQ2 旋到中间的"正常位置"（模拟 SQ2$_{3-6}$分断），KM2 释放，M3 停车，"摇臂上升"、"摇臂松开"、"摇臂夹紧"指示灯同时灭。

（7）立柱松开操作。按下 SB1，KM4 吸合，立柱夹紧与放松电动机 M4 正转，"立柱松开"指示灯亮。松开 SB1，KM4 释放，M4 停车，"立柱松开"指示灯灭。

（8）立柱夹紧操作。按下 SB2，KM5 吸合，M4 反转，"立柱夹紧"指示灯亮。松开 SB2，KM5 释放，M4 停车，"立柱夹紧"指示灯灭。

（9）冷却泵操作。将开关 SA1 旋到"启动"位置，冷却泵电动机 M1 转动，"冷却泵工作"指示灯亮。将 SA1 旋到"停止"位置，M1 停车，"冷却泵工作"指示灯灭。

3.7.3 Z35 型摇臂钻床电气控制系统排除故障技能训练

排除故障技能训练内容、步骤、要求、注意事项，以及故障设置原则，设备维护等与实训十一类似，在此不再重复。

图 3-12 所示为 Z35 型摇臂钻床故障电气原理图，图中带黑圆点的开关 K 为人为设置的故障点。表 3-6 所示为 Z35 型摇臂钻床故障设置一览表。

表 3-6　Z35 型摇臂钻床故障设置一览表

故障开关	故障现象	备　注
K1	钻床无法启动	FU3、FR$_{1-2}$的出线端 1 断开或它们本身接触不良，或 FR$_{1-2}$未复位，控制电路断开，M2、M3、M4 不能工作；M1 能工作
K2	钻床无法启动	FR$_{1-2}$的出线端 2 断开或未复位，控制电路断电，M2、M3、M4 不能工作，M1 能工作
K3	照明灯不亮	FU4、开关 SA2 的出线端 202 断开，或者它们本身接触不良
K4	钻床无法启动	SA3$_{2-3}$、KV 线圈的出线端 3 断开或 SA3$_{2-3}$不能闭合，KV 线圈断路，则 KM1～KM5 不能吸合，M2、M3、M4 不能工作；M1 能工作
K5	KV 不能自锁 钻床无法工作	KV 自锁触点 KV$_{2-3}$的出线端 2 断开或本身接触不良，KM1～KM5 不能吸合，M2、M3、M4 不能工作；M1 能工作
K6	KV 不能自锁 钻床无法工作	KV$_{2-3}$的出线端 3 断开，或者本身被卡不能闭合，KM1～KM5 不能吸合，M2、M3、M4 不能工作；M1 能工作
K7	主轴不能转动	SA3$_{3-4}$、KM1 线圈的出线端 4 断开，KM1 线圈断路，SA3$_{3-4}$不能闭合，使 KM1 不能吸合，M2 不转；M1、M3、M4 能工作
K8	摇臂不能上升	SA3$_{3-5}$出线端 3 断开或本身接触不良，KM2 不能吸合，M3 不能正转，摇臂能下降、夹紧；M1、M2、M4 工作正常

故障开关	故障现象	备 注
K9	摇臂不能上升	SQ1$_{5-6}$的出线端6断开或本身接触不良，KM2不能吸合，M3不能正转；摇臂能下降夹紧；M1、M2、M4工作正常
K10	摇臂不能上升	KM3$_{6-7}$的出线端6断开或本身不闭合，KM2不能吸合，M3不能正转；摇臂能下降但不能夹紧；M1、M2、M4工作正常
K11	摇臂下降之后不能夹紧	SQ2$_{3-6}$的出线端3断开或本身不闭合，摇臂下降后，因KM2不能吸合，M3不能由反转变为正转，摇臂不能夹紧；摇臂能上升、夹紧；M1、M2、M4工作正常
K12	摇臂下降之后不能夹紧	SQ2$_{3-6}$的出线端6断开或本身不闭合，摇臂下降后，因KM2不能吸合，M3不能由反转变为正转，摇臂不能夹紧；摇臂能上升、夹紧；M1、M2、M4工作正常
K13	摇臂上升之后不能夹紧	SQ2$_{3-9}$的出线端9断开或本身不闭合，摇臂上升后，因KM3不能吸合，M3不能由正转变为反转，摇臂不能夹紧；摇臂能下降、夹紧；M1、M2、M4工作正常
K14	摇臂不能下降	SA3$_{3-8}$、SQ1$_{8-9}$的出线端8断开，或者它们本身接触不良，KM3不能吸合，M3不能反转；摇臂能上升、夹紧；M1、M2、M4工作正常
K15	摇臂不能下降	SQ1$_{8-9}$的出线端9断开，或者本身不能闭合，KM3不能吸合，M3不能反转；摇臂能上升、夹紧；M1、M2、M4工作正常
K16	摇臂不能下降	KM2$_{9-10}$的出线端9断开，或者本身不闭合，KM3不能吸合，M3不能反转；摇臂能上升但不能夹紧；M1、M2、M4工作正常
K17	摇臂不能下降	KM2$_{9-10}$、KM3线圈的出线端10断开，或者KM2$_{9-10}$不闭合或KM3线圈断开，KM3不能吸合，M3不能反转；摇臂能上升但不能夹紧；M1、M2、M4工作正常
K18	立柱不能松开	SB1$_{3-11}$的出线端3断开或本身接触不良，KM4不能吸合，M4不能正转，立柱不能松开；立柱能夹紧；M1、M2、M3工作正常
K19	立柱不能松开	SB1$_{3-11}$、SB2$_{11-12}$的出线端11断开或它们本身接触不良，KM4不能吸合，M4不能正转，立柱不能松开；立柱能夹紧；M1、M2、M3工作正常
K20	立柱不能松开	SB2$_{11-12}$、KM5$_{12-13}$的出线端12断开或它们本身不能闭合，KM4不能吸合，M4不能正转，立柱不能松开；立柱能夹紧；M1、M2、M3工作正常
K21	立柱不能松开	KM5$_{12-13}$、KM4线圈的出线端13断开，或者KM5$_{12-13}$不能闭合，KM4线圈断路，KM4不能吸合，M4不能正转，立柱不能松开；立柱能夹紧；M1、M2、M3工作正常
K22	立柱不能夹紧	SB1$_{3-14}$的出线端3断开或本身不能闭合，KM5不能吸合，M4不能反转，立柱不能夹紧；立柱能松开；M1、M2、M3工作正常
K23	立柱不能夹紧	SB1$_{3-14}$、SB2$_{14-15}$的出线端14断开，或者它们本身接触不良，KM5不能吸合，M4不能反转，立柱不能夹紧；立柱能松开；M1、M2、M3工作正常
K24	立柱不能夹紧	SB2$_{14-15}$、KM4$_{15-16}$的出线端15断开，或者它们本身接触不良，KM5不能吸合，M4不能反转，立柱不能夹紧；立柱能松开；M1、M2、M3工作正常
K25	立柱不能夹紧	KM4$_{15-16}$、KM5线圈的出线端16断开，或者KM4$_{15-16}$不能闭合，KM5线圈断路，KM5不能吸合，M4不能反转，立柱不能夹紧；立柱能松开；M1、M2、M3工作正常

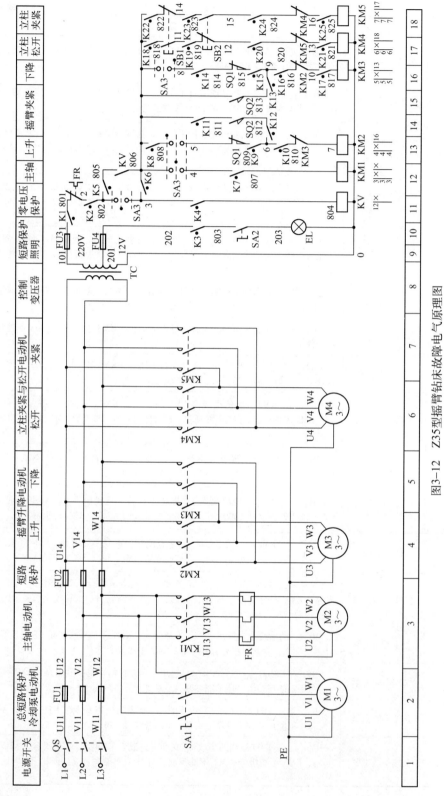

图3-12 Z35型摇臂钻床故障电气原理图

3.8 X62W 型卧式万能铣床的电气控制系统

在金属切削机床中，铣床在数量上仅次于车床，占第二位。铣床可用来加工平面、斜面和沟槽等，装上分度头后还可以铣切直齿轮和螺旋面，装上圆工作台还可以铣切凸轮和弧形槽。铣床的种类很多，有卧铣、立铣、龙门铣、仿形铣及各种专用铣床等。现以应用广泛的 X62W 型卧式万能铣床为例进行分析。

3.8.1 X62W 型卧式万能铣床的主要结构及运动形式

X62W 型卧式万能铣床结构示意图如图 3－13 所示。它主要由底座、床身、悬梁、刀杆支架、工作台、溜板和升降台等部分组成。从图可见，箱型的床身固定在底座上，在床身内装有主轴传动机构及主轴变速机构，在床身顶部有水平导轨，其上装着带有一个或两个刀杆支架的悬梁。刀杆支架用来支撑安装铣刀心轴的一端，而心轴的另一端则固定在主轴上。在床身的前方有垂直导轨，升降台可沿其上下移动。在升降台上面的水平导轨上装有可平行于主轴轴线方向移动（横向移动）的溜板。工作台可沿溜板上部回转盘的导轨在垂直主轴轴线的方向移动（纵向移动）。这样，安装在工作台上的工件可以在三个方向调整位置或完成进给运动。此外，由于回转盘对溜板可绕主轴轴线转动 45°，于是工作台于水平面上除能平行或垂直于主轴轴线方向进给外，还能在倾斜方向进给，从而完成铣螺旋槽的加工。该铣床还可安装圆工作台以扩大铣削能力。为了快速调整工件与刀具之间的相对位置，可以改变传动比，使工作台在垂直方向、横向、纵向快速移动。

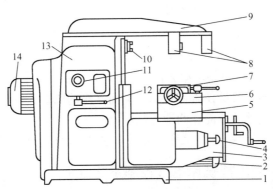

注：1—底座；2—进给电动机；3—升降台；4—进给变速手柄及变速盘；5—溜板；6—回转盘；7—工作台；8—刀杆支架；9—悬梁；10—主轴；11—主轴变速盘；12—主轴变速手柄；13—床身；14—主轴电动机

图 3－13　X62W 型卧式万能铣床结构示意图

由以上分析可见，X62W 型卧式万能铣床的运动方式有以下几种。

（1）主运动：铣刀的旋转运动。

（2）进给运动：工作台的垂直（上、下）运动、横向（左、右）运动、纵向（前、后）运动及圆工作台的旋转运动。

（3）辅助运动：工作台在六个方向（上、下、左、右、前、后）的快速移动。

3.8.2 X62W型卧式万能铣床的电力拖动特点及控制要求

（1）X62W型卧式万能铣床的主运动和进给运动之间没有速度比例协调的要求，各自采用单独的三相笼型异步电动机拖动。即主轴由主轴电动机M1拖动；工作台的进给由进给电动机M2拖动；工作台的快速移动通过牵引电磁铁YA由M2拖动。

（2）主轴电动机处于空载下启动，为能进行顺铣和逆铣加工，主轴应能正、反转，但转向不需要经常改变，仅在加工前预选主轴转向而在加工过程中不变换。故M1为单向运行，通过主轴转换开关SA5完成主轴的正、反转。

（3）铣削加工是多刀多刃不连续切削，负载是非恒值的。为减轻负载波动的影响，往往在主轴传动系统中加入飞轮，使转动惯量加大，为实现主轴快速停车，主轴电动机设有电气制动停车环节。

（4）为适应铣削加工的需要，主轴转速与进给速度应有较宽的调节范围。X62W型卧式万能铣床采用机械变速，通过改变变速箱的传动比来实现调速。为保证变速时齿轮易于啮合，减少对齿轮端面的冲击，要求变速时电动机有冲动控制，即电动机能瞬间缓慢转动，这由变速冲动行程开关配合，对M1点动控制实现。

（5）进给运动和主轴运动应有电气联锁。为了防止主轴未转动时工作台将工件进给可能损坏刀具或工件，进给运动要在铣刀旋转之后才能进行。为降低加工工件的表面粗糙度，必须在铣刀停转前停止进给运动，结束加工。

（6）工作台的垂直、横向和纵向三个方向的运动由一台进给电动机M2拖动，三个方向的选择是由操纵手柄改变传动链来实现的。每个方向又有正、反向的运动，故进给电动机应能正、反转。在任何时刻，工作台在上、下、左、右、前、后六个方向中，只能有一个方向的进给运动，故工作台在六个工作方向上的运动要有联锁。

（7）圆工作台运动只需一个转向，此时工作台不得移动，即圆工作台的旋转运动与工作台上、下、左、右、前、后六个方向的运动之间要有联锁。

（8）冷却泵电动机M3只要求单方向转动。

（9）为适应铣削加工时操作者在正面或侧面操作的要求，铣床对主轴电动机的启动与停止及工作台的快速移动应能在两地控制。

（10）工作台上、下、左、右、前、后六个方向的运动应具有限位保护。

3.8.3 X62W型卧式万能铣床电气控制系统分析

X62W型卧式万能铣床电气原理图如图3-14所示。这种铣床控制电路的特点是机械操作和电气操作密切配合进行。因此，在分析电气原理图时应对机械操作手柄与相应电气开关的动作关系，对各开关的作用及各指令开关状态都应一一弄清，然后再分析电路。图3-14中，SQ1、SQ2为与纵向机构操作手柄有机械联系的纵向进给行程开关，SQ3、SQ4为与垂直、横向机构操作手柄有机械联系的垂直、横向进给行程开关，SQ6为进给冲动行程开关，SQ7为主轴冲动行程开关，SA3为圆工作台选择开关，SA5为主轴换向选择开关。表3-7~表3-10为上述部分行程开关、转换开关的工作状态表，表中"+"表示触点接通，"-"表示触点分断。

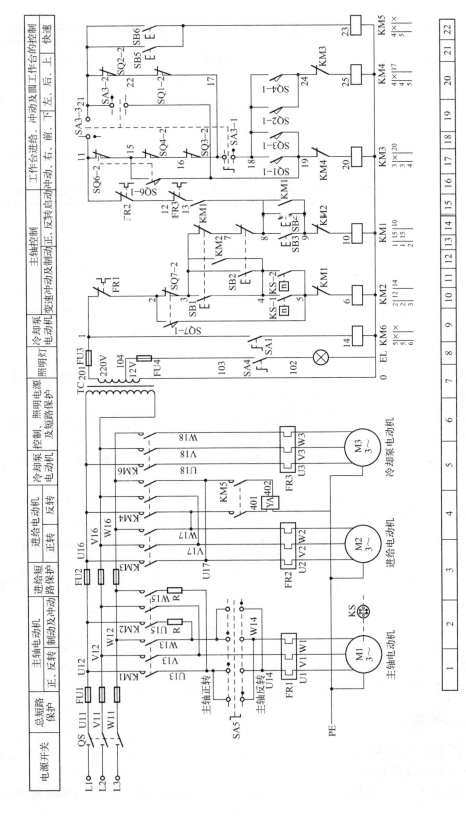

图3-14　X62W型卧式万能铣床电气原理图

表 3-7　工作台纵向进给行程开关工作状态表

位置\触点	向左	中间（停）	向右
SQ1-1	-	-	+
SQ1-2	+	+	-
SQ2-1	+	-	-
SQ2-2	-	+	+

表 3-8　工作台垂直、横向进给行程开关工作状态表

位置\触点	向前、向下	中间（停）	向后、向上
SQ3-1	+	-	-
SQ3-2	-	+	+
SQ4-1	-	-	+
SQ4-2	+	+	-

表 3-9　圆工作台选择开关工作状态表

位置\触点	接通圆工作台	断开圆工作台
SA3-1	-	+
SA3-2	+	-
SA3-3	-	+

表 3-10　主轴换向选择开关工作状态表

位置\触点	反转	停止	正转
SA5-1	+	-	-
SA5-2	-	-	+
SA5-3	-	-	+
SA5-4	+	-	-

1. 主电路分析

主电路有三台电动机，分别是主轴电动机 M1、工作台进给电动机 M2 和冷却泵电动机 M3。QS 为电源开关，TC 为控制变压器。

（1）主轴电动机 M1 通过主轴换向选择开关 SA5 与接触器 KM1 配合，能进行正、反转控制，通过主轴变速机构进行机械变速。接触器 KM2、两相制动电阻 R 与速度继电器 KS 的配合，能实现串联电阻瞬时冲动和正、反转反接制动控制。M1 的启动、停止控制可在两地操作。

（2）工作台进给电动机 M2 由正、反转接触器 KM3、KM4 与行程开关 SQ1～SQ4 控制；而 KM3、KM4 是由两个机械操作手柄控制的，一个是纵向操作手柄，另一个是垂直与横向操作手柄。这两个机械操作手柄各有两套，分设在铣床工作台正面与侧面，实现两地操作。

由接触器 KM5 控制牵引电磁铁 YA，决定工作台移动速度，KM5 接通，YA 与 M2 相连，工作台快速移动；KM5 断电，YA 断电，工作台常速运转。

（3）冷却泵电动机 M3 由接触器 KM6 控制，单方向运转。

（4）熔断器 FU1 做铣床总短路保护，也兼做 M1 的短路保护；FU2 做 M2、M3、控制变压器 TC 的短路保护；FU3 做控制电路的短路保护；热继电器 FR1、FR2、FR3 分别做 M1、M2、M3 的过载保护。

2. 控制电路分析

1）主轴电动机的控制

（1）主轴电动机的启动。

在非变速状态下，主轴冲动行程开关 SQ7 不受压，根据所用铣刀，由 SA5 预选 M1

转向。SB3、SB1（装在铣床正面）为主轴电动机 M1 的启动、停止按钮，SB4、SB2（装在铣床侧面）亦为 M1 的启动、停止按钮。现以在铣床正面启动、制动为例说明。

$$QS\downarrow，\because SQ7\text{-}2\downarrow，SB1_{3\text{-}7}\downarrow，SB2_{7\text{-}8}\downarrow，按下SB3$$

$$SB3_{8\text{-}9}\downarrow\rightarrow KM1\uparrow\rightarrow KM1_{主}\rightarrow M\uparrow\rightarrow n\uparrow 至140r/min\ KS\text{-}1\downarrow$$

$$\rightarrow KM1_{8\text{-}9}\downarrow 自$$

$$\rightarrow KM1_{13\text{-}8}\downarrow 接通M2控制电路用$$

$$\rightarrow KM1_{5\text{-}6}\downarrow 互$$

（2）主轴电动机的制动。

$$SB1\downarrow\begin{cases}SB1_{3\text{-}7}\uparrow^{先}\rightarrow KM1\downarrow\rightarrow KM1_{主}\uparrow\rightarrow 断开正序电源 \\ \qquad\qquad\qquad\rightarrow KM1_{8\text{-}9}\uparrow \\ \qquad\qquad\qquad\rightarrow KM1_{13\text{-}8}\uparrow \\ \qquad\qquad\qquad\rightarrow KM1_{5\text{-}6}\downarrow \\ \\ SB1_{3\text{-}4}\downarrow^{后}\underline{\because KM1_{5\text{-}6}\downarrow}\rightarrow KM2\uparrow\rightarrow KM2_{主}\downarrow\rightarrow 定子串两相R反接制动，n\downarrow至100r/min\rightarrow \\ \qquad\qquad\qquad\rightarrow KM2_{3\text{-}4}\downarrow 自 \\ \qquad\qquad\qquad\rightarrow KM2_{9\text{-}10}\downarrow 互\end{cases}$$

$$KS\text{-}1\uparrow\rightarrow KM2\downarrow\rightarrow KM2_{主}\uparrow\rightarrow M1停车$$

$$\rightarrow KM2_{3\text{-}4}\uparrow$$

$$\rightarrow KM2_{9\text{-}10}\downarrow$$

在操作停止按钮时应将其一按到底，否则只将其常闭触点分断而未将常开触点闭合，则 KM2 不吸合，无反接制动作用，M2 处于自由停车状态。也不能一按到底立即松开，使得反接制动时间太短，制动效果差。

（3）主轴变速"冲动"控制。

X62W 型卧式万能铣床主轴变速操作机构简图如图 3 - 15 所示。从图可见，主轴变速采用孔盘机构集中操作。具体操作过程如下所述。

将主轴变速手柄向下压，使手柄的榫块自槽中滑出，然后将手柄扳向左边，使榫块落在第二道槽内。在将手柄扳向左边的过程中，扇形齿轮带动齿条、拨叉，在拨叉推动下将变速孔盘向右移动，并离开齿杆。然后旋转变速数字盘，经伞形齿轮带动孔盘旋转到对应位置，即选择好速度。再迅速将主轴变速手柄扳回原位，使榫块落入槽内，这时经传动机构，拨叉将变速孔盘推回。若恰好齿杆正对变速孔盘中的孔，变速手柄就能推回原位，这说明齿轮已啮合好，变速过程结束。若齿杆无法插入孔盘，则发生顶齿现象而啮合不上。这时需再次拉出变速手柄，再推上，直至齿杆能插入孔盘、手柄能推回原位为止。

从上面的分析可知，在变速时变速手柄拉出推向左边及把手柄推回原位时，凸轮都将压弹簧杆，使变速冲动行程开关 SQ7 动作，向左时 SQ7 - 1 闭合，SQ7 - 2 分断，

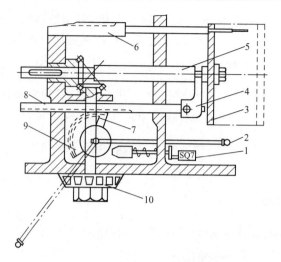

注：1—限位开关；2—变速手柄；3、4—齿条；5—变速孔盘；
6—轴；7—拨叉；8—变速凸轮；9—扇形齿轮；10—变速数字盘

图 3－15　X62W 型卧式万能铣床主轴变速操纵机构简图

KM2 通电吸合，M1 拖动主轴变速箱中的齿轮低速冲动一下，使变速齿轮顺利地滑入啮合位置，完成变速过程。手柄回原位时 SQ7－1 分断，SQ7－2 闭合，KM2 断电，M1 停车。在推回变速手柄时，动作要迅速，以免压合 SQ7 时间过长，主轴电动机转速升得过高，不利于齿轮啮合，甚至打坏齿轮。但在变速手柄推回接近原位时，应减慢推动速度，以利于齿轮啮合。

主轴变速可在主轴不转时进行；也可在主轴旋转时进行，主轴旋转时变速不用按停止按钮。操作过程两者相同，不同者主轴不转时变速，M1 工作于低速"冲动"；主轴旋转时变速，M1 工作于反接制动"冲动"。可见，主轴变速时对 M1 实行点动控制。变速完成后尚需再次启动电动机，主轴将在新转速下旋转。

主轴变速"冲动"的电气控制。

a. 主轴不转时变速。

变速手柄向左压下：SQ7↓
$\Bigg\{$
SQ7-1↓ → KM2↴ → KM2主↓ → 定子串联两相R，M1↴"冲动"
→ KM2$_{3-4}$↓ ∵ SQ7-2↑，不起自锁作用
→ KM2$_{9-10}$↑互

SQ7-2↑

变速手柄回原位：SQ7↑
$\Bigg\{$
SQ7-1↑ → KM2↴ → KM2主↑ → M1停车，"冲动"结束
→ KM2$_{3-4}$↑
→ KM2$_{9-10}$↓

SQ7-2↓

b. 主轴旋转时变速。

主轴旋转时 KM1↴，如果要变速，变速手柄向左，压下 SQ7↓：

SQ7↓
├─ SQ7-2↑^先 → KM1线圈↑ → KM1主↑ → 断开正序电源
│   → KM1$_{8-9}$↑
│   → KM1$_{13-8}$↑
│   → KM1$_{5-6}$↓
└─ SQ7-1↓^{后∵}KM1$_{5-6}$↓ → KM2线圈↑ → KM2主↓ → 定子串联两相R反接制动，M1⟩"冲动"
      → KM2$_{3-4}$↓∵SQ7-2，不起自锁作用
      → KM2$_{9-10}$互↑

变速手柄回原位．SQ7↓
├─ SQ7-1↑ → KM2线圈↑ → KM2主↑ → M1停车，"冲动"结束
│   → KM2$_{3-4}$↑
│   → KM2$_{9-10}$↓
└─ SQ7-2↓

2）工作台进给控制

根据主轴旋转与工作进给运动之间的联锁要求，防止主轴未转动时工作台运动而将工件进给，从而造成刀具和工件损坏，故设置主轴旋转后方可启动进给电动机的顺序联锁，这由工作台进给控制电源进线端 11 之前串入 KM1 的常开辅助触点 KM1$_{13-8}$实现。

X62W 型卧式万能铣床工作台的运行方式有手动、进给运动和快速移动三种。手动为操作者摇动手柄带动丝杠使工作台移动；进给运动和快速移动则由进给电动机拖动。当牵引电磁铁 YA 有电时，将进给传动链改接为快速传动链，实现快速移动；当 YA 失电时，工作台是进给运动。

工作台移动方向由各自的操作手柄选择，有三个相互垂直方向的运动，它们之间存在联锁关系，要求同一时刻只允许一个方向的运动，用机械互锁实现。这三个相互垂直方向的运动为左、右的纵向运动，由纵向机械操作手柄控制，该手柄与行程开关 SQ1、SQ2 机械联动；另外两个运动为前、后的横向运动和上、下的垂直运动，由垂直与横向机械操作手柄控制，该手柄与行程开关 SQ3、SQ4 机械联动。在操纵机械手柄的同时，完成机械挂挡和压合相应行程开关的动作，从而接通正、反向接触器 KM3、KM4，启动进给电动机 M2，拖动工作台按预定方向运动。这两个机械操作手柄各有两套，分别设在铣床工作台正面与侧面，实现两地操纵。

圆工作台与工作台三个互相垂直的运动要有联锁，圆工作台工作时，工作台不能运动，它们之间用圆工作台选择开关 SA3 控制。

（1）工作台左右（纵向）运动的控制。

工作台左右运动由纵向操作机械手柄操纵，该手柄有左、中、右三个位置，若要工作台右移，首先主轴电动机 M1 运转，此时 KM1线圈→KM1$_{13-8}$↓；且圆工作台不工作，SA3-1↓，SA3-3↓，SA3-2↑；然后将手柄扳向右侧，挂上纵向进给机械离合器，并压下行程开关 SQ1，此时：

$$SQ1 \Bigg\downarrow \begin{cases} SQ1\text{-}1\downarrow, \quad \because FR1_{1-2}\downarrow, \; SQ7\text{-}2\downarrow, \; SB1_{3-7}\downarrow, \; SB2_{7-8}\downarrow, \; KM1_{13-8}\downarrow, \; FR3_{12-13}\downarrow, \\ \qquad FR2_{11-12}\downarrow, \; SQ6\text{-}2\downarrow, \; SQ4\text{-}2\downarrow, \; SQ3\text{-}2\downarrow, \; SA3\text{-}1\downarrow, \; SQ1\text{-}1\downarrow, \; KM4_{19-20}\downarrow \\ \qquad \because KM3\underset{\text{}}{\square} \rightarrow KM3_{\text{主}}\downarrow \rightarrow M2\text{⤴工作台右移} \\ \qquad\qquad\quad \rightarrow KM3_{24-25}\uparrow \text{互} \\ SQ1\text{-}2\uparrow \end{cases}$$

若要工作台左移，将手柄扳向左侧，挂上纵向进给机械离合器，并压下行程开关SQ2，则

$$SQ2 \Bigg\downarrow \begin{cases} SQ2\text{-}1\downarrow, \quad \because FR1_{1-2}\downarrow, \; SQ7\text{-}2\downarrow, \; SB1_{3-7}\downarrow, \; SB2_{7-8}\downarrow, \; KM1_{13-8}\downarrow, \; FR3_{12-13}\downarrow, \\ \qquad FR2_{11-12}\downarrow, \; SQ6\text{-}2\downarrow, \; SQ4\text{-}2\downarrow, \; SQ3\text{-}2\downarrow, \; SA3\text{-}1\downarrow, \; SQ2\text{-}1\downarrow, \; KM3_{24-25}\downarrow \\ \qquad \because KM4\underset{\text{}}{\square} \rightarrow KM4_{\text{主}}\downarrow \rightarrow M2\text{⤴工作台左移} \\ \qquad\qquad\quad \rightarrow KM4_{19-20}\uparrow \text{互} \\ SQ2\text{-}2\uparrow \end{cases}$$

停车：手柄回零位，脱开纵向进给机械离合器，SQ1或SQ2复原。

手柄从右回零：
$$\begin{array}{l} SQ1\text{-}2\downarrow \\ SQ1\text{-}1\uparrow \rightarrow KM3\underset{\text{}}{\square} \rightarrow KM3_{24-25}\downarrow \\ \qquad\qquad\qquad\quad \rightarrow KM3_{\text{主}}\uparrow \end{array}$$

手柄从左回零：
$$\begin{array}{l} SQ2\text{-}1\uparrow \rightarrow KM4\underset{\text{}}{\square} \rightarrow KM4_{\text{主}}\uparrow \\ SQ2\text{-}2\downarrow \qquad\qquad\qquad \rightarrow KM4_{19-20}\downarrow \end{array} \Bigg\} \rightarrow M2\text{停车，停止}\genfrac{}{}{0pt}{}{\text{右}}{\text{左}}\text{进给}$$

工作台左右运动的行程，可通过调整安装在工作台两端的挡铁位置来实现。当工作台纵向运动到极限位置时，挡铁撞动纵向操作机械手柄，使其回中间位置，M2 停车，使工作台停止运动，从而实现纵向限位保护。

（2）工作台前后（横向）和上下（垂直）进给运动的控制。

工作台前后、上下运动由垂直与横向机械操作手柄操纵，该手柄为一个十字开关，共有五个位置：上、下、前、后和中间位置，其结构与表 3 - 5 介绍的十字开关类似。在扳动操作手柄的同时，将有关机械离合器挂上，同时压合行程开关 SQ3 或 SQ4。当手柄向前或向下扳动时压下 SQ3，手柄向后或向上扳动时压下 SQ4。

a. 工作台向上运动：将操作手柄扳在向上位置，挂上垂直进给机械离合器，同时压下 SQ4，则

$$SQ4 \Bigg\downarrow \begin{cases} SQ4\text{-}1\downarrow, \quad \because FR1_{1-2}\downarrow, \; SQ7\text{-}2\downarrow, \; SB1_{3-7}\downarrow, \; SB2_{7-8}\downarrow, \; KM1_{13-8}\downarrow, \; FR3_{12-13}\downarrow, \\ \qquad FR2_{11-12}\downarrow, \; SA3\text{-}3\downarrow, \; SQ2\text{-}2\downarrow, \; SQ1\text{-}2\downarrow, \; SA3\text{-}1\downarrow, \; SQ4\text{-}1\downarrow, \; KM3_{24-25}\downarrow \\ \qquad \because KM4\underset{\text{}}{\square} \rightarrow KM4_{\text{主}}\downarrow \rightarrow M2\text{⤴工作台上升} \\ \qquad\qquad\quad \rightarrow KM4_{19-20}\uparrow \text{互} \\ SQ4\text{-}2\uparrow \end{cases}$$

b. 工作台向后运动：将操作手柄扳在向后位置，挂上横向进给机械离合器，同时压下 SQ4，SQ4-2 $\uparrow$ 而 SQ4-1 $\downarrow$，KM4 线圈通电电路与上述相同，M2 $\searrow$，工作台向后运动。

c. 工作台向下运动：将操作手柄扳在向下位置，挂上垂直进给机械离合器，同时压下 SQ3，则

$$SQ3 \begin{cases} SQ3\text{-}1\downarrow, \quad \because FR1_{1-2}\downarrow \text{、} SQ7\text{-}2\downarrow \text{、} SB1_{3-7}\downarrow \text{、} SB2_{7-8}\downarrow \text{、} KM1_{13-8}\downarrow \text{、} FR3_{12-13}\downarrow \text{、} \\ \qquad FR2_{11-12}\downarrow \text{、} SA3\text{-}3\downarrow \text{、} SQ2\text{-}2\downarrow \text{、} SQ1\text{-}2\downarrow \text{、} SA3\text{-}1\downarrow \text{、} SQ3\text{-}1\downarrow \text{、} KM4_{19-20}\downarrow \\ \qquad \therefore KM3 \boxed{} \to KM3_{\pm}\downarrow \to M2 \searrow \text{工作台下降} \\ \qquad\qquad\qquad \to KM3_{24-25}\uparrow \text{互} \\ SQ3\text{-}2\uparrow \end{cases}$$

d. 工作台向前运动：将操作手柄扳在向前位置，挂上横向进给机械离合器，同时压下 SQ3，SQ3-2 $\uparrow$，SQ3-1 $\downarrow$，KM3 线圈通电电路与上述相同，M2 $\nearrow$，工作台向前运动。

当操作手柄从前、后、上、下各位置回到中间位置时，脱开横向、垂直离合器，SQ3、SQ4 复原，KM3 或 KM4 断电，M2 停车，停止各方向的进给。

工作台前、后、上、下运动都有限位保护，当工作台运动到对应方向的极限位置时，利用固定在铣床床身的挡铁撞击十字开关，使其回到中间位置，工作台停止运动。

（3）工作台快速移动的控制。

工作台纵向、横向、垂直三个方向的快速移动也是由进给电动机拖动的，SB5、SB6 为快速移动点动按钮。下面分两种情况进行分析。

a. 加工过程中工作台的快速移动。

在进行加工时，主轴电动机与进给电动机正在工作，若再按下快速移动按钮 $SB5_{21-23}\downarrow$ 或 $SB6_{21-23}\downarrow$，则因 $FR1_{1-2}\downarrow$、$SQ7-2\downarrow$、$SB1_{3-7}\downarrow$、$SB2_{7-8}\downarrow$、$KM1_{13-8}\downarrow$、$FR3_{12-13}\downarrow$、$FR2_{11-12}\downarrow$、$SA3-3\downarrow$、$SB5_{21-23}\downarrow$（或 $SB6_{21-23}\downarrow$）$\to KM5\boxed{} \to KM5_{\pm}\downarrow \to YA\boxed{} \to$ 衔铁吸上，经杠杆将进给传动链中的摩擦离合器合上，减少中间传动装置，工作台按原运动方向快速移动。SB5 或 SB6 松开时，KM5、YA 相继失电，衔铁释放，摩擦离合器脱开，快速移动结束，工作台仍按原进给速度及原方向继续运动。可见，快速移动对 M2 为点动控制。

b. 工作台在主轴电动机不动时进行快速移动。

主轴不转，工作台快速移动的作用是调整工件的加工位置，此时首先将主轴换向选择开关 SA5 扳在"停止"位置，然后按如下步骤操作。

$$SB3_{8-9}\downarrow \text{或} SB4_{8-9}\downarrow \text{、} \because FR1_{1-2}\downarrow \text{、} SQ7\text{-}2\downarrow \text{、} SB1_{3-7}\downarrow \text{、} SB2_{7-8}\downarrow \text{、} KM2_{9-10}\downarrow \text{、}$$

$$\therefore KM1\boxed{} \to KM1_{\pm}\downarrow \xrightarrow{\because SA5\uparrow} M1\text{不转}$$
$$\qquad\qquad\qquad \to KM1_{8-9}\downarrow \text{自}$$
$$\qquad\qquad\qquad \to KM1_{13-8}\downarrow$$
$$\qquad\qquad\qquad \to KM1_{5-6}\uparrow \text{互}$$

操纵两操作手柄至前、后、上、下、左、右位置，相应 $\begin{matrix} KM3\boxminus \rightarrow KM3_{\pm}\downarrow \rightarrow M2 \circlearrowleft \\ KM4\boxminus \rightarrow KM4_{\pm}\downarrow \rightarrow M2 \circlearrowright \end{matrix}$

KM3、KM4 线圈的通电路径与前相同。

$SB5_{21-23}\downarrow$ 或 $SB6_{21-23}\downarrow \rightarrow KM5\boxminus \rightarrow KM5_{\pm}\downarrow \rightarrow YA\boxminus \rightarrow$ 工作台按相应方向快速移动，但 M1 不转。

（4）进给变速"冲动"控制。

为了获得不同的进给速度，X62W 型卧式万能铣床通过机械方法改变变速齿轮的传动比实现。与主轴变速类似，为使变速时齿轮易于啮合，控制电路中也设有变速"冲动"控制环节。进给变速应在工作台停止移动时进行，以保证操作时的安全。

当需要进行进给变速时，先启动主轴电动机，将转速盘的蘑菇形进给变速手柄向外拉出，转动蘑菇手柄，速度转盘随之转动，把所需进给速度的标尺数字对准箭头；然后再把蘑菇变速手柄继续向外拉至极限位置，随即推回原位，若能推回原位则变速完成。就在将蘑菇手柄拉到极限位置的瞬间，其连动杠杆压合进给冲动行程开关 SQ6，使 KM3 通电吸合，M2 正转启动。因为在操作时只使 SQ6 瞬时压合，所以电动机只瞬动一下，拖动进给变速机构瞬动，使变速齿轮顺利啮合。可见，进给变速时对 M2 实行点动控制。如果变速手柄推不回原位，手柄再拉出至极限位置，M2 再点动一下，再将手柄推回原位。与主轴变速"冲动"控制一样，M2 通电时间不能太长，以防因转速过高而在变速时打坏齿轮。

进给变速"冲动"的电气控制，按如下步骤操作。

a. 工作台停止运动，先启动主轴电动机。

$$SB3_{8-9}\downarrow \text{或} SB4_{8-9}\downarrow 、\because FR1_{1-2}\downarrow 、 SQ7-2\downarrow 、 SB1_{3-7}\downarrow 、 SB2_{7-8}\downarrow 、 KM2_{9-10}\downarrow$$

$$\therefore KM1\boxminus \rightarrow KM1_{\pm}\downarrow \rightarrow M1 \circlearrowright$$
$$\rightarrow KM1_{8-9}\downarrow \text{自}$$
$$\rightarrow KM1_{5-6}\uparrow \text{互}$$
$$\rightarrow KM1_{13-8}\downarrow$$

b. 进给变速手柄拉出至极限位置，压合 SQ6，于是：

$SQ6-1\downarrow ，\because FR1_{1-2}\downarrow 、 SQ7-2\downarrow 、 SB1_{3-7}\downarrow 、 SB2_{7-8}\downarrow 、 KM1_{13-8}\downarrow 、 FR3_{12-13}\downarrow 、 FR2_{11-12}\downarrow$

$\qquad SA3-3\downarrow 、 SQ2-2\downarrow 、 SQ1-2\downarrow 、 SQ3-2\downarrow 、 SQ4-2\downarrow 、 SQ6-1\downarrow 、 KM4_{19-20}\downarrow$

$SQ6\downarrow$

$\qquad \therefore KM3\boxminus \rightarrow KM3_{\pm}\downarrow \rightarrow M2 \circlearrowright$ "冲动"

$\qquad\qquad \rightarrow KM3_{24-25}\uparrow \text{互}$

$\qquad SQ6-2\uparrow$

c. 进给变速手柄回原位，SQ6 复原。

$$\text{SQ6} \begin{cases} \text{SQ6-1} \uparrow \rightarrow \text{KM3} \boxminus \rightarrow \text{KM3}_{\pm} \uparrow \rightarrow \text{M2停车，"冲动"结束} \\ \text{SQ6-2} \downarrow \end{cases}$$

3）圆工作台进给控制

为加工螺旋槽、弧形槽等，X62W 型卧式万能铣床附有圆形工作台及其传动机构。使用时，将附件安装在工作台和纵向进给机构上，由进给电动机拖动圆工作台回转。

在使用圆工作台时，工作台纵向及工作台垂直和横向机械操作手柄都置于中间位置，工作台停止运动，然后将圆工作台选择开关 SA3 扳至接通位置，最后启动 M1、M2，M2 随之带动圆工作台回转。其电气控制原理如下所述。

将 SA3 扳至接通位置，SA3 – 2↓、SA3 – 1↑、SA3 – 3↑。

$\text{SB3}_{8-9}\downarrow$ 或 $\text{SB4}_{8-9}\downarrow$，$\because \text{FR}_{1-2}\downarrow$、$\text{SQ7-2}\downarrow$、$\text{SB1}_{3-7}\downarrow$、$\text{SB2}_{7-8}\downarrow$、$\text{KM2}_{9-10}\downarrow$

$$\therefore \text{KM1} \boxminus \begin{cases} \rightarrow \text{KM1}_{\pm} \uparrow \rightarrow \text{M1} \nearrow \\ \rightarrow \text{KM1}_{8-9} \downarrow \text{自} \\ \rightarrow \text{KM1}_{5-6} \uparrow \text{互} \\ \rightarrow \text{KM1}_{13-8} \downarrow \end{cases}$$

又因 $\text{FR}_{1-2}\downarrow$、$\text{SQ7-2}\downarrow$、$\text{SB1}_{3-7}\downarrow$、$\text{SB2}_{7-8}\downarrow$、$\text{KM1}_{13-8}\downarrow$、$\text{FR3}_{12-13}\downarrow$、$\text{FR2}_{11-12}\downarrow$、

$\text{SQ6-2}\downarrow$、$\text{SQ4-2}\downarrow$、$\text{SQ3-2}\downarrow$、$\text{SQ1-2}\downarrow$、$\text{SQ2-2}\downarrow$、$\text{SA3-2}\downarrow$、$\text{KM4}_{19-10}\downarrow$

$$\therefore \text{KM3} \boxminus \begin{cases} \rightarrow \text{KM3}_{\pm} \downarrow \rightarrow \text{M2} \nearrow \text{圆工作台回转} \\ \rightarrow \text{KM3}_{24-25} \uparrow \text{互} \end{cases}$$

停车：

$$\text{SB1} \begin{cases} \text{SB1}_{3-4} \downarrow \text{后} \rightarrow \text{M1反接制动} \\ \text{SB1}_{3-7} \uparrow \text{先} \end{cases}$$

$$\text{或} \quad \text{SB2} \begin{cases} \text{SB2}_{7-8} \uparrow \text{先} \rightarrow \text{KM1} \boxminus \begin{cases} \rightarrow \text{KM1}_{\pm} \uparrow \rightarrow \text{断开正序电源} \\ \rightarrow \text{KM1}_{8-9} \uparrow \\ \rightarrow \text{KM1}_{5-6} \downarrow \\ \rightarrow \text{KM1}_{13-8} \uparrow \rightarrow \text{KM3} \boxminus \rightarrow \text{KM3}_{\pm} \uparrow \rightarrow \text{M2停，圆工作台停转} \\ \rightarrow \text{KM3}_{24-25} \downarrow \end{cases} \\ \text{SB2}_{3-4} \downarrow \text{后} \rightarrow \text{M1反接制动} \end{cases}$$

M1 反接制动停车与前述一致，就不再重复了。

由上述分析可见，圆工作台是单向旋转的，其旋转速度也可以通过蘑菇状变速手柄进行调节。

4）冷却泵电动机 M3 的控制

由转换开关 SA1 控制接触器 KM6，进而控制冷却泵电动机 M3 的启动与停止。

5）联锁与保护

X62W 型卧式万能铣床的运动方式较多，电气控制电路较为复杂，为安全可靠地工作，设置了完善的联锁与保护环节。

（1）进给运动与主轴运动的顺序联锁。

进给电气控制电路接在主轴电动机接触器 KM1 常开辅助触点 $KM1_{13-8}$ 之后，就能实现主轴电动机先启动，然后进给电动机才能启动，两者同时停车的联锁要求。

$$SB3_{8-9}\downarrow \rightarrow KM1\boxed{}\downarrow \rightarrow KM1_{主}\downarrow \rightarrow M1\,$$
$$\rightarrow KM1_{13-8}\downarrow \rightarrow KM3\boxed{}\downarrow \rightarrow KM3_{主}\downarrow \rightarrow M2\,$$

$$SB1_{3-7}\uparrow \rightarrow KM1\boxed{}\uparrow \rightarrow KM1_{主}\uparrow \rightarrow 反接制动，M1停车$$
$$\rightarrow KM1_{13-8}\uparrow \rightarrow KM3\boxed{}\rightarrow KM3_{主}\uparrow \rightarrow M2停车$$

若不需 M1 旋转，但要启动 M2，与 M1 不转时工作台快速移动的原理一样，可将 SA5 扳至中间位置，但仍需使 KM1 吸合。

$$SB3_{8-9}\downarrow \rightarrow KM1\boxed{}\rightarrow KM1_{主}\downarrow \xrightarrow{\because SA5\uparrow} M1不转$$
$$\rightarrow KM1_{13-8}\downarrow \rightarrow KM3\boxed{}\downarrow \rightarrow KM3_{主}\downarrow \rightarrow M2\,$$
$$或 \rightarrow KM4\boxed{}\downarrow \rightarrow KM4_{主}\downarrow \rightarrow M2\,$$

（2）工作台各运动方向的联锁。

在同一时间内，工作台只允许一个方向的运动，这种联锁是利用机械和电气的方法来实现的。例如，向左、右方向运动是同一个纵向操作手柄操纵的，手柄本身起到左右运动的联锁作用。工作台横向和垂直运动四个方向的联锁是由垂直和横向十字手柄操纵的，同样起到四个方向的联锁作用。至于工作台的纵向与横向、垂直运动的联锁，则依靠电气方法实现。因为纵向操作手柄控制的常闭触点 SQ1－2、SQ2－2 和垂直、横向十字手柄控制的常闭触点 SQ3－2、SQ4－2 两条支路并联，共同控制接触器 KM3 和 KM4 的线圈，若两个手柄都扳动，两条支路均有一个常闭触点分断，即两条支路都断开，使 KM3、KM4 都不能吸合，进给电动机 M2 不能工作，达到联锁的目的。

（3）长工作台与圆工作台间的联锁。

圆工作台控制电路是经行程开关四个常闭触点 SQ1－2、SQ2－2、SQ3－2、SQ4－2 形成闭合电路的。所以，操作任何一个工作台的进给操作手柄，势必使四个常闭触点中任意一个触点分断，切断圆工作台控制电路，这就实现了圆工作台和长工作台的联锁控制。

（4）保护环节。

M1、M2、M3 为连续工作制电动机，由 FR1、FR2、FR3 实现过载保护。当 M1 过载时，FR1 动作，断开整个控制电路的电源；M2、M3 过载时，FR2、FR3 动作，断开 M2 的控制电路电源。

FU1 做铣床电路的总短路保护兼主轴电动机的短路保护，FU2 做进给电动机、冷却泵电动机及控制变压器的短路保护，FU3 做控制电路的短路保护，FU4 做照明电路的短路保护。

3.8.4　X62W 型卧式万能铣床电气控制系统的故障及维修

X62W 型卧式万能铣床的电气控制系统与机械系统的配合十分密切，其电路的正常工作往往与机械系统的正常工作是分不开的。因此，正确判断是电气故障还是机械故障和熟悉机电部分配合情况是迅速排除电气故障的关键。

1．主轴电动机不能启动

（1）熔断器 FU1、FU2 或 FU3 熔体熔断。

（2）主轴换向选择开关 SA5 在停止位置或在正转、反转位置其触点接触不良。

（3）按钮 SB1、SB2、SB3、SB4 接触不良。

（4）主轴变速冲动行程开关常闭触点 SQ7 - 2 接触不良。

（5）热继电器 FR1 已经动作，没有复位。

2．主轴电动机停车时没有制动

（1）主轴电动机没有制动时要先检查按下停止按钮 SB1 或 SB2 后反接制动接触器 KM2 是否吸合，若 KM2 不吸合，则应检查控制电路。检查时先操作主轴变速冲动手柄，若有冲动，则 SQ7 工作正常，说明故障的原因是速度继电器 KS 或按钮支路发生故障。

（2）若 KM2 吸合，则首先检查 KM2 主触点、制动电阻 R 组成的制动电路是否有缺相的故障存在，若有则完全没有制动作用。其次检查速度继电器的常开触点是否过早断开，若是，则制动效果不明显。

通常，主轴电动机停车时没有制动大多是由速度继电器 KS 发生故障引起的。若 KS 常开触点不能正常闭合，其原因有推动触点的胶木摆杆断裂；KS 轴伸端圆销扭弯、磨损或弹性连接元件损坏；螺丝销钉松动或打滑等。若 KS 常开触点过早断开，其原因有 KS 动触头的反力弹簧调节过紧、KS 的永久磁铁转子的磁性衰减等。

3．主轴电动机停车后产生短时反向旋转

这一故障是由速度继电器 KS 动触头弹簧调得过松而使动触头分断过迟引起的，只要重新调紧反力弹簧即可消除故障。

4．按下停止按钮后，主轴电动机不停车

（1）若按下停止按钮后，接触器 KM1 不释放，则说明其主触点熔焊。

（2）若按下停止按钮后，KM1 能释放，KM2 吸合后有"嗡嗡"声，或者转速过低，则可断定是制动时主电路有缺相故障存在，电动机不会产生制动转矩，应检查 KM2 主触点及制动电阻 R 是否只有两相接通。

（3）若按下停止按钮后，电动机能反接制动，但松开停止按钮后，电动机又再次启动，则是启动按钮在启动电动机 M1 后绝缘被击穿而短路引起的。

5. 主轴不能变速冲动

故障原因是主轴变速行程开关 SQ7 位置移动、撞坏或断线。

6. 工作台不能做垂直（上、下）进给运动

检查时可依次进行快速进给、进给变速冲动，工作台横向（前、后）进给、纵向（左、右）进给的控制，若上述操作正常，则可缩小故障范围，然后再逐个检查故障范围内的各个元器件、触点、导线，排查出故障点。若电气部分检查均正常，则应检查由于机械磨损或移位产生的操作手柄失灵等因素，如果发现机械方面引起的故障，应与机修钳工互相配合进行修理。

下面假设故障点在图 3 - 14 的图区 20 上的行程开关常开触点 SQ4 - 1 中，它由于安装螺丝钉松动而移动位置，造成垂直与横向操作手柄虽然扳在向上位置且到位，但常开触点 SQ4 - 1 仍不能闭合，工作台不能做向上进给运动。检查时，若进行进给变速冲动控制正常，就说明线路 11 - 21 - 22 - 17 是完好的，触点 SA3 - 3、SQ2 - 2、SQ1 - 2 亦完好。再进行向左进给控制也正常，又能排除线路 17 - 18 和 24 - 25 - 0 存在故障的可能性，触点 SA3 - 1、$KM3_{24-25}$ 亦完好，KM4 线圈完好。这样就将故障的范围缩小到线路 18 - 24 及 SQ4 - 1 的范围内。再经仔细检查和测量，就可迅速找出故障点。

7. 工作台不能做纵向（左、右）进给运动

应首先检查垂直或横向进给是否正常，如果正常，说明进给电动机 M2、主电路、接触器 KM3、KM4 及与纵向进给相关的公共支路都正常，此时应重点检查图 3 - 14 的图区 17 上的行程开关 SQ6 - 2、SQ4 - 2 及 SQ3 - 2，即线号为 11 - 15 - 16 - 17 的支路，因为只要三个常闭触点中有一个不能闭合，有一根线头脱落就会使纵向不能进给。然后再检查进给变速冲动是否正常，如果也正常，则触点 SQ3 - 2、SQ4 - 2 完好，于是故障范围已缩小到 SQ6 - 2、SQ1 - 1、SQ2 - 1 三者中，但一般 SQ1 - 1、SQ2 - 1 两个常开触点同时发生故障的可能性甚小，而 SQ6 是进给变速冲动行程开关，常因变速时手柄操作过猛而损坏 SQ6 - 2，所以可先检查 SQ6 - 2 触点，直至找到故障点并予以排除。

8. 工作台各个方向都不能进给

可先进行进给变速冲动或圆工作台控制，如果正常，则故障可能在圆工作台选择开关的触点 SA3 - 1 及其出线端 17、18 上。若进给变速冲动也不能工作，要注意接触器 KM3 是否吸合，如果 KM3 不能吸合，在确认 KM3 线圈及其接线良好的情况下，故障可能发生在 KM3 线圈的控制电路，即检查 11 - 15 - 16 - 17 - 18 - 19 - 20 - 0 及 11—21—22—17 两分支电路上各接点、导线接触是否良好，支路中各触点工作是否正常。若 KM3 能吸合，则应着重检查主电路，包括电动机的接线及绕组是否存在故障。

9. 工作台不能快速进给

工作台不能快速进给，常见的原因是牵引电磁铁 YA 电路不通，如线头脱落、线圈

损坏或机械卡死引起的故障。如果按下 SB5 或 SB6 后接触器 KM5 不吸合，则故障在控制电路部分；若 KM5 能吸合，且 YA 也吸合正常，则故障是由杠杆卡死或离合器摩擦片间隙调整不当引起的，应与机修钳工配合进行修理。

3.9 实训十四：X62W 型卧式万能铣床电气控制系统实训及排除故障技能训练

3.9.1 X62W 型卧式万能铣床实训设备

浙江天煌教仪 KH 系列机床电气技能培训考核装置。

（1）KH – JC01 电源控制铝质面板，同实训十一。

（2）KH – X01 铝质面板。面板上装有 X62W 型卧式万能铣床的所有主令电器及动作指示灯，铣床的所有操作都在这块面板上进行，指示灯可指示铣床的相应动作。

面板上印有 X62W 型卧式万能铣床示意图，可以很直观地看出其外形轮廓。

（3）KH – X03 铁质面板。面板上装有断路器、熔断器、接触器、热继电器、变压器等元器件，可以很直观地看到它们的工作情况。

（4）三相异步电动机三台。三台 380V 三相交流异步电动机分别用做主轴电动机、进给电动机和冷却泵电动机。

（5）故障开关箱。设有 32 个开关，其中 K1～K29 用于故障设置；K30、K31 两个开关备用；K32 用做指示灯开关，可以用来设置铣床动作指示与不指示。

3.9.2 X62W 型卧式万能铣床电气控制系统实训

准备工作与实训十一相同。

参看图 3 – 14 所示的电气原理图，按下列步骤进行实训。

（1）按下主控电源板上的启动按钮，合上断路器 QS。

（2）主轴换向选择开关 SA5 置正转位（或反转位），主轴电动机 M1 正转或反转指示灯亮，表明了主轴电动机可能运转的转向。

（3）旋转 SA4 开关，照明灯 EL 亮。转动 SA1 开关，冷却泵电动机 M3 工作，指示灯亮。

（4）按下 SB3 按钮，M1 启动；按下 SB1 按钮，M1 反接制动。再按下 SB4 按钮，M1 启动；按下 SB2，M1 反接制动。注意：不要频繁启动与停止电动机，以免电器因过热而损坏。

（5）主轴电动机变速冲动操作。实际铣床的主轴变速是通过变速手柄操作，瞬间压动主轴变速冲动行程开关 SQ7，令电动机瞬间缓慢转动，从而使齿轮较好实现换挡啮合的。

本模拟实验要用手动操作 SQ7，模仿机械的瞬间压动效果。因而要采用迅速的点动操作，使电动机 M1 通电后立即停转，形成微动或抖动。操作要迅速，以免出现"连续"运转现象。如果反复操作，会出现运转时间较长，M1 多次旋转并反接制动的现象，会使制动电阻 R 发烫。此时应拉下闸刀，重新送电操作。

（6）主轴电动机 M1 停转后，可转动主轴换向选择开关 SA5，按 SB3 或 SB4，使 M1 换向。

（7）工作台横向（前、后）、垂直（上、下）进给运动操作。

将圆工作台选择开关 SA3 置于断开状态，此时 SA3 – 1↓、SA3 – 3↓、SA3 – 2↑。

实际铣床采用垂直和横向进给操作手柄，该手柄为十字开关。

$$\left.\begin{array}{l}\text{手柄向上，挂上垂直离合器}\\\text{手柄向后，挂上横向离合器}\end{array}\right> \text{压下SQ4，M2反转} \left<\begin{array}{l}\text{工作台向上运动}\\\text{工作台向后运动}\end{array}\right.$$

$$\left.\begin{array}{l}\text{手柄向下，挂上垂直离合器}\\\text{手柄向前，挂上横向离合器}\end{array}\right> \text{压下SQ3，M2正转} \left<\begin{array}{l}\text{工作台向下运动}\\\text{工作台向前运动}\end{array}\right.$$

模拟实验时，手动按下 SQ3，M2 正转；手动按下 SQ4，M2 反转。

（8）工作台纵向（左、右）进给运动操作。

SA3 开关状态同上。

实际铣床采用纵向进给操作手柄，手柄向右或左，压下 SQ1 或 SQ2，均挂上纵向离合器，M2 正转或反转，工作台向右运动或向左运动。

模拟试验时，手动按下 SQ1，M2 正转；手动按下 SQ2，M2 反转。

（9）工作台快速移动操作。

在实际铣床中，按下 SB5 或 SB6，接触器 KM5 通电吸合，牵引电磁铁 YA 动作，改变机械传动链中间传动装置，实现各个方向的快速移动。

模拟试验时，按下 SB5 或 SB6，KM5 吸合，相应指示灯亮。

（10）进给电动机变速冲动操作。

实际铣床的进给变速是通过变速手柄的操作，瞬间压动进给变速冲动行程开关 SQ6，令 M2 产生瞬动，从而使齿轮较好实现换挡啮合的。

本实训模拟冲动操作，按下 SQ6，M2 转动，操作此行程开关时应迅速压与放，以模仿瞬动压下效果。

（11）圆工作台回转运动操作。

将圆工作台选择开关 SA3 置于接通状态，此时 SA3 – 2↓、SA3 – 1↑、SA3 – 3↑。在实际铣床中，纵向、垂直和横向进给操作手柄均扳回中间位置，行程开关均不压下。在模拟试验时，令 SQ1 ～ SQ4 均处于原始状态，不要压动它们，在启动主轴电动机后，M2 正转，即为圆工作台转动。

3.9.3　X62W 型卧式万能铣床电气控制系统排除故障技能训练

排除故障技能训练内容、步骤、要求、注意事项及故障设置原则，设备维护等与实训十一类似，在此不再重复。

图 3 – 16 所示为 X62W 型卧式万能铣床故障电气原理图，图中带黑圆点的开关 K 为人为设置的故障点。表 3 – 11 所示为 X62W 型卧式万能铣床故障设置一览表。

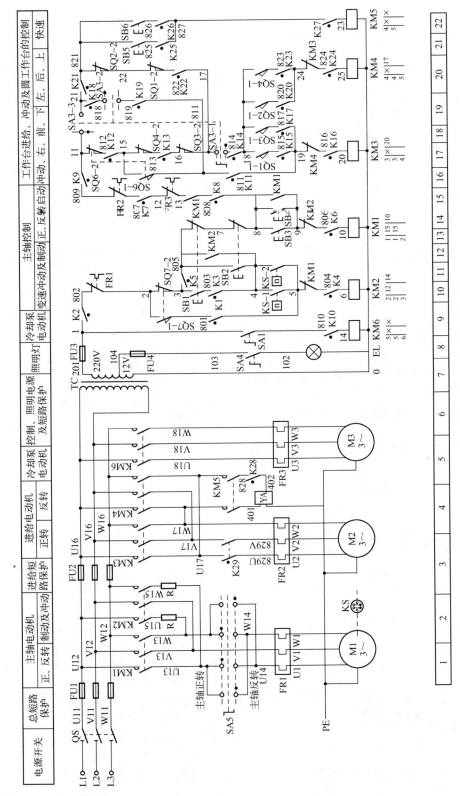

图3-16　X62W型卧式万能铣床故障电气原理图

表 3-11 X62W 型卧式万能铣床故障设置一览表

故障开关	故障现象	备注
K1	主轴无变速冲动	SQ7-1 出线端 5 断开或本身接触不良，KM2 不能吸合，主轴无变速冲动；M1 的正反转及停车制动均正常；M2、M3 工作正常
K2	主轴、进给均不能工作	$FR1_{1-2}$ 出线端 1 断开或本身不能闭合，或者未复位，控制电路断电，M1、M2 不能工作；照明、冷却泵工作正常
K3	按下 SB1，M1 停车无制动	$SB1_{3-4}$ 出线端 4 断开或本身接触不良引起；但按 SB2，M1 能制动；M1 启动正常；M2、M3 能工作
K4	主轴电动机无制动	$KM1_{5-6}$、KM2 线圈的出线端 6 断开或 KM2 线圈烧断，$KM1_{5-6}$ 不能闭合，故 M1 停止无制动；M1 启动正常；M2、M3 能工作
K5	主轴电动机不能启动	$SB1_{3-4}$ 与 $SB2_{3-4}$ 之间连线（3 号线）断开，M1 不能启动；压下 SQ7 主轴可以冲动；M2 不能工作，M3 工作正常
K6	主轴电动机不能启动	$KM2_{9-10}$、KM1 线圈的出线端 10 断开或 KM1 线圈断开，$KM2_{9-10}$ 不能闭合，M1 不能启动；压下 SQ7 主轴可以冲动；M2 不能工作，M3 能工作
K7	进给电动机不能启动	$FR2_{11-12}$、$FR3_{12-13}$ 的出线端 12 断开，或者它们不能闭合，或者它们未复位，M2 不能启动；但 M1、M3 工作正常
K8	进给电动机不能启动	$KM1_{13-8}$ 的出线端 8 断开，或者不能闭合，M2 不能启动；M1、M3 工作正常
K9	进给电动机不能启动	$FR2_{11-12}$ 的出线端 11 断开或本身不能闭合，或未复位，M2 不能启动；M1、M3 工作正常
K10	冷却泵电动机不能启动	开关 SA1、KM6 线圈的出线端 14 断开，或者 SA1 接触不良，KM6 线圈烧断，M3 不能启动；M1、M2 工作正常
K11	进给无变速冲动，圆形工作台不能工作	$KM4_{19-20}$ 与 SQ6-1 间 19 号线故障引起；但垂直、横向、纵向进给正常；M1、M3 工作正常
K12	工作台不能左右进给，能进给变速冲动	SQ6-2 的出线端 15 断开，或者本身出故障，工作台不能左右进给，圆工作台不能工作；能进给变速冲动；垂直、横向进给正常；M1、M3 工作正常
K13	工作台不能左右进给，进给无变速冲动	SQ4-2、SQ3-2 之间的出线端 16 断开，或者它们本身出故障，工作台不能左右进给，圆工作台不能工作，进给无变速冲动；垂直、横向进给正常；M1、M3 工作正常
K14	工作台不能纵向、横向、垂直进给	开关 SA3-1 出线端 18 断开，或者本身故障，工作台不能纵向、横向、垂直进给；圆工作台工作正常，能进给变速冲动；M1、M3 工作正常
K15	工作台不能向右进给	SQ1-1 出线端 19 断开，或者本身故障，工作台不能向右进给，但能向左、垂直、横向进给；进给能冲动；圆工作台、M1、M3 正常
K16	进给电动机不能正转	$KM4_{19-20}$、KM3 线圈的出线端 20 断开，或者 KM3 线圈断开或 $KM4_{19-20}$ 不能闭合，圆工作台不能工作，进给无变速冲动，工作台不能向右、向下、向前进给；可向左、向上、向后进给；M1、M3 工作正常
K17	工作台不能向前或向下进给	SQ3-1 出线端 19 断开，或者本身出故障，工作台不能向前，向下进给；但能纵向、向上、向后进给；进给能冲动；圆工作台、M1、M3 工作正常
K18	圆工作台不能工作	SA3-2 出线端 21 断开，或者本身出故障，圆工作台不能工作，工作台纵向、横向、垂直可进给，能进给冲动；M1、M3 工作正常
K19	圆工作台不能工作	SA3-2 出线端 19 断开，或者本身出故障，圆工作台不能工作，工作台纵向、横向、垂直可进给，能进给冲动；M1、M3 工作正常

故障开关	故障现象	备　　注
K20	工作台不能向左进给	SQ2 – 1 出线端 24 断开，或者本身出故障，工作台不能向左进给，但能向右、垂直、横向进给；进给能冲动；圆工作台、M1、M3 工作正常
K21	工作台不能垂直、横向进给，不能快移	SQ2 – 2 与 SA3 – 2 间 21 号线故障引起，工作台不能垂直、横向进给，无进给冲动，不能快移；能纵向进给；圆工作台不能工作；M1、M3 工作正常
K22	工作台不能垂直、横向进给	SQ1 – 2 出线端 17 断开，或者本身出故障，工作台不能垂直、横向进给，无进给冲动，能纵向进给，且能在纵向进给时快移，圆工作台不能工作；M1、M3 工作正常
K23	工作台不能向上或向后进给	SQ4 – 1 出线端 24 断开，或者本身出故障，工作台不能向上、向后进给；但能纵向、向前、向下进给；进给能冲动；圆工作台、M1、M3 工作正常
K24	进给电动机不能反转	KM3$_{24-23}$、KM4 线圈他们的出线端 25 断开，或 KM4 线圈断开，或 KM3$_{24-25}$ 不能闭合，工作台不能向左、向上、向后进给；可向右、向下、向前进给；进给有变速冲动；圆工作台能正常工作；M1、M3 工作正常
K25	只能甲地快移操作	M1、M2、M3 启动后，按下 SB5，工作台不能快移，是 SB5 出线端 23 断开或本身接触不良引起的；但按下 SB6 快移；工作台各方向能进给；圆工作台能工作；主轴、进给能变速冲动
K26	只能乙地快移操作	M1、M2、M3 启动后，按下 SB6，工作台不能快移，是 SB6 出线端 23 断开或本身接触不良引起的；但按下 SB5 快移；工作台各方向能进给；圆工作台能工作；主轴、进给能变速冲动
K27	工作台不能快移	KM5 线圈出线端 23 断开，或者本身出故障，工作台不能快移，M1、M2、M3 工作正常，工作台各方向能进给；圆工作台能工作；主轴、进给能变速冲动
K28	牵引电磁铁不动作	KM5 主触头、YA 线圈的出线端 402 断开，或者它们本身出故障，使 YA 不动作，M1、M2、M3 工作正常，工作台各方能进给；圆工作台能工作，主轴、进给能变速冲动
K29	进给电动机不转动	FR2 热元件的出线端 U17、V17 断开，或者本身有故障，进给操作时，KM3 或 KM4 能吸合，但 M2 不转；M1、M3 工作正常

3.10　T68 型卧式镗床的电气控制系统

镗床是一种精密加工机床，主要用于加工精确度高的孔，以及各孔间距离要求较为精确的零件，这些孔的轴线之间有严格的同轴度、垂直度、平行度与准确的距离。除镗孔外，还可用于钻孔、铰孔、扩孔；用镗轴或平旋盘铣削端面；加上车螺纹附件后，还可车削螺纹；装上平旋盘刀架可加工大的孔径、端面和外圆。按用途不同，镗床可分为卧式镗床、立式镗床、坐标镗床、金刚镗床和专门化镗床等，下面介绍应用最广泛的卧式镗床。

3.10.1　T68 型卧式镗床的主要结构及运动形式

T68 型卧式镗床结构示意图如图 3 – 17 所示。主要由床身、前立柱、镗头架、后立柱、尾座、上溜板、下溜板、工作台等部分组成。床身是一个整体的铸件，在它的一端固定有前立柱，在前立柱的垂直导轨上装有镗头架，镗头架可沿导轨垂直移动。镗头架里装有主轴、主轴变速箱、进给变速箱和操纵机构等。切削刀具装在镗轴前端的锥形孔里，或者装在平旋盘（又称花盘）的刀具溜板上。在镗削加工时，镗轴一面旋转一面沿轴向做进给运动。镗轴和平旋盘轴由各自的传动链传动，因此可以独自旋转，也可以不同转速同时旋转。装在平旋盘的刀具则可做径向的进给运动。后立柱固定在床身的另一端，它可沿床身导轨在镗轴轴线方向调整与前立柱的距离。后立柱导轨上装有尾座，用来支撑镗轴的末端，尾座与镗头架同时升降，保证两者的轴心在同一水平线上。安装工件的工作台装于床身中部的导轨上，它由上溜板、下溜板与可转动的工作台组成。下溜板可沿床身导轨做纵向运动，上溜板可沿下溜板的导轨做横向移动，工作台相对于上溜板可做回转运动。

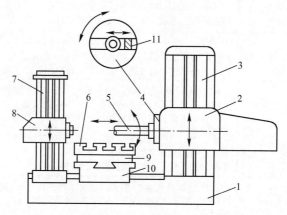

注：1—床身；2—镗头架；3—前立柱；4—平旋盘；5—镗轴；
6—工作台；7—后立柱；8—尾座；9—上溜板；10—下溜板；11—刀具溜板
图 3 – 17 T68 型卧式镗床结构示意图

由以上分析可见，T68 型卧式镗床的运动方式有以下几种。

（1）主运动：镗轴和平旋盘的旋转运动。

（2）进给运动：镗轴的轴向运动、平旋盘刀具溜板的径向运动、工作台的横向运动、工作台的纵向运动和镗头架的垂直运动。

（3）辅助运动：工作台的回转运动、后立柱的轴向移动、尾座的垂直运动及各部分的快速移动。

3.10.2 T68 型卧式镗床的电力拖动特点及控制要求

（1）主轴旋转与进给都有较宽的调速范围，主运动与进给运动由同一台电动机拖动，由各自传动链传动。为简化传动机构和扩大调速范围，采用交流双速笼型异步电动机，低速时定子绕组接成三角形，高速时定子绕组接成双星形。

（2）由于各种进给运动都有正反不同方向的运转，故主电动机要求正、反转。

（3）主电动机在低速时可以直接启动；在高速运行时，先接通低速，经延时再接通高速，以减小启动电流。

（4）为保证主轴停车迅速、准确，主电动机采用反接制动停车。

（5）为满足调整工作需要，主电动机应能实现正、反转的点动控制。

（6）主轴变速与进给变速可在主电动机停车或运转时进行。为了便于变速时齿轮啮合，应有变速低速冲动环节。

（7）为缩短辅助时间，各进给方向均能快速移动，配有快速移动电动机拖动，采用正反转的点动控制。

（8）由于运动部件多，应设有必要的联锁与保护环节。

3.10.3 T68 型卧式镗床电气控制系统分析

T68 型卧式镗床电气原理图如图 3-18 所示。这种镗床控制电路的特点是机械操作和电气控制密切配合进行。因此，在分析电气原理图时应对机械操作手柄与相应行程开关动作关系，以及各开关的作用及各指令开关状态都应一一弄清楚。例如，SQ1 是与工作台和镗头架自动进给手柄联动的行程开关，当手柄操作工作台和镗头架进给时，SQ1 受压，其常闭触点分断；SQ2 是与主轴和平旋盘刀架自动进给手柄联动的行程开关，当手柄操纵主轴和平旋盘刀架自动进给时，SQ2 受压，其常闭触点分断；SQ3、SQ5 是与主轴变速操作手柄联动的行程开关；SQ4、SQ6 是与进给变速操作手柄联动的行程开关；SQ7 为主电机高、低速变换行程开关；SQ8、SQ9 分别为与快速移动操作手柄联动的正、反向行程开关。表 3-12～表 3-14 为上述部分行程开关工作状态表，表中"＋"表示触点接通，"－"表示触点分断。

表 3-12 主电动机高、低速变换行程开关工作状态表

触点 位置	主电动机低速	主电动机高速
$SQ7_{11-12}$	－	＋

表 3-13 主轴变速行程开关工作状态表

触点 位置	变速孔盘拉出（变速时）	变速后变速孔盘推回原位
$SQ3_{4-9}$	－	＋
$SQ3_{3-13}$	＋	－
$SQ5_{15-14}$	＋	－

表 3-14 进给变速行程开关工作状态表

触点 位置	变速孔盘拉出（变速时）	变速后变速孔盘推回原位
$SQ4_{9-10}$	－	＋
$SQ4_{3-13}$	＋	－
$SQ6_{15-14}$	＋	－

1. 主电路分析

图 3-18 中 QS 为电源开关，TC 为控制变压器。主电路有两台电动机；M1 为主轴与进给电动机，它是一台 4/2 极的双速笼型异步电动机，M2 为快速移动电动机。

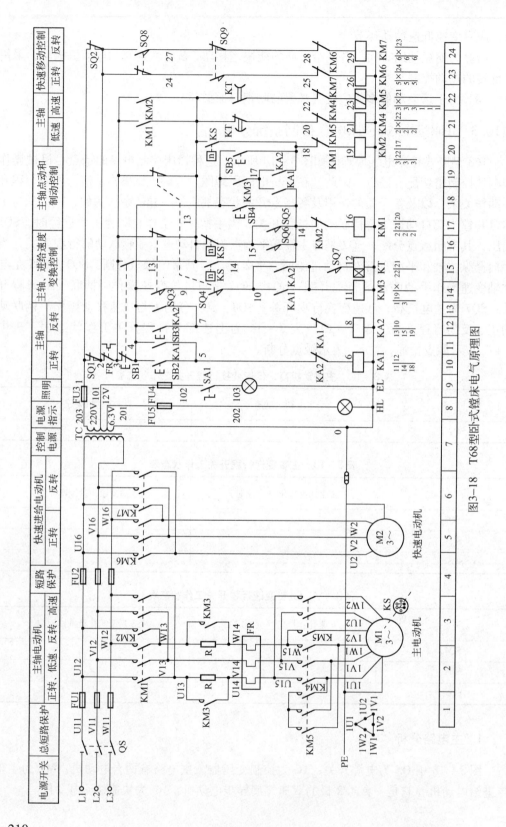

图3-18 T68型卧式镗床电气原理图

主电动机由五只接触器控制：KM1 和 KM2 控制 M1 的正、反转；KM3 为加速接触器，短接制动电阻 R 用；KM4 为低速接触器，将电动机出线端 1U1、1V1、1W1 接三相交流电源，1U2、1V2、1W2 悬空，定子绕组接成三角形；KM5 为高速接触器，它为双绕组接触器，有六个主触点（不少电路用两个接触器代替它），将 1U1、1V1、1W1 接成中点，1U2、1V2、1W2 接三相交流电源，定子绕组接成双星形；为使 M1 快速停车，M1 正反转启动、正反转点动均能反接制动停车。热继电器 FR 对 M1 进行过载保护。

M2 由接触器 KM6、KM7 控制其正、反转，实现快进和快退。因 M2 短时运行，不需要过载保护。

2. 控制电路分析

1）开车前的准备工作

（1）合上电源开关 QS，电源指示灯 HL 亮，再合上照明开关 SA1，局部照明工作灯 EL 亮。

（2）预先选择好所需的主轴转速和进给量。SQ3 是主轴变速行程开关，平时此开关是压下的，其常开触点 $SQ3_{4-9}$ 闭合，常闭触点 $SQ3_{3-13}$ 分断，主轴变速时复位。另一主轴变速行程开关 SQ5 在主轴变速手柄推不上时被压下，$SQ5_{15-14}$ 闭合。SQ4 是进给变速行程开关，平时此开关是压下的，其常开触点 $SQ4_{9-10}$ 闭合，常闭触点 $SQ4_{3-13}$ 分断，进给变速时复位。另一进给变速行程开关 SQ6 在进给变速手柄推不上去时被压下，$SQ6_{15-14}$ 闭合。

（3）调整好主轴箱和工作台的位置。调整后行程开关 SQ1 和 SQ2 的常闭触点 $SQ1_{1-2}$、$SQ2_{1-2}$ 均处于闭合状态。

2）主电动机的启动控制

（1）主电动机的点动控制。

主电动机有正向点动与反向点动，分别由正转点动按钮 SB4 和反转点动按钮 SB5 控制，现以正向点动为例说明。

$\because SQ1_{1-2}\!\downarrow$、$SQ2_{1-2}\!\downarrow$、$FR_{2-3}\!\downarrow$、$SB1_{3-4}\!\downarrow$、$KM2_{14-16}\!\downarrow$

$\therefore SB4\!\downarrow\!\rightarrow\!KM1\overline{}\!\rightarrow\!KM1_{主}\!\rightarrow$ 接正序电源

$\rightarrow KM1_{3-13}\!\downarrow\!\rightarrow\!KM4\overline{}\!\rightarrow\!KM4_{主}\!\rightarrow$ 定子串联电阻，△连接，$M1\!\supset$ 低速$\rightarrow n\!\uparrow$

$\rightarrow KM1_{18-19}\!\uparrow$ 互　　　$\rightarrow KM4_{22-23}\!\uparrow$ 互

至 140r/min $\rightarrow KS_{13-18}\!\downarrow$ 正向反接制动用

$\rightarrow KS_{13-15}\!\uparrow$ 变速用

反向点动由按钮 SB5、接触器 KM2、KM4 控制。

（2）主电动机的正、反转控制。

现以正向运转为例说明。

a. 主电动机正向低速运转。

将主电动机高低速变换手柄推向低速位置，行程开关 $SQ7_{11-12}\!\uparrow$；由于主轴和进给均无变速，故 SQ3$_{4-9}$↓、SQ4$_{9-10}$↓；还有 FR$_{2-3}$↓、SB1$_{3-4}$↓。尚需按下正转启动按钮 SB2，通过中间继电器 KA1 进行控制。

∴ SB2$_{4-5}$↓→KA1↑→KA1$_{4-5}$↓自
　　　　　　　→KA1$_{7-8}$↑互
　　　　　　　→KA1$_{17-14}$┤
　　　　　　　→KA1$_{10-11}$↓ ∵ SQ3$_{4-9}$↓、SQ4$_{9-10}$↓ →KM3↑→KM3$_{主}$↓→切除R↓
　　　　　　　　　　　　　　∵ SQ7$_{11-12}$↑→KT↑　　　　→KM3$_{4-17}$↓→KM1↑

→KM1$_{主}$↓→接正序电源
→KM1$_{18-19}$↑互
→KM1$_{3-13}$↓→KM4↑→KM4$_{主}$↓→定子△连接，M1↗低速→n↑至140r/min→KS$_{13-18}$↓
　　　　　　　→KM4$_{22-23}$↑互　　　　　　　　　　　　　　　　　→KS$_{13-15}$↑

b. 主电动机正向高速运转。

　　如果主电动机正在低速运转，现要高速运转，只需将高低速变换手柄推到高速位置便可，此时 SQ7$_{11-12}$↓。

　∵ SQ3$_{4-9}$↓、SQ4$_{9-10}$↓、KA1$_{10-11}$↓
　∴ KT↑→KT$_{13-20}$↗先→KM4↑→KM4$_{主}$↑→断开△连接
　　　　　　　　　　　　→KM4$_{22-23}$↓
　　　　　→KT$_{13-22}$↘后 ∵ KM4$_{22-23}$↓→KM5↑→KM5$_{主}$↓→定子YY△连接，M1↗高速
　　　　　　　　　　　　　　　　　　　　→KM5$_{20-21}$↑互

如果主电动机处于停车状态，现要高速启动，先将高、低速变换手柄推到高速位置，SQ7$_{11-12}$↓，然后按下启动按钮 SB2 便可，电路工作原理为：

　　　　　　　　　┌→KM4$_{主}$↓→定子△连接，M1↗低速→n↑至140r/min→KS$_{13-18}$↓
　　　　　　　　　│　　　　　　　　　　　　　　　　　　　　　　　　　→KS$_{13-15}$↑
　　　　　　　　　└→KM4$_{22-23}$↑互

∴ SB2$_{4-5}$↓→KA1↑→KA1$_{4-5}$↓自
　　　　　　　→KA1$_{7-8}$↑互
　　　　　　　→KA1$_{17-14}$↓　┌KM3↑→KM3$_{主}$↓→切除R
　　　　　　　　　　　　　　　│　→KM3$_{4-17}$↓→KM1↑→KM1$_{3-13}$↓→KM4↑
　　　　　　　　　　　　　　　│　　　　　　　　　→KM1$_{18-19}$↑互
　　　　　　　→KA1$_{10-11}$↓│　　　　　　　　　→KM1$_{主}$↓→接正序电源
　　　　　　　　　　　　　　　│
　　　　　　　　　　　　　　　└KT↑→KT$_{13-20}$↗先→KM4↑→KM4$_{主}$↑→断开△连接
　　　　　　　　　　　　　　　　　　　　　　　　→KM4$_{22-23}$↓
　　　　　　　　　　　　　　　　→KT$_{13-22}$↘后→KM5↑→KM5$_{20-21}$↑互
　　　　　　　　　　　　　　　　　　　　　　　　→KM5$_{主}$↓→定子YY连接，

M1↗高速

· 212 ·

主电动机反向低速或高速的启动过程与正向启动类似，但它由反向启动按钮 SB3，中间继电器 KA2，接触器 KM2、KM3、KM4、KM5，时间继电器 KT 控制；反转时，速度继电器 KS 常开触点 KS_{13-14} 闭合。

3）主电动机的反接制动控制

（1）主电动机低速正转的反接制动：

$$
\begin{array}{l}
SB1_{3-4}\downarrow^{先}\to KA1\boxminus\to KA1_{4-5}\uparrow\\
\qquad\qquad\to KA1_{7-8}\downarrow\\
\qquad\qquad\to KA1_{10-11}\uparrow\to KM3\boxminus\begin{array}{l}\to KM3_{主}\uparrow\\ \to KM3_{4-17}\uparrow\end{array}\\
\qquad\qquad\to KA1_{17-14}\uparrow\to KM1\boxminus\to KM1_{主}\uparrow\to 断正序电源\\
\qquad\qquad\qquad\qquad\qquad\to KM1_{18-19}\downarrow^{后}\\
\qquad\qquad\qquad\qquad\qquad\to KM1_{3-13}\uparrow^{先}\to KM4\boxminus\to KM4_{主}\uparrow\\
\qquad\qquad\qquad\qquad\qquad\qquad\qquad\qquad\qquad\to KM4_{22-23}\downarrow\\
SB1_{3-13}\downarrow^{后}\underline{\because KS_{13-18}\downarrow,\ KM1_{18-19}\downarrow}\to KM2\boxdown\to KM2_{主}\uparrow\to 接反序电源\\
\qquad\qquad\qquad\qquad\qquad\to KM2_{14-16}\uparrow互\\
\qquad\qquad\qquad\qquad\qquad\to KM2_{3-13}\underline{\because KT_{13-20}}\to KM4\boxdown\to KM4_{主}\downarrow定子串\\
\qquad\qquad\qquad\qquad\qquad\qquad\qquad\qquad\qquad\to KM4_{22-23}\uparrow互
\end{array}
$$

$R\triangle$ 连接反接制动，$n\downarrow$ 至 100r/min $\to KS_{13-18}\uparrow\to KM2\boxminus\to KM2_{主}\uparrow\to M1$ 断电停车

$\qquad\qquad\qquad\qquad\qquad\qquad\qquad\to KM2_{14-16}\downarrow$

$\qquad\qquad\qquad\qquad\qquad\qquad\qquad\to KM2_{3-13}\uparrow\to KM4\boxminus\to KM4_{主}\uparrow$

$\qquad\qquad\qquad\qquad\qquad\qquad\qquad\qquad\qquad\qquad\to KM4_{22-23}\downarrow$

（2）主电动机高速正转的反接制动：

$$
\begin{array}{l}
SB1_{3-4}\uparrow^{先}\to KA1\boxminus\to KA1_{4-5}\uparrow\\
\qquad\qquad\to KA1_{7-8}\downarrow\\
\qquad\qquad\to KA1_{10-11}\uparrow\to KM3\boxminus\begin{array}{l}\to KM3_{主}\uparrow\\ \to KM3_{4-17}\uparrow\end{array}\\
\qquad\qquad\qquad\to KT\boxminus\to KT_{13-20}\downarrow\\
\qquad\qquad\qquad\qquad\qquad\to KT_{13-22}\uparrow\to KM5\boxminus\begin{array}{l}\to KM5_{主}\uparrow\to 断开YY连接\\ \to KM5_{20-21}\downarrow\end{array}\\
\qquad\qquad\to KA1_{17-14}\uparrow\to KM1\boxminus\to KM1_{主}\uparrow\to 断正序电源\\
\qquad\qquad\qquad\qquad\qquad\to KM1_{18-19}\downarrow^{后}\\
\qquad\qquad\qquad\qquad\qquad\to KM1_{3-13}\uparrow^{先}\to KM4\boxminus\to KM4_{主}\uparrow\\
\qquad\qquad\qquad\qquad\qquad\qquad\qquad\qquad\qquad\to KM4_{22-23}\downarrow\\
SB1_{3-13}\downarrow^{后}\underline{\because KS_{13-18}\downarrow,\ KM1_{18-19}}\to KM2\boxdown\to KM2_{主}\uparrow\to 接反序电源\\
\qquad\qquad\qquad\qquad\qquad\to KM2_{14-16}\downarrow互\\
\qquad\qquad\qquad\qquad\qquad\to KM2_{3-13}\underline{\because KT_{13-20}}\to KM4\boxdown\to KM4_{主}\downarrow定子\\
\qquad\qquad\qquad\qquad\qquad\qquad\qquad\qquad\qquad\to KM4_{22-23}\uparrow互
\end{array}
$$

串 $R\triangle$ 连接反接制动，$n\downarrow$ 至 100r/min $\to KS_{13-18}\uparrow\to KM2\boxminus\to KM2_{主}\uparrow\to M1$ 断电停车

$\qquad\qquad\qquad\qquad\qquad\qquad\qquad\to KM2_{14-16}\downarrow$

$\qquad\qquad\qquad\qquad\qquad\qquad\qquad\to KM2_{3-13}\uparrow\to KM4\boxminus\to KM4_{主}\uparrow$

$\qquad\qquad\qquad\qquad\qquad\qquad\qquad\qquad\qquad\qquad\to KM4_{22-23}\downarrow$

主电动机正转点动的反接制动请读者自行分析。主电动机反向低速或高速的反接制动与正向反接制动类似，但它由中间继电器 KA2，接触器 KM1、KM4、KM5，时间继电器 KT，速度继电器 KS 常开触点 KS_{13-14} 控制。

4）主电动机的主轴或进给变速控制

T68 型卧式镗床的主轴变速与进给变速可在停车时进行，也可在运行中进行。变速时将变速手柄拉出，转动变速盘，选好速度后，推回变速手柄。

（1）停车变速。

下面以主轴变速为例加以说明。拉出主轴变速手柄，行程开关触点 $SQ2_{1-2}\uparrow$、$SQ3_{4-9}\uparrow$、$SQ3_{3-13}\downarrow$、$SQ5_{15-14}\circ$ ∵ $SQ1_{1-2}\downarrow$、$FR_{2-3}\downarrow$、$KS_{13-15}\downarrow$，∴ KM1 有电吸合。

KM1 $\rightarrow$ KM1$_主\downarrow\rightarrow$ 接正序电源

    $\rightarrow$ KM1$_{18-19}\uparrow$互

    $\rightarrow$ KM1$_{3-13}\downarrow\rightarrow$ KM4 $\rightarrow$ KM4$_{22-23}\uparrow$互

              $\rightarrow$ KM4$_主\uparrow\rightarrow$ 定子串联R△接M1 $\rightarrow$ $n\uparrow$至140r/min

    $KS_{13-15}\uparrow\rightarrow$ KM1 $\rightarrow$ KM1$_主\uparrow\rightarrow$ 断正序电源

          $\rightarrow$ KM1$_{18-19}\downarrow$后

          $\rightarrow$ KM1$_{3-13}\uparrow$先 $\rightarrow$ KM4 $\rightarrow$ KM4$_主\uparrow$

                 $\rightarrow$ KM4$_{22-23}\downarrow$

    $KS_{13-18}\downarrow\rightarrow$ KM2 $\rightarrow$ KM2$_主\downarrow\rightarrow$ 接反序电源

          $\rightarrow$ KM2$_{14-16}\uparrow$互

          $\rightarrow$ KM2$_{3-13}\downarrow\rightarrow$ KM4 $\rightarrow$ KM4$_{22-23}\uparrow$互

                 $\rightarrow$ KM4$_主\downarrow\rightarrow$ 定子串联R△连接反接制动 $\rightarrow$

$n\downarrow$至100r/min $\rightarrow$ $KS_{13-18}\uparrow$先 $\rightarrow$ KM2 $\rightarrow$ KM2$_主\uparrow$断反序电源

          $\rightarrow$ KM2$_{14-16}\downarrow$

          $\rightarrow$ KM2$_{3-13}\uparrow\rightarrow$ KM4 $\rightarrow$ KM4$_主\uparrow$

                 $\rightarrow$ KM4$_{22-23}\downarrow$

    $\rightarrow KS_{13-15}\downarrow$后 $\rightarrow$ KM1 $\rightarrow$ KM1$_主\downarrow\rightarrow$ 接正序电源

          $\rightarrow$ KM1$_{18-19}\uparrow$互

          $\rightarrow$ KM1$_{3-13}\downarrow\rightarrow$ KM4 $\rightarrow$ KM4$_{22-23}\uparrow$互

                 $\rightarrow$ KM4$_主\downarrow$定子串联R△连接M1 $\cdots\cdots$

由上述分析可知：当主轴手柄拉出时，M1 正向低速启动，然后反接制动，再正向低速启动，电动机在 100～140r/min 的范围内重复启动、制动，直到齿轮啮合后，主轴变速手柄推回，则 $SQ3_{4-9}\downarrow$、$SQ3_{3-13}\uparrow$、$SQ5_{15-14}\uparrow$，切断 KM1 线圈电路，KM1 断电，随之 KM4 亦断电，变速冲动过程结束。

进给变速时拉出进给变速手柄，行程开关触点 $SQ4_{9-10}$↑、$SQ4_{3-13}$↓、$SQ6_{15-14}$↓，其余与主轴变速完全相同。

（2）运行中变速控制。

下面以 M1 电动机正向高速运行中主轴变速（此时 KS_{13-18}↓）为例加以说明。拉出主轴变速手柄，行程开关触点 $SQ5_{15-14}$↓、$SQ3_{4-9}$↓、$SQ3_{3-13}$↓。

$SQ3_{4-9}$↑→KT闭→KT_{13-20}↓

    →KT_{13-22}↑→KM5闭→KM5主↑→断开 YY 连接
            →$KM5_{20-21}$↓

  →KM3闭→KM3主↑
    →$KM3_{4-17}$↑→KM1闭→KM1主↑→断正序电源
       →$KM1_{3-13}$↑
       →$KM1_{18-19}$↑互

$SQ3_{3-13}$↓ $\xrightarrow{\because KS_{13-18}↓,\ KM1_{18-19}↓}$ KM2吸→KM2主↓→接反序电源

    →$KM2_{3-13}$↓ $\xrightarrow{\because KT_{13-20}↓,\ KM5_{20-21}↓}$ KM4吸→KM4主↓定子
    →$KM2_{14-16}$↑互   →$KM4_{22-23}$↑互

串联 R△连接反接制动，n↓至 100r/min→KS_{13-18}↑先→KM2吸→KM2主↑→断反序电源

    →$KM2_{3-13}$↑→KM4吸→KM4主↑
    →$KM2_{14-16}$↓互   →$KM4_{22-23}$↓

  →KS_{13-15}↓后→KM1吸→KM1主↓→接正序电源
    →$KM1_{18-19}$↑互
    →$KM1_{3-13}$↓→KM4吸→KM4主↓定子
       →$KM4_{22-23}$↑互

串联 R△连接 M1↗……

电动机在 100～140r/min 的范围内重复启动、制动，直至齿轮啮合后，主轴变速手柄推回，则 $SQ3_{4-9}$↓、$SQ3_{3-13}$↑、$SQ5_{15-14}$↑；高速运行时 $SQ7_{11-12}$↓，又此时 KA1 吸合，$KA1_{10-11}$ 闭合；而且进给变速手柄在原位，$SQ4_{9-10}$ 闭合，于是 M1 自动转回高速运行，电路工作过程如下所述。

KM3吸→KM3主↓→切除 R
  →$KM3_{4-17}$↓
KT吸→KT_{13-20}↗先→KM4吸→KM4主↑→断开△连接
    →$KM4_{22-23}$↓

  →KT_{13-22}↘后 $\xrightarrow{\because KM4_{22-23}↓}$ KM5吸→KM5主↓→定子 YY 连接，M1↗高速
           →$KM5_{20-21}$↑互

电动机 M1 高速运行中进给变速与主轴变速同，在此不再重复。

5）快速进给电动机的控制

主轴箱、工作台或主轴的快速移动，由快速手柄操纵行程开关 SQ8 或 SQ9，控制接触器 KM6 或 KM7，进而控制快移电动机 M2 的正、反转来实现快速移动。

手柄在停止位置：

$$SQ8_{2-24}\downarrow、SQ9_{24-25}\uparrow\rightarrow KM6\cancel{\;}$$
$$SQ8_{2-27}\uparrow、SQ9_{27-28}\downarrow\rightarrow KM7\cancel{\;}\Big\rangle\rightarrow M2不动$$

手柄在正向位置：压下 SQ9，

$$SQ8_{2-24}\downarrow、SQ9_{24-25}\downarrow\rightarrow KM6\cancel{\;}\rightarrow KM6_{主}\downarrow\rightarrow M2\circlearrowright$$
$$\rightarrow KM6_{28-29}\uparrow 互$$
$$SQ8_{2-27}\uparrow、SQ9_{27-28}\uparrow\rightarrow KM7\cancel{\;}$$

手柄在反向位置：压下 SQ8，

$$SQ8_{2-24}\downarrow、SQ9_{24-25}\uparrow\rightarrow KM6\cancel{\;}$$
$$SQ8_{2-27}\downarrow、SQ9_{27-28}\downarrow\rightarrow KM7\cancel{\;}\rightarrow KM7_{主}\downarrow\rightarrow M2\circlearrowright$$
$$\rightarrow KM7_{25-26}\uparrow 互$$

6）联锁与保护

（1）主轴进刀与工作台联锁。

为保证主轴进给与工作台进给不能同时进行，设置了它们之间互锁的行程开关 SQ1 和 SQ2。其中 SQ1 是与工作台和镗头架自动进给手柄联动的行程开关，SQ2 是与主轴和平旋盘刀架自动进给手柄联动的行程开关。此两个开关的常闭触点 SQ1$_{1-2}$、SQ2$_{1-2}$ 并联后串联于控制电路中，当这两个手柄的任意一个扳到进给位置时，压下行程开关，相应的常闭触点分断，电动机 M1、M2 的控制电路通过另一常闭触点接通，都可启动，实现自动进给。若两手柄同时扳到进给位置，SQ1$_{1-2}$、SQ2$_{1-2}$ 均分断，切断 M1、M2 控制电路，它们均无法启动。于是两种进给都不能进行，实现了联锁保护。

（2）其他联锁环节。

控制主电动机正、反向的中间继电器 KA1 与 KA2、正、反向接触器 KM1 与 KM2、高、低速接触器 KM4 与 KM5 均设有电气联锁环节。快速移动电动机 M2 的正、反向接触器 KM6 与 KM7，则设有机械和电气联锁环节。

（3）保护环节。

FU1 做镗床电路的总短路保护兼主电动机的短路保护，FU2 做快速移动电动机及控制变压器的短路保护，FU3 做控制电路的短路保护，FU4 做局部照明灯的短路保护，FU5 做电源指示灯的短路保护。

FR 对主电动机做过载保护。启动按钮 SB2 与中间继电器 KA1、启动按钮 SB3 与中间继电器 KA2 组成失电压保护环节。

3.10.4　T68 型卧式镗床电气控制系统的故障及维修

这里仅选一些有代表性的故障进行分析和说明。

（1）主轴的转速与转速指示牌不符。

这种故障一般有两种现象：一种是主轴的实际转速比标牌指示数增加或减少一倍；另一种是电动机的转速没有高速挡或没有低速挡。前者大多是由安装调整不当引起的，因为 T68 型卧式镗床有 18 种转速，是采用双速笼型异步电动机和机械滑移齿轮来实现的。变速后，1、2、4、6……18 挡是电动机以低速运转驱动的，而 3、5、7……17 挡是电动机以高速运转驱动的。主电动机的高低速转换靠行程开关 SQ7 的通/断来实现，SQ7 安装在主轴调速手柄的旁边，主轴调速机构转动时推动一个撞钉，撞钉推动簧片使行程开关 SQ7 通或断，如果安装调整不当，使 SQ7 的动作刚好相反，则会发生主轴的实际转速比标牌指示数增加或减少一倍。

后一个故障的原因较多，常见的是时间继电器 KT 不动作或行程开关 SQ7 安装位置移动，造成 SQ7 始终处于接通或断开状态等。如果 KT 不动作或 SQ7 始终处于断开状态，则 M1 只有低速；若 SQ7 始终处于接通状态，则 M1 只有高速。但要注意，如果 KT 虽能吸合，但由于机械卡住或触点损坏，使常开触头不能闭合，KM5 不能吸合，则 M1 也不能转换到高速运行状态。

（2）主轴或进给变速手柄拉出后，主电动机不能产生冲动。

这种故障一般有两种现象：一种是变速手柄拉出后，主电动机 M1 仍以原来转向和转速旋转；另一种是变速手柄拉出后，M1 能反接制动，但制动到转速为零时，仍不能进行低速冲动。产生这两种故障现象的原因，前者多数是行程开关 SQ3 或 SQ4 的常开触点 SQ3$_{4-9}$ 或 SQ4$_{9-10}$ 因为质量不高等原因绝缘被击穿而无法分断，致使 KM3、KT 仍保持吸合造成的。而后者则是行程开关 SQ3、SQ5 或 SQ4、SQ6 的位置移动、触点接触不良，使触点 SQ3$_{3-13}$、SQ5$_{15-14}$ 或 SQ4$_{3-13}$、SQ6$_{15-14}$ 不能闭合，或者速度继电器 KS 的常闭触点 KS$_{13-15}$ 不能闭合所致。

（3）主电动机正转点动、反转点动正常，但不能正、反转。

故障可能出现在如下几条控制支路中，其一为线号为 4-9-10-11-0 的支路，其二为线号为 4-5-6-0 的支路，其三为 4-7-8-0 的支路，各支路中的导线有断开点，各元器件、触点的出线端断开、脱落或触点接触不良，继电器、接触器线圈断路。

（4）主电动机正、反转正常，但不能正、反转点动。

故障原因是正、反转点动按钮 SB4、SB5 接触不良。

（5）主电动机正转、反转均不能自锁。

故障可能在常开触点 KM3$_{4-17}$ 中。

（6）主电动机不能制动。

故障原因可能是：速度继电器损坏，使得 KS$_{13-18}$、KS$_{13-14}$ 不能闭合；停止按钮常开触点 SB1$_{3-13}$ 接触不良；接触器 KM1、KM2 的常闭触点 KM1$_{18-19}$、KM2$_{14-16}$ 不能闭合；

控制支路线号为 3 – 13 – 14 – 16 – 0 或 3 – 13 – 18 – 19 – 0 的支路导线有断开点，各元器件、触点的出线端断开、脱落、触点接触不良。

（7）主电动机点动、低速正反转及低速反接制动均正常，但高、低速转向相反，且当主电动机高速运行时，不能停车。

故障原因是误将主电动机高速和低速运行时的三相电源都接成同相序，将定子绕组进线端 1U2、IV2、1W2 的任何两相对调即可。

（8）不能快速进给。

故障原因在于两条控制支路 2 – 24 – 25 – 26 – 0 和 2 – 27 – 28 – 29 – 0 中导线有断开点，各元器件触点的出线端断开、脱落、触点接触不良，接触器 KM6、KM7 线圈断开。

3.11　实训十五：T68 型卧式镗床电气控制系统实训及排除故障技能训练

3.11.1　T68 型卧式镗床实训设备

浙江天煌教仪 KH 系列机床电气技能培训考核装置。

（1）KH – JC01 电源控制铝质面板，同实训十一。

（2）KH – T01 铝质面板。

面板上装有 T68 型卧式镗床的所有主令电器及动作指示灯，镗床的所有操作都在这块面板上进行，指示灯可指示镗床的相应动作。

面板上印有 T68 型卧式镗床示意图，可以很直观地看出其外形轮廓。

（3）KH – T03 铁质面板。

面板上装有断路器、熔断器、接触器、继电器、热继电器、变压器等元器件，可以很直观地看到它们的工作情况。

（4）三相异步电动机两台。

两台 380V 三相交流笼型异步电动机，其中一台为双速异步电动机，用做主电动机，另一台为普通的异步电动机，用做快速移动电动机。

（5）故障开关箱。

设有 32 个开关，其中 K1 ~ K25 用于故障设置；K26 ~ K31 备用；K32 用做指示灯开关，可用来设置镗床的动作指示与不指示。

3.11.2　T68 型卧式镗床电气控制系统实训

准备工作与实训十一相同。

参看图 3 – 18 所示的电气原理图，按下列步骤进行实训。

（1）按下主控电源板上的启动按钮，合上断路器 QS，电源指示灯亮。

（2）主电动机低速正向运转操作。

将高低速变换行程开关 $SQ7_{11-12}$ 置于分断位置（实际的镗床 SQ7 与速度选择手柄联

动），按下正转启动按钮 SB2，中间继电器 KA1 吸合并自锁，接触器 KM1、KM3、KM4 吸合，主电动机 M1 定子绕组接成三角形低速运行。按下停止按钮 SB1，M1 制动、停转。

（3）主电动机高速正向运转操作。

将 $SQ7_{11-12}$ 置于接通位置，按下 SB2，KA1 吸合并自锁，KM3、KT、KM1、KM4 相继吸合，M1 接成三角形低速运行；延时后，KT_{13-20} 分断，KM4 释放，同时 KT_{13-22} 闭合，KM5 通电吸合，使 M1 换接成双星形高速运行。按下 SB1，M1 制动、停转。

在主电动机的反向低速、高速运转操作时，可按下反转启动按钮 SB3，参与控制的电器有 KA2、KT、KM3、KM2、KM4、KM5，可参照步骤（2）和步骤（3）进行操作。

（4）主电动机正、反向点动操作。

按下正转点动按钮 SB4 可实现 M1 的正向点动，参与控制的电器有 KM1、KM4、R；按下反转点动按钮 SB5 可实现 M1 的反向点动，参与控制的电器有 KM2、KM4、R。

（5）主电动机反接制动操作。

当 $SQ7_{11-12}$ 分断，按下 SB2 后，M1 正向低速运行，此时 KS_{13-18} 闭合。若要 M1 停车，按下 SB1，KA1 释放，使得 KM3、KM1、KM4 相继释放；SB1 按到底后，KM2、KM4 又相继吸合，M1 定子串联电阻后反接制动。转速下降至 100r/min 时，KS_{13-18} 分断，KM2、KM4 又失电释放，制动结束。

当 $SQ7_{11-12}$ 闭合，按下 SB2 后，M1 正向高速运行，此时 KS_{13-18} 闭合，KA1、KM3、KT、KM1、KM5 为吸合状态。当按下 SB1 后，KA1、KM3、KT、KM1 释放，而 KM2 吸合，同时 KM5 释放，KM4 吸合，M1 定子串联电阻后三角形连接，反接制动至停车。

主电动机工作于低速反转、高速反转时的反接制动操作与正转相同。按下 SB3，M1 反向启动，$SQ7_{11-12}$ 分断，M1 低速运行；$SQ7_{11-12}$ 闭合，M1 高速运行；反向运行时 KS_{13-14} 闭合。按下 SB1，无论低速和高速，M1 定子串联电阻三角形连接，反接制动至停车。

（6）主轴变速与进给变速时，主电动机冲动模拟操作。

① 主轴变速冲动操作（主电动机在运行中或停车时均可操作）。

将主轴变速行程开关 SQ3、SQ5 置于主轴变速位置，$SQ3_{4-9}$ 分断，$SQ3_{3-13}$ 和 $SQ5_{15-14}$ 闭合，M1 工作于启动与反接制动交替运行状态，获得低速，便于齿轮啮合。此时 KM4 间断吸合，KM1、KM2 交替吸合。将这两个行程开关复位，变速停止。

实际镗床主轴变速时，主轴变速操作手柄与 SQ3、SQ5 机械联动，变速时带动 SQ3、SQ5 动作，而后复位。

② 进给变速冲动操作（主电动机在运行中或停车时均可操作）。

将进给变速行程开关 SQ4、SQ6 置于进给变速位置，$SQ4_{9-10}$ 分断，$SQ4_{3-13}$ 和 $SQ6_{15-14}$ 闭合，电气控制过程与效果和主轴变速冲动相同。

实际镗床进给变速时，进给变速操作手柄与 SQ4、SQ6 机械联动，变速时带动 SQ4、SQ6 动作，而后复位。

（7）主轴箱、工作台或主轴的快速移动操作。

由行程开关 SQ9、SQ8 对快速移动电动机 M2 实现正、反转的控制。

实际镗床中 SQ9、SQ8 与快速移动手柄有机械联动。

（8）SQ1、SQ2 为互锁行程开关，当主轴与进给同时变速时，同时压下两个行程开关，M1 停转。单独压动其中任何一个，M1 都不会停转。

3.11.3　T68 型卧式镗床电气控制系统排除故障技能训练

排除故障技能训练内容、步骤、要求、注意事项，以及故障设置原则，设备维护等与实训十一类似，在此不再重复。

图 3-19 所示为 T68 型卧式镗床故障电气原理图，图中带黑圆点的开关 K 为人为设置的故障点。表 3-15 所示为 T68 型卧式镗床故障设置一览表。

表 3-15　T68 型卧式镗床故障设置一览表

故障开关	故障现象	备　注
K1	镗床不能启动	FU3 出线端 1 断开，控制电路断路，主电动机、快速电动机不能启动；但电源指示灯 HL、局部照明工作灯 EL 亮
K2	主轴正转不能启动	$SB2_{4-5}$、$KA2_{5-6}$ 的出线端 5 断开或脱落，或者它们接触不良，M1 不能正向启动；但能反向启动，正反向点动；M2 正常工作
K3	主轴正转不能启动	$KA2_{5-6}$、KA1 线圈的出线端 6 断开、脱落或 KA1 线圈断开，或者 $KA2_{5-6}$ 不能闭合，M1 不能正向启动；但能反向启动、正反向点动；M2 工作正常
K4	镗床不能启动	EL 与 KA1 线圈间 0 号线断开，控制电路断路，主电动机、快速电动机不能启动；但 HL、EL 灯亮
K5	主轴反转不能启动	$SB3_{4-7}$、$KA1_{7-8}$ 的出线端 7 断开、脱落，或者它们接触不良，M1 不能反向启动；但能正向启动，正反转点动；M2 工作正常
K6	主轴反转不能启动	$KA1_{7-8}$、KA2 线圈的出线端 8 断开、脱落，或者 KA2 线圈断开或 $KA1_{7-8}$ 不能闭合，M1 不能反向启动；但能正向启动，正反向点动；M2 工作正常
K7	主轴正、反转不能启动	$SB1_{3-4}$ 与 $SQ3_{4-9}$ 间 4 号线断开、脱落，KA1、KA2 虽有电吸合，但 KM3、KT、KM1、KM2、KM4、KM5 均不动作，M1 不能正、反转；M2 工作正常
K8	主轴反转不能启动	$KA2_{10-11}$ 出线端 10 断开或触点接触不良，按下 SB3，M1 不能反向启动；正向启动正常，能正、反向点动；M2 工作正常
K9	主轴正、反转不能启动	KM3 线圈出线端 11 断开、脱落，或者本身断开，KA1、KA2 虽能吸合，但 KM3、KM1、KM2、KM4、KM5 均不动作，M1 不能正、反转；但能正、反向点动；M2 工作正常
K10	主轴无高速	$SQ7_{11-12}$ 出线端 11 断开或本身接触不良，令 KT、KM5 不吸合，M1 无高速，但能低速运行，能正、反向点动；M2 工作正常

故障开关	故障现象	备 注
K11	主电动机、快移电动机不能启动	KM3 线圈与 KT 线圈间 0 号线断开，按下 SB2，KA1、KM3 吸合，其他无动作；按下 SB3，KA2、KM3 吸合，其他无动作；SQ9$_{24-25}$ 闭合，KM6 不吸合；SQ8$_{2-27}$ 闭合，KM7 不吸合，使得 M1、M2 不能启动
K12	主电动机停车无制动	SB1$_{3-13}$ 出线端 13 断开或本身接触不良，断开了制动电路，M1 停车无制动；但正反转、点动正常；M2 工作正常
K13	主轴、进给均无变速冲动	KS$_{13-15}$、SQ6$_{15-14}$、SQ5$_{15-14}$ 的出线端 15 断开，或者它们本身接触不良，断开了变速冲动电路，使得主轴进给无变速冲动；但 M1 正反转、制动正常，能正、反向点动，M2 正常工作
K14	主电动机不能正转	KM2$_{14-16}$、KM1 线圈的出线端 16 断开，或者 KM2$_{14-16}$ 不能闭合或 KM1 线圈断开，M1 不能正转；M1 能反转；M2 正常工作
K15	主电动机不能正、反转，只能正、反转点动	KM3$_{4-17}$ 出线端 4 断开或本身接触不良，M1 不能正反转；但按下 SB4、SB5 能正反转点动；M2 正常工作
K16	主电动机不能反转	KM1$_{18-19}$、KM2 线圈的出线端 19 断开，或者 KM1$_{18-19}$ 不能闭合或 KM2 线圈断开，M1 不能反转；M1 能正转；M2 正常工作
K17	主电动机、快移电动机不能启动	KM2 线圈与 KM4 线圈间 0 号线断开，按下 SB2，KA1、KM3、KM1 吸合，但 KM4、KM5 不吸合；按下 SB3，KA2、KM3、KM2 吸合，但 KM4、KM5 不吸合；SQ9$_{24-25}$ 闭合，KM6 不吸合，SQ8$_{2-27}$ 闭合，KM7 不吸合，使得 M1、M2 不能启动
K18	主轴正转不能启动	KM1$_{3-13}$ 出线端 13 断开或本身接触不良，M1 不能正向启动；不能正向点动；但能反向启动，反向点动；M2 正常工作
K19	主电动机不能高速运行	KT$_{13-20}$ 触点被短路，KT 吸合，但 KM4 不会释放，KM5 不能吸合，M1 只能低速运行，无法高速运行；M1 正反向点动；M2 正常工作
K20	主轴反转不能启动	KM2$_{3-13}$ 出线端 13 断开或本身接触不良，M1 不能反向启动，不能反向点动，但能正向启动、正向点动；M2 工作正常
K21	主电动机不能高速运行	KT$_{13-22}$、KM4$_{22-23}$ 的出线端 22 断开或它们本身接触不良，KM5 不能吸合，M1 只能低速运行，无法高速运行；M1 能正反向点动；M2 正常工作
K22	快移电动机不能工作	KM5 线圈与 KM6 线圈间 0 号线断开，KM6、KM7 线圈无电，M2 不能工作；M1 工作正常
K23	快移电动机不能正转	SQ8$_{2-24}$、SQ9$_{24-25}$ 它们的出线端 24 断开或它们本身接触不良，KM6 线圈无电，M2 不能正转；M2 能反转；M1 工作正常
K24	快移电动机不能反转	SQ8$_{2-27}$、SQ9$_{27-28}$ 它们的出线端 27 断开或它们本身接触不良，KM7 线圈无电，M2 不能反转，M2 能正转；M1 工作正常
K25	快移电动机不能工作	M2 三相电源线有两相断路或 M2 定子两相绕组断开，虽然 KM6、KM7 能吸合，但 M2 不转；M1 正常工作

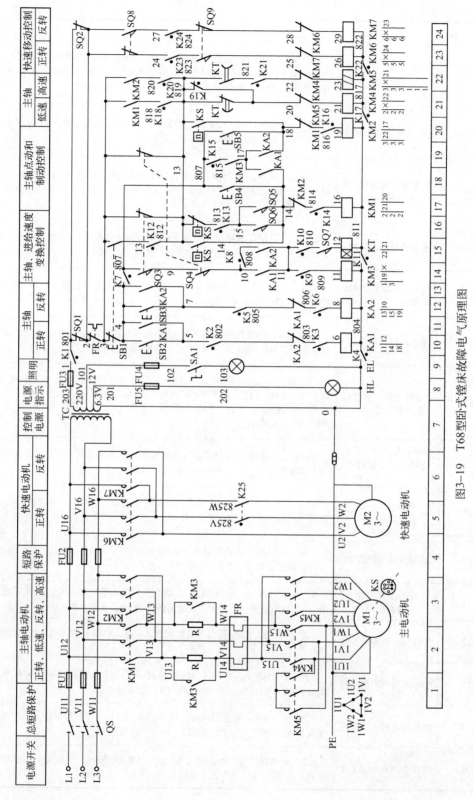

图3-19 T68型卧式镗床故障电气原理图

本章小结

分析电气控制系统，首先要对被控设备的基本结构、运行情况、加工工艺要求、对电力拖动的要求及机械、液压、电气三者的配合有透彻的了解，然后采用查线读图法对电路进行分析。其分析方法是：先机后电、先主后辅、化整为零、集零为整、总结特点。

本章介绍了几种常用的机床电气控制系统，要求读者在学会用符号法分析电气原理图的同时，掌握诊断故障、排除故障的方法。

1. C650 型卧式车床电气控制系统的特点

（1）采用三台交流笼型异步电动机拖动，尤其是车床溜板箱的快速移动单独用一台电动机拖动。

（2）主轴电动机不但能正、反转，还可单向低速点动，正、反向停车时均具有反接制动。

（3）设有检测主轴电动机工作电流的环节。

（4）具有完善的保护与联锁环节。

2. M7120 型卧轴矩台平面磨床电气控制系统的特点

（1）采用四台交流笼型异步电动机拖动。采用液压泵电动机提供压力油，通过液压传动系统推动工作台做往复运动。

（2）砂轮电动机只需单向连续运行。

（3）具有电磁吸盘吸持工件，且有退磁电路。

（4）电磁吸盘具有失磁保护，过电压保护及短路保护。

3. Z35 型摇臂钻床电气控制系统的特点

（1）Z35 型摇臂钻床是机、电、液的综合控制。采用四台交流笼型异步电动机拖动，有一套液压系统，由立柱夹紧与松开电动机 M4 拖动液压泵送出压力油来实现立柱和主轴箱的松开与夹紧。

（2）摇臂的升降控制与摇臂夹紧放松的控制有严格的程序要求，应确保先松开，再上下移动，移动到位后自动夹紧。这些由电气控制电路与机械配合来实现。

（3）具有完善的保护和联锁环节。

4. X62W 型卧式万能铣床电气控制系统的特点

（1）采用三台交流笼型异步电动机拖动，主轴电动机能正、反转，停车时采用反接制动。

（2）主轴调速和进给调速均由机械完成，但在变速时，主轴电动机和进给电动机要有短时"冲动"，以利于齿轮啮合。

（3）进给运动与主轴运动有电气联锁，进给运动要在铣刀旋转后才能进行。

（4）进给电动机的控制采用机械挂挡－电气开关联动的手柄操作，而且操作手柄扳动方向与工作台运动方向一致，具有运动方向的直观性。

（5）工作台上、下、左、右、前、后六个方向的运动具有联锁保护，任何时刻只能有一个方向的进给运动。

（6）圆工作台运动只需一个转向，且与工作台进给运动有联锁，不能同时进行。

5. T68 型卧式镗床电气控制系统的特点

（1）采用两台交流笼型异步电动机拖动，其中主轴与进给电动机 M1 为双速笼型异步电动机。低速时定子绕组接成三角形，高速时定子绕组接成双星形。高、低速转换由行程开关 SQ7 控制。低速时可直接启动；高速时，先低速启动，然后经延时后自动转换为高速运行的二级启动，以减少启动电流。

（2）主电动机 M1 能正、反转运行，正反向点动，两者均可反接制动。在点动、反接制动及变速中，定子电路均串联限流电阻 R，以减少启动电流和制动电流。

（3）T68 型卧式镗床有 18 挡速度，由电气与机械配合取得。主轴变速和进给变速均可在停车或运行中进行。只要进行变速，M1 均要低速"冲动"，以利于齿轮啮合。

（4）主轴箱、工作台与主轴由快移电动机 M2 拖动实现其快速移动，它们的进给有机械和电气联锁保护。

思考题与习题 3

1. 电气控制系统分析的依据是什么？如何分析电气控制系统？

2. 试述 C650 型卧式车床主轴电动机的控制特点及时间继电器 KT 的作用。

3. C650 型卧式车床主轴电动机是如何停车的？

4. C650 型卧式车床电气控制系统有哪些保护环节？

5. C650 型卧式车床若发生下列故障，请分别分析其故障原因：

（1）主电动机点动、正反转均不能停车；

（2）主电动机正转、点动均无反接制动，但反转正常；

（3）主电动机正反转均不能自锁，马上停车。

6. M7120 型卧轴矩台平面磨床为什么采用电磁吸盘来夹持工件？电磁吸盘线圈为何要用直流供电而不能用交流供电？

7. M7120 型卧轴矩台平面磨床中电磁吸盘为何要设欠电压继电器 KV？它在电路中怎样起保护作用？与电磁吸盘并联的 RC 电路起什么作用？

8. M7120 型卧轴矩台平面磨床中若发生以下故障，请分别分析其故障原因：

（1）砂轮箱升降电动机不能升降；

（2）电磁吸盘无吸力。

9. 在 Z35 型摇臂钻床电气控制系统中，行程开关 SQ1、SQ2 各有何作用？

10. 在 Z35 型摇臂钻床电气控制系统中，设置了哪些联锁与保护环节？

11. Z35 型摇臂钻床若发生下列故障，试分别分析其故障原因：

（1）主电动机不能停转；

（2）摇臂升降后不能按要求停止；

（3）摇臂升降电动机正反转重复不停，致使摇臂升降后夹紧放松动作反复不止。

12. 说明 X62W 型卧式万能铣床主轴电动机的制动过程。

13. X62W 型卧式万能铣床电气控制系统中变速冲动环节的作用是什么？在主轴不转或主轴转动时能实现变速吗？试述其控制过程。

14. 说明 X62W 型卧式万能铣床工作台六个方向进给联锁保护的工作原理。

15. X62W 型卧式万能铣床若发生下列故障，请分别分析其故障原因：

（1）主轴电动机停车时，正反方向都没有制动作用；

（2）工作台不能做垂直（上、下）进给运动；

（3）工作台不能做纵向（左、右）进给运动；

（4）工作台不能快速进给。

16. 试述 T68 型卧式镗床主电动机变速启动时的操作过程及电路工作情况。

17. 试述 T68 型卧式镗床主轴变速和进给变速控制过程。

18. 在 T68 型卧式镗床电气控制系统中，行程开关 SQ1～SQ9 各有何作用，它们分别由什么操作手柄来控制？

19. T68 型卧式镗床若发生下列故障，请分别分析其故障原因：

（1）主轴的转速与转速指示牌不符；

（2）主轴或进给变速手柄拉出后，主电动机不能产生冲动；

（3）主电动机不能制动；

（4）主电动机点动、低速正反转及低速反接制动均正常，但高、低速转向相反，且当主电动机高速运行时，不能停车。

第4章 桥式起重机电气控制系统

本章主要介绍桥式起重机的结构、运动形式、对电力拖动的要求，分析一种典型的桥式起重机电气控制系统，研究两类常用的控制电路及其检修方法。

4.1 桥式起重机概述

起重机是一种用来在空间垂直升降和水平运移重物的机械设备，广泛应用于工矿企业、港口、车站、仓库、建筑工地、电站、船舶等领域。它对减轻工人劳动强度、提高劳动生产率、促进生产过程机械化起着重要的作用，是现代化生产不可或缺的工具。

按结构不同，起重机可分为桥式起重机、门式起重机、塔式起重机、旋转起重机等。其中，桥式起重机是机械制造工业和冶金工业中使用最广泛的起重设备，又称"天车"或"行车"，是一种横架在固定跨间上空用来吊运各种物件的设备。

桥式起重机又可分为通用桥式起重机、冶金专用起重机、龙门起重机与缆索起重机等。桥式起重机按起吊装置不同又有吊钩桥式起重机、电磁盘桥式起重机和抓斗桥式起重机之分，其中以吊钩桥式起重机最常用。本章对吊钩桥式起重机的电气控制系统进行讨论和分析，另外两种仅起吊装置不同，而结构、电气控制系统均与吊钩桥式起重机相同。

4.1.1 桥式起重机的主要结构及运动形式

桥式起重机一般由桥架（又称大车）、大车移行机构、小车及小车移行机构、装在小车上的提升机构、驾驶室、小车导电装置（辅助滑线）、起重机总电源导电装置（主滑线）等部分组成，其结构如图 4 – 1 所示。

1. 桥架

桥架由主梁、端梁、走台等部分组成。主梁横向跨架在车间上空，两端连有端梁，主梁外侧设有走台，走台上有安全栏杆。在主梁一端的下方装有驾驶室，在驾驶室侧的走台上装有大车移行机构，在走台另一侧装有辅助滑线，以便向小车电气设备供电。在主梁上方铺有导轨，供小车在其上移动。

2. 大车移行机构

大车移行机构由大车拖动电动机、传动轴、减速器、制动器及车轮组成，采用两台电动机分别拖动两个主动轮，驱动整套起重机沿车间长度方向（纵向）移动。

3. 小车

小车由小车架、小车移行机构和提升机构组成，小车架由钢板焊成，其上装有小车移行机构、提升机构、护栏及提升限位开关。小车可沿桥架主梁上的轨道左右（车间横向）移行。在小车运动方向的两端装有缓冲器和限位开关。小车移行机构由小车电动机、制动器、减速器、车轮等组成，小车主动轮相距较近，由一台小车电动机拖动。

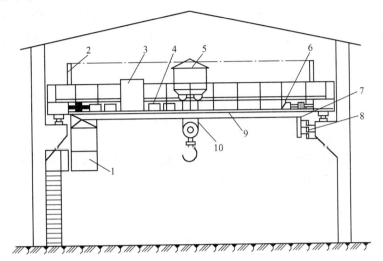

注：1—驾驶室；2—辅助滑线架；3—交流磁力控制盘；4—电阻箱；5—起重小车；
6—大车拖动电动机；7—端梁；8—主滑线；9—主梁；10—提升机构

图 4 - 1　桥式起重机结构示意图

4. 提升机构

提升机构由提升电动机、减速器、卷筒、制动器、吊钩等组成。提升电动机经联轴节、制动轮与减速器连接，减速器的输出轴与缠绕钢丝绳的卷筒连接，钢丝绳的另一端装有吊钩，当卷筒转动时，吊钩就随钢丝绳在卷筒上的缠绕或放开而提升或下放。对于起重量在 15t 及以上的起重机，备有两套提升机构，即主提升机构与副提升机构。图 4 - 2 所示为小车机构传动示意图。

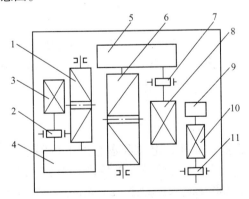

注：1、5、9—主钩、副钩、小车的减速器；2、7、11—制动器；3、8、10—电动机；
4、6—副卷筒、主卷筒

图 4 - 2　小车机构传动示意图

5. 驾驶室

驾驶室是控制起重机的吊舱，其中装有大、小车移行机构的控制装置、提升机构的控制装置和起重机的保护装置等。驾驶室固定在主梁一端下方，也有安装在小车下方随小车移动的。驾驶室上方开有通向走台的舱口，供检修大车、小车机械及电气设备的人员用。

可见，桥式起重机的运动形式有三种：

（1）起重机由大车电动机驱动沿车间两边轨道做纵向前后运动。

（2）小车及提升机构由小车电动机驱动沿桥架主梁上的轨道做横向左右运动。

（3）提升电动机驱动重物做升降运动。

因此桥式起重机可使重物在垂直、横向、纵向三个方向运动，把重物移至车间的不同位置，完成车间内的起重运输任务。

4.1.2 桥式起重机的主要技术参数

桥式起重机的主要技术参数有：起重量、跨度、提升高度、运行速度、提升速度、电动机的负载持续率和工作类型等。

1. 起重量

起重量又称额定起重量，是指起重机实际允许起吊的最大负荷量，以 t（吨）为单位。国产桥式起重机系列的起重量有 5t、10t（单钩）、15/3t、20/5t、30/5t、50/10t、75/20t、100/20t、125/30t、150/30t、200/30t、250/30t（双钩）等多种。数字的分子为主钩起重量，分母为副钩起重量。如 20/5t 起重机是指主钩的额定起重量为 20t、副钩的额定起重量为 5t 。

桥式起重机按起重量可分为 3 个等级，5～10t 为小型，10～50t 为中型，50t 以上为重型。

2. 跨度

起重机主梁两端车轮中心线间的距离，即大车轨道中心线间的距离称为跨度，以 m 为单位。国产桥式起重机的跨度有 10.5m、13.5m、16.5m、19.5m、22.5m、25.5m、28.5m、31.5m，每 3m 为一个等级。

3. 提升高度

起重机吊具或抓取装置（抓斗、电磁吸盘）的上极限位置与下极限位置之间的距离称为起重机的提升高度，以 m 为单位。常用的提升高度有 12/14m、12/16m 、12/18m、16/18m、19/21m、20/22m、21/23m、22/26m、24/26m 等几种。其中分子为主钩提升高度，分母为副钩提升高度。

4. 运行速度

运行速度指大、小车移行机构在其拖动电动机以额定转速运行时对应的速度，以m/min 为单位，小车运行速度一般为 40～60m/min，大车运行速度一般为 100～135m/min。

5. 提升速度

提升机构的提升电动机以额定转速使重物提升的速度一般不超过 30m/min，依重物性质、重量、提升要求而定。

其次，还有空钩速度，提高空钩速度可缩短非生产时间，此速度可高达提升速度的两倍。

此外，还有重物接近地面时的低速，称为着陆低速，以保证人身及货物的安全，其速度一般为 4～6m/min。

6. 负载持续率

桥式起重机的各台电动机在一个工作周期内是间断工作的，其负载持续率为工作时间与工作周期时间之比，起重机标准的工作周期为 10min。负载持续率反映了起重机的工作繁重程度，用 FS% 表示，标准的负载持续率有 15%、25%、40%、60% 四种。

7. 工作类型

起重机按其载荷率和工作繁忙程度可分为轻级、中级、重级和特重级四种工作类型。

（1）轻级：运行速度慢，使用次数少，满载机会少，负载持续率为 15%，用于不紧张、不繁忙的工作场所，如在水电站、发电厂中用做安装检修的起重机。

（2）中级：经常在不同负载下工作，速度中等，工作不太繁重，负载持续率为25%，如一般机械加工车间和装配车间用的起重机。

（3）重级：工作繁重，经常在重载下工作，负载持续率为 40%，如冶金和铸造车间使用的起重机。

（4）特重级：经常起吊额定负载，工作特别繁忙，负载持续率为 60%，如冶金专用的桥式起重机。

4.1.3 桥式起重机的电力拖动特点及控制要求

桥式起重机通常安装在车间、仓库、码头、货场的上部，有的还露天安装，因此往往处于高温、高湿度、易受风雨侵蚀或多粉尘的环境中，工作条件较差；同时，还经常处于频繁启动、制动、正反转状态，要承受较大的过载和机械冲击。因此，对桥式起重机电气控制系统有如下特殊要求。

1. 电力拖动系统的构成

桥式起重机的电力拖动系统由3～5台电动机组成。

（1）小车驱动电动机1台。

（2）大车驱动电动机1～2台，大车若采用集中拖动，采用1台电动机驱动；若采用分别驱动，则由两台相同的电动机分别驱动左、右边的主动轮。

（3）提升电动机1～2台。单钩的小型起重机只有1台提升电动机；15t以上的中型和重型起重机则有两台（主钩和副钩）提升电动机。

2. 对起重电动机的要求

（1）起重电动机应选用断续周期工作制的电动机。

由于电动机频繁地通、断电，经常处于启动、调速、制动和反转状态，而且往往是带负载启动，所以，所选的断续周期工作制电动机应有较强的过载能力、较好的启动性能，即启动电流小、启动转矩大。

（2）能进行电气调速。

因为起重机对重物停放的准确性要求较高，在起吊和下降重物的过程中要求多次调速，所以不宜采用机械调速，而应采用电气调速。因此起重电动机多采用交流绕线型异步电动机转子电路串电阻的方法启动和调速。

（3）能适应较恶劣的工作环境和机械冲击。

起重电动机应采用封闭式结构，有较高的绝缘等级。

为此，我国专门生产了起重及冶金用的YZR（绕线转子型）与YZ（笼型）系列三相异步电动机供中型起重机使用。大型起重机则仍使用ZZK和ZZ系列直流电动机。

3. 对电气控制系统的要求

为提高起重机的生产率与确保安全，对起重机提升机构的电气控制要求较高。而对大、小车移行机构的要求则比较低，只要求有一定的调速范围，必须采用制动停车及适当的保护等。对提升机构的电气控制的主要要求有以下几点。

（1）具有合适的升降速度，空钩能快速升降，以减少生产辅助时间；轻载提升速度应高于重载提升速度。

（2）有一定的调速范围，普通起重机调速范围为3:1，要求高者可达（5～10):1。

（3）具有适当的低速区，在提升之初及重物下降至接近预定位置时，均需低速运行，故升降控制应将速度分为几挡，从高速向低速过渡时应逐级减速，以保持稳定运行。

（4）提升的第一挡为预备级，用以消除传动系统中的齿轮间隙，并将钢丝绳张紧，以避免过大的机械冲击。在预备级，电动机的启动转矩不宜过大，一般限制在额定转矩一半以下。

（5）起重电动机负载为位能性恒转矩负载，负载转矩方向不随电动机的转向而改变。在下放负载时，当位能负载转矩小于摩擦转矩时，电动机可工作在反向电动状态，此时电动机产生的转矩为电动转矩。当位能负载转矩大于摩擦转矩时，电动机可工作在倒拉反接制动或发电反馈制动状态，此时电动机产生的转矩为制动转矩，以满足不同下降速度的要求。

（6）为确保安全，要求采用电气和机械双重制动，既可减轻机械抱闸的负担，又可防止因突然断电而使重物自由下落造成设备和人身事故。

（7）要有完备的电气保护与联锁环节，如要有过载保护，因热继电器热惯性较大，起重机电路多采用过流继电器做过载保护；要有零电压保护、终端保护等。

由于起重机使用广泛，所以其控制设备都已标准化。根据起重电动机容量的大小不同，常用的控制方式有两种：一种采用凸轮控制器直接控制电动机的定子和转子，以实现电动机的起停、正反转、调速和制动，这种控制方式受控制器触点容量的限制，只适用于小容量起重电动机的控制；另一种采用主令控制器与磁力控制盘配合的控制方式，通过接触器通、断定、转子电路，适用于容量较大、调速要求较高的起重电动机和工作十分繁重的起重机。对于 15t 以上的桥式起重机，一般同时采用两种控制方式，主提升机构采用主令控制器与磁力控制盘配合的控制方式，而大车、小车移行机构和副提升机构则采用凸轮控制器控制方式。

4.2　起重电动机的工作状态

起重机大、小车移行机构的拖动电动机，其负载转矩为摩擦转矩，属于反抗性恒转矩性质，其方向始终与运动方向相反，为阻转矩。当移行机构来回移动时，电动机工作在正向电动状态或反向电动状态。

提升机构的拖动电动机的负载转矩性质则复杂得多，除了摩擦转矩外，主要是重物产生的位能转矩，它属于位能性恒转矩性质。当提升重物时，位能转矩与电动机的电磁转矩方向相反，为阻转矩，电动机工作于正向电动状态；而下放重物时，它变为原动转矩。空钩或轻载下放时，如出现位能转矩小于摩擦转矩现象，则电动机应电动下放负载，又称强迫下放或强力下放。如位能转矩大于摩擦转矩，则电动机要制动下放负载。因为此时的负载转矩为原动转矩，电动机的电磁转矩应变成制动转矩才能获得稳定的下放速度。可见，提升机构电动机将视位能负载大小不同，提升与下放不同，运行于不同的工作状态。

4.2.1　提升负载时电动机的工作状态

提升负载时，设交流绕线型异步电动机定子三相绕组接正序电源，产生的旋转磁场逆时针方向旋转，以同步转速 n_1 表示，见图 4 – 3。当某一瞬间旋转磁场转至图 4 – 3 所示的上方为 N 极、下方为 S 极时，在 N 极下转子导体切割磁力线的方向（用切 ϕ 表示，下同）朝右，S 极下转子导体切割磁力线的方向朝左。导体切割磁力线，产生感应电动势及电流，故在 N 极下导体感应电流的方向按右手定则可确定为⊗，S 极下导体感应电流方向为⊙。带电导体在磁场中受到力的作用，于是 N 极下带电导体按左手定则可确定其受力方向（用 f 表示，下同）朝左，S 极下带电导体受力方向朝右，电动机便产生一个与旋转磁场方向相同的电磁转矩 T，只要 T 能克服负载转矩，电动机便可沿着旋转磁场方向转动。

提升负载时，电动机负载转矩 T_L 由位能转矩 T_w 及提升机构摩擦阻转矩 T_f 组成，其方向如图 4-4 所示。当 T 克服这两个阻转矩时，电动机工作在正向电动状态，稳定提升负载。为了获得不同的提升负载速度，绕线型异步电动机转子串入不同的电阻，电阻越大，转速越低。电动机相应的工作点见图 4-4 第一象限机械特性的 a、b 或 c 点，以 n_a、n_b 或 n_c 转速提升负载。

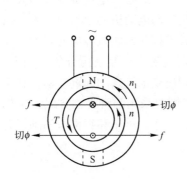

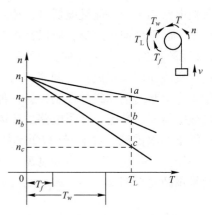

图 4-3　提升机构电动机正向电动原理图　　　图 4-4　提升机构提升负载时正向电动工作状态

4.2.2　下放负载时电动机的工作状态

下放负载时，电动机有三种工作状态。

1. 反转电动状态

当空钩或轻载下放时，如位能转矩 T_w 小于摩擦转矩 T_f，$T_L = T_f - T_w$，此时负载依靠重物自重不能下降。为此，电动机必须产生一个与重物下降方向相同的电磁转矩，克服负载转矩，下放重物。因此，电动机定子绕组应接反序电源，产生顺时针方向旋转的旋转磁场，用 n_1 表示，见图 4-5。在某一瞬间，N 极在上，S 极在下，则 N 极下导体切割磁力线方向朝左，S 极下导体切割磁力线方向朝右；按右手定则可知 N 极下导体感应电流方向为 $\odot$，S 极下导体感应电流方向为 $\otimes$；再按左手定则可确定 N 极下导体受力方向朝右，S 极下导体受力方向朝左。电动机便产生一个与旋转磁场方向相同的电磁转矩 T，使负载下放。

这种下放负载的特点是：电磁转矩 T 与位能转矩 T_w 共同克服摩擦转矩 T_f，$T = T_L = T_f - T_w$，$T_f = T + T_w$，强迫空钩或轻载下降，各转矩方向见图 4-6。电动机工作在反向电动状态，稳定运行于 a、b 或 c 点，以 $-n_a$、$-n_b$ 或 $-n_c$ 转速下放负载。

2. 发电反馈制动状态

当中载或重载长距离下降负载时，位能转矩 T_w 大于摩擦转矩 T_f，$T_L = T_w - T_f$，重物变成原动转矩，在自重作用下会不断加速。为了获得稳定的下放高速，电动机应工作于反向发电反馈制动状态，产生制动转矩与负载转矩平衡。其工作原理如下所述。

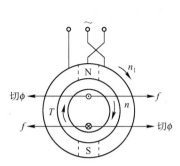
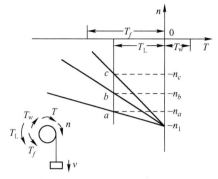

图4-5　提升机构电动机反向电动原理图　　图4-6　提升机构下放负载时反向电动工作状态

电动机定子绕组接反序电源产生顺时针方向旋转的旋转磁场，用 n_1 表示，见图4-7。在某一瞬间，N 极在上，S 极在下，由于电动机转速高于同步转速，使得 N 极下导体切割磁力线方向朝右，S 极下导体切割磁力线方向朝左；按右手定则可知，N 极下导体感应电流方向为 $\otimes$，S 极下导体感应电流方向为 $\odot$；再按左手定则确定 N 极下导体受力方向朝左，S 极下导体受力方向朝右，电动机产生的电磁转矩 T 与负载下放的方向相反，变成制动转矩，就能获得稳定下放的高速。

电动机刚接反序电源时，电磁转矩 T 与位能转矩 T_w 同方向，使得电动机反向加速；当电动机转速超过同步转速时，电磁转矩由原动转矩变成制动转矩，见上述，$T = T_L = T_w - T_f$，$T_f + T = T_w$，电动机工作于反向发电反馈状态。各转矩方向见图4-8，电动机在第四象限发电反馈机械特性 a 点稳定工作，$\left| -n_a \right| > \left| -n_1 \right|$。

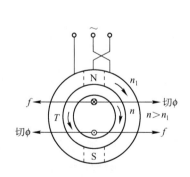
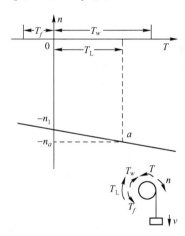

图4-7　提升机构电动机反向　　　　图4-8　提升机构下放负载时反向
　　　发电反馈制动原理图　　　　　　　　发电反馈制动工作状态

3. 倒拉反接制动状态

在下放重载时，为获得下放低速，常采用倒拉反接制动。此时电动机定子绕组按正转提升相序接电源，但因其转子绕组接入大电阻，电动机的启动转矩 T_{st} 比负载转矩 $T_L = T_w - T_f$ 还要小，于是电动机被负载拖着反转，下放负载，电动机工作于倒拉反接制动状态，产生的制动转矩与负载转矩平衡，其工作原理如下所述。

电动机定子绕组接正序电源，其旋转磁场逆时针方向旋转，以 n_1 表示，如图 4-9 所示。在某一瞬间，N 极在上，S 极在下，由于电动机被负载拖着反转，于是 N 极下导体切割磁力线方向朝右，S 极下导体切割磁力线方向朝左；按右手定则可确定 N 极下导体感应电流方向为 $\otimes$，S 极下导体感应电流方向为 $\odot$；再按左手定则可确定 N 极下导体受力方向朝左，S 极下导体受力方向朝右，电动机产生的电磁转矩 T 与负载下放方向相反，变成制动转矩，就能获得稳定下放的低速。

倒拉反接制动下放负载时，$T = T_L = T_w - T_f$，$T + T_f = T_w$，电动机工作于倒拉反接制动状态，各转矩方向见图 4-10。电动机转子串联电阻越大，其下放转速越高，其稳定工作点分别见第四象限机械特性的 a 点与 b 点，下放转速 $|-n_a|$ 或 $|-n_b|$ 比同步速 $|-n_1|$ 低。如轻载下放，但负载转矩 $T_L = T_w - T_f$ 小于启动转矩 T_{sta} 或 T_{stb} 时，将会出现不但不下降反而会上升的现象，在图 4-10 所示的 c 点或 d 点稳定运行，以转速 n_c 或 n_d 上升，处理办法见后述。

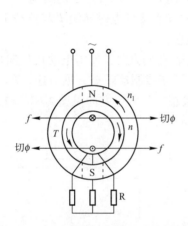

图 4-9　提升机构电动机倒拉
反接制动原理图

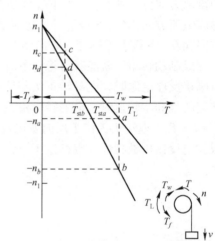

图 4-10　提升机构下放负载时倒拉
反接制动工作状态

4.3　凸轮控制器的控制电路

凸轮控制器是一种大型手动控制电器，是起重机上重要的电气操作设备之一，用来直接操作与控制电动机的正反转、启动、调速与停车，由于其控制电路简单，维修方便，广泛用于中小型起重机的平移机构和小型起重机的提升机构的控制中。

4.3.1　电路特点

图 4-11 所示为采用凸轮控制器控制的 10t 桥式起重机的小车控制电路，该电路亦可用于控制提升机构电动机，图中，凸轮控制器 2SA 有编号为 1～12 的 12 对触点，以竖画的触点表示。当凸轮控制器的手柄在零位时，触点闭合，用常闭触点表示；若手柄在零位，触点分断，用常开触点表示。凸轮控制器的操作手柄右转（控制电动机正转）和左转（控制电动机反转）各有 5 个挡位，加上一个中间位置（称零位）共有 11 个挡

位，用横画的细虚线表示。每对触点在各挡位是否接通，则以在横竖线交点处的黑圆点表示，有黑圆点的表示接通，无黑圆点的则表示分断。

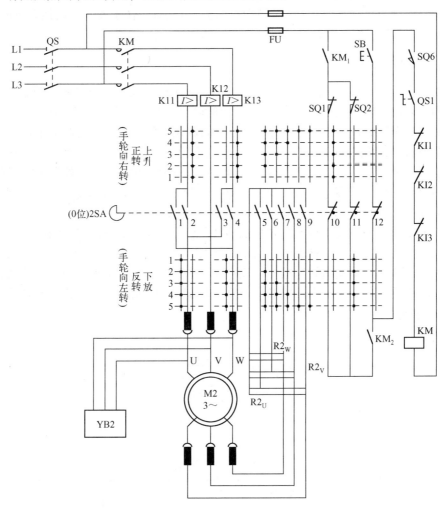

图 4 – 11　凸轮控制器控制的 10t 桥式起重机电气原理图

图 4 – 11 所示电路有如下特点。

（1）采用可逆对称电路。凸轮控制器左、右各五挡的通/断情况是完全对称的，即手柄处在正转和反转相应位置时，电动机工作情况完全相同，对于小车移行机构电动机，其正反转工作状态完全一样。

（2）为减少绕线型异步电动机转子外接电阻段数及切除转子电阻的触点数，转子串接三相不对称电阻 $R2_U$，$R2_V$，$R2_W$，即 $R2_U \neq R2_V \neq R2_W$。而且电动机进行调速时，每一挡仅切除某一相的一段电阻，此时仍保持三相电阻不相等。

（3）用于控制提升机构电动机时，电动机工作于不同的工作状态。

① 在提升负载时，凸轮控制器第一挡为预备级，其作用是消除传动齿轮间隙，张紧钢丝绳，第 2～5 挡上升速度逐渐升高，电动机工作于正向电动状态。

② 在下放重载时，电动机工作于反向发电反馈制动状态，只能在下放第 5 挡工作，

此时电动机下降转速稍高于同步转速。下放其余各挡，电动机转速均比同步转速高得多，故不允许在其余各挡工作。

③ 轻载下放时，如位能转矩小于摩擦转矩，电动机工作于反向电动强力下放状态，可在下放1～5挡工作，此时电动机的转速均低于同步转速。

4.3.2 主电路分析

图4-11所示电路中，QS为电源开关，YB2为电磁制动器，当电磁线圈通电时，依靠电磁力将制动器松开，电动机便可转动；当断电时，制动器将电动机刹住，迫使电动机停车。电动机M2转子回路串入三相电阻不等的调速电阻，在凸轮控制器手柄的不同位置，电动机转子各相接入的电阻均不同，可得到不同的转速，实现一定范围的调速。

凸轮控制器2SA在零位时有九对常开触点、三对常闭触点。三对常闭触点用于电动机正反转时欠电压或零电压保护用，四对常开触点用于电动机的正、反转控制，另外五对常开触点用于接入和切除电动机转子不对称电阻。

凸轮控制器各触点在手柄左右各挡的通/断情况是对称的，使得转子在正、反转时，其电路接线完全一样。当手柄在左、右第一挡时，控制转子的五对触点都不接通，转子电路接入全部电阻，电动机转速最低；而在左、右第五挡时，五对触点全部接通，转子电路外接电阻全部被短路，电动机转速最高。从图4-12可见，电动机上升各挡与下放各挡机械特性是一一对称的。

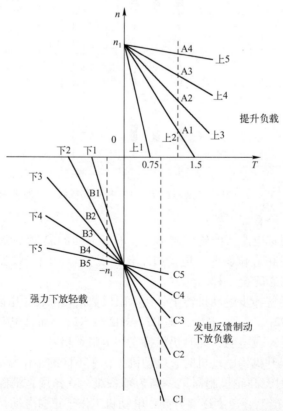

图4-12 凸轮控制器控制提升机构电动机的机械特性

4.3.3 控制电路分析

每次操作之前，先将凸轮控制器 2SA 手柄置于零位，2SA 的触点 10、11、12 接通；在确保桥架上无人后，关好驾驶舱门，压下舱口安全开关 SQ6，使其闭合；合上事故紧急开关 QS1。此外，行程开关 SQ1、SQ2 为电动机 M2 的升、降（若 M2 驱动小车，则分别为小车的右行和左行）行程终端保护，正常情况下，SQ1、SQ2 是闭合的；过电流继电器 KI1、KI2、KI3 不动作，它们的常闭触点闭合。

（1）手柄在零挡：

QS1↓，∵SQ6↓、QS1↓、KI1↓、KI2↓、KI3↓、2SA$_{12}$↓，按下 SB↓，则

$$KM_{\frac{1}{1}}\!\!\rightarrow\!\!KM_{主}↓\!\!\rightarrow\!\!M2 定子 V 相接电源$$
$$\rightarrow KM_1 自↓$$
$$\rightarrow KM_2 自↓$$

$$KM_1↓\Big\langle \begin{matrix}SQ1↓、2SA_{10}↓\\ SQ2↓、2SA_{11}↓\end{matrix} \Big\rangle \!\!\rightarrow\!\! KM_2↓、SQ6↓、QS1↓、KI1↓、KI2↓、KI3↓\!\!\rightarrow\!\! KM_{\frac{1}{1}} \begin{matrix}正转自锁电路\\ 反转自锁电路\end{matrix}$$

（2）上升第一挡：

$$2SA_{12}↑\xrightarrow{\ \because 2SA_{10}↓\ } KM 主↑$$

$$2SA_2↓\rightarrow 定子 U 相接电源$$
$$2SA_4↓\rightarrow 定子 W 相接电源 \Big\} \rightarrow YB2_{\frac{1}{1}} 松刹车，转子接全部三相不对称电阻，M2 工作于上 1 特性为起重预备级$$

（3）上升第二挡：

$2SA_{10}↓、2SA_2↓、2SA_4↓$

$2SA_5↓\rightarrow$ 切除转子 U 相 $R2_U$ 部分电阻，M2 工作于上 2 特性

（4）上升第三挡：

$2SA_{10}↓、2SA_2↓、2SA_4↓、2SA_5↓$

$2SA_6↓\rightarrow$ 切除转子 V 相 $R2_V$ 部分电阻，M2 工作于上 3 特性

（5）上升第四挡：

$2SA_{10}↓、2SA_2↓、2SA_4↓、2SA_5↓、2SA_6↓$

$2SA_7↓\rightarrow$ 切除转子 W 相 $R2_W$ 全部电阻，M2 工作于上 4 特性

（6）上升第五挡：

$2SA_{10}↓、2SA_2↓、2SA_4↓、2SA_5↓、2SA_6↓、2SA_7↓$

$$2SA_8↓\rightarrow 切除转子 V 相 R2_V 剩下电阻$$
$$2SA_9↓\rightarrow 切除转子 U 相 R2_U 剩下电阻 \Big\} \rightarrow 全部切除转子外加电阻，M2 工作于上 5 特性为固有特性$$

从图 4 - 12 可见，在上升第 2～5 挡，电动机工作于上 2～上 5 特性的 A1～A4 点，其提升负载速度逐渐增高。

下放各挡与上升各挡电路工作情况完全一致，机械特性下 1～下 5 与上 1～上 5 对称，当位能转矩小于摩擦转矩时，电动机工作于 B1～B5 点，其下降速度逐渐增高。

下放重载时，电动机工作于发电反馈制动状态，其机械特性是第三象限下 1～下 5 特性向第四象限延伸，从图 4 - 12 可见，下 1 特性工作点 C1 甚至下 2 特性工作点 C2，它们的转速均比同步转速高得多，如此高速下放重载容易产生事故，是不允许的。因此，应将凸轮控制器手柄由零位直接扳至下放第 5 挡，而且途经中间挡位不许停留，在下 5 机械特性工作点 C5，其转速虽稍高于同步转速，但比 C1 的转速低得多。往回操作时，也应从下降第 5 挡快速扳回零位。

由于本电路难以获得负载下降的低速，为了使下降负载时准确定位，要求下降速度很小，可采用点动操作，将凸轮控制器手柄在下放第 1 挡与零位之间来回操作，由电磁抱闸配合，便可获得下放低速。

4.3.4　保护电路分析

1. 欠电压保护

接触器 KM 起欠电压保护作用。当电源电压低于 85% 额定电压时，KM 释放，其主触点断开，从而切断电源。

2. 失电压保护与零位保护

接触器 KM 及其自锁电路与启动按钮 SB 组成的启动电路具有失电压（零电压）保护功能。起重机在运行过程中一旦断电，必须再次按下启动按钮 SB 才能重新接通电源。针对凸轮控制器的控制电路，在每次电动机重新启动时，还必须将凸轮控制器手柄扳回零位，使其触点 $2SA_{12}$ 闭合，按下 SB 才能接通电源，这就防止凸轮控制器手柄还置于左或右转的某一挡位，电动机转子外串联电阻较少的情况下启动电动机，造成较大的启动转矩和电流，从而杜绝事故发生。这一保护作用称为"零位保护"。触点 $2SA_{12}$ 只有在零位才接通，而在其他十个挡位均分断，称为零位保护触点。

3. 过电流保护与短路保护

过电流继电器 KI1、KI2、KI3 用做过电流保护，它们的常闭触点串联于 KM 线圈电路中，一旦出现过电流便切断 KM，从而断开电动机电源。此外，熔断器 FU 做控制电路短路保护用。

4. 行程终端限位保护

行程开关 SQ1、SQ2 常闭触点分别串联在电动机正、反转两条自锁电路中，分别提供电动机正、反转的行程终端限位保护。

5. 安全保护

在 KM 线圈电路中还串联了舱口安全开关 SQ6 常闭触点和事故紧急开关 QS1 常开触点，在未关好驾驶舱门或紧急情况下分断 QS1，均可使电动机停车。

4.4 主令控制器的控制电路

凸轮控制器控制的起重机电路具有电路简单、操作维护方便、经济等优点，但存在着触点容量不够大、触点数偏少、调速性能不够好的缺点。因此，当电动机容量大、凸轮控制器触点容量不够大、起重机操作频繁、电动机每小时通断次数接近或超过 600 次，以及电动机要求有较好的调速、点动性能，或者起重机工作繁重，要求电气设备具有较高的寿命时，可采用主令控制器控制的起重机电路。该电路利用主令控制器发出指令，控制相应的接触器动作，实现电动机的正、反转，并切换绕线型异步电动机转子外加电阻进行调速，完成各种起重吊运工作。

4.4.1 电路特点

在起重机中，主令控制器是与磁力控制盘相配合来实现控制的，两者合称磁力控制器。磁力控制盘将控制用接触器、继电器、刀开关等电气元件按电气原理图接线组装在一块盘上。通常，尺寸较小的主令控制器安装在驾驶室内，而磁力控制盘则安装在桥架上。

下面分析由 LK1-20/90 型主令控制器与 PQR10B 磁力控制盘组成的桥式起重机提升机构的控制电路，如图 4－13 所示。此电路的特点如下。

（1）主令控制器有 12 对触点，在上升与下放时各有 6 个工作位置，上升、下放 6 挡的通/断情况是不对称的。通过主令控制器手柄置于不同工作位置，使 12 对触点相应地闭合和分断，控制电动机定子电路与转子电路的接触器，实现电动机工作状态的改变，使负载获得上升与下放的不同速度。

（2）绕线型异步电动机转子串联三相对称电阻，当电动机进行调速时，每一挡均切除三相相同的电阻，使得转子三相电流对称。

（3）提升负载时，主令控制器第一挡同样为预备级，作用同前；第二至第六挡上升速度逐级增高，可根据负载大小选择不同的上升速度。上升各挡电动机均工作在正向电动状态。

（4）主令控制器在下放第一挡（降 J 挡）亦为预备级，此时电磁制动器未松开，电动机并不旋转，用于防止重物溜钩，实现准确停车，使负载稳定停于空中或在空中平移。

（5）下放重载时，电动机工作于倒拉反接制动状态。主令控制手柄置于下 1、下 2 挡，起重机获得不同的负载下放低速，电动机转速低于同步转速。

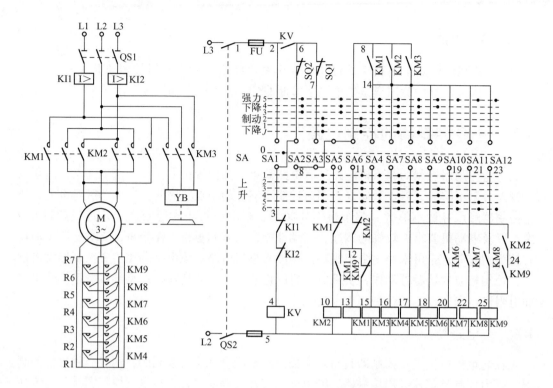

图 4 – 13 桥式起重机提升机构的控制电路

（6）轻载下放时，如位能转矩小于摩擦转矩，电动机工作于反向电动强力下放状态，主令控制器手柄置于下 3、下 4、下 5 挡，分别获得不同的下放速度，此时电动机的转速均低于同步转速。

（7）轻载或中载下放时，位能转矩大于摩擦转矩，电动机工作于反向发电反馈制动状态，只可在下放第五挡工作，此时电动机下降转速稍高于同步转速。

4.4.2 提升重物的控制电路分析

图 4 – 13 所示电路中，QS1 为总电源开关，QS2 为控制电路电源开关，YB 为电磁制动器，M 为提升电动机、其转子有 7 段三相对称调速电阻 R1 ～ R7，KM1、KM2 为正、反转接触器，KM3 为电磁制动接触器，KM4 ～ KM9 为调速接触器，KI1、KI2 为过流继电器，KV 为零电压继电器，SQ1、SQ2 为上升、下降限位保护行程开关，SA 为主令控制器、它有 12 对触点，上升、下降各 6 个挡位及中间位置（零位）共 13 个挡位。

（1）手柄在零位：

QS1↓、QS2↓、SA1↓→KV▢→KV$_{2-6}$↓自

（2）上升第一挡：

$$SA1\uparrow \rightarrow KV\overset{\boxminus}{\underset{\square}{}}, SA3\downarrow 、 SA6\downarrow 、 SA4\downarrow 、 SA7\downarrow$$

$$SA3\downarrow 、 SA6\downarrow , \because KV_{2-6}\downarrow 、 SQ1\downarrow 、 KM2_{11-12}\downarrow 、 KM9_{12-13}\downarrow 、$$

$$\therefore KM1\overset{\boxminus}{\underset{\square}{}} \rightarrow KM1_{\pm}\downarrow 定子接正序电源$$

$$\rightarrow KM1_{12-13}\downarrow 自(当KM9_{12-13}\uparrow , KM1\overset{\boxminus}{\underset{\square}{}})$$

$$\rightarrow KM1_{9-10}\uparrow 互$$

$$\rightarrow KM1_{8-14}\downarrow \underline{\because SA4\downarrow}\rightarrow KM3\overset{\boxminus}{\underset{\square}{}}\rightarrow KM3_{\pm}\downarrow \rightarrow YB\overset{\boxminus}{\underset{\square}{}}\rightarrow 松刹车$$

$$\rightarrow KM3_{8-14}\downarrow 作用见后述$$

$$\underline{\because SA7\downarrow}\rightarrow KM4\overset{\boxminus}{\underset{\square}{}}\rightarrow KM4_{\pm}\downarrow \rightarrow 切除R1, M\overset{\curvearrowright}{}$$

在上升第一挡，电动机转子串联 R2 ～ R7 大电阻，故启动转矩小，一般吊不起重物，只做张紧钢丝绳和消除齿轮间隙的预备级，电动机工作在图 4 – 14 所示第一象限的"上 1"机械特性上。

（3）上升第二挡：

$$SA3\downarrow 、 SA6\downarrow 、 SA4\downarrow 、 SA7\downarrow \rightarrow KM1\overset{\boxminus}{\underset{\square}{}}、 KM3\overset{\boxminus}{\underset{\square}{}}、 KM4\overset{\boxminus}{\underset{\square}{}}$$

$$且SA8\downarrow \underline{\because KM1_{8-14}\downarrow}\rightarrow KM5\overset{\boxminus}{\underset{\square}{}}\rightarrow KM5_{\pm}\downarrow \rightarrow 切除R1、R2、M\overset{\curvearrowright}{}$$

在上升第二挡，电动机转子串联 R3 ～ R7 电阻，电动机工作在"上 2"机械特性，提升负载速度最低。

（4）上升第三挡：

$$SA3\downarrow 、 SA6\downarrow 、 SA4\downarrow 、 SA7\downarrow 、 SA8\downarrow \rightarrow KM1\overset{\boxminus}{\underset{\square}{}}、 KM3\overset{\boxminus}{\underset{\square}{}}～KM5\overset{\boxminus}{\underset{\square}{}}$$

$$且SA9\downarrow \underline{\because KM1_{8-14}\downarrow}\rightarrow KM6\overset{\boxminus}{\underset{\square}{}}\rightarrow KM6_{\pm}\downarrow \rightarrow 切除R1～R3、M\overset{\curvearrowright}{}$$

$$\rightarrow KM6_{19-20}\downarrow$$

在上升第三挡，电动机转子串联 R4 ～ R7 电阻，电动机工作在"上 3"机械特性，提升负载速度提高。

（5）上升第四挡：

$$SA3\downarrow 、 SA6\downarrow 、 SA4\downarrow 、 SA7\downarrow 、 SA8\downarrow 、 SA9\downarrow \rightarrow KM1\overset{\boxminus}{\underset{\square}{}}、 KM3\overset{\boxminus}{\underset{\square}{}}～KM6\overset{\boxminus}{\underset{\square}{}}$$

$$且SA10\downarrow \underline{\because KM1_{8-14}\downarrow 、 KM6_{19-20}\downarrow}\rightarrow KM7\overset{\boxminus}{\underset{\square}{}}\rightarrow KM7_{\pm}\downarrow \rightarrow 切除R1～R4, M\overset{\curvearrowright}{}$$

$$\rightarrow KM7_{21-22}\downarrow$$

在上升第四挡，电动机转子串联 R5 ～ R7 电阻，电动机工作在"上 4"机械特性，提升负载速度进一步提高。

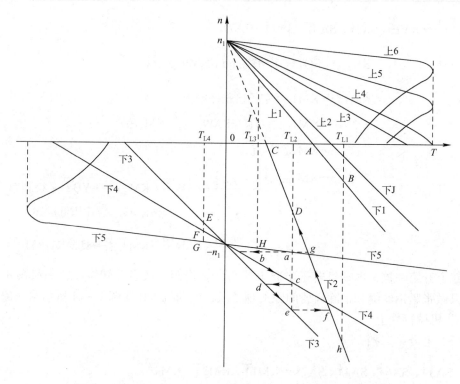

图 4 – 14 PQR10B 主令控制器控制提升机构电动机机械特性

（6）上升第五挡：

SA3↓、SA6↓、SA4↓、SA7↓、SA8↓、SA9↓、SA10↓→KM1▽、KM3▽～KM7▽

且SA11↓ $\xrightarrow{\because KM1_{8-14}↓、KM7_{21-22}↓}$ KM8▽→KM8主↓→切除R1～R5，M↗
$\qquad\qquad\qquad\qquad\qquad\qquad\qquad$ →KM8₂₃₋₂₅↓

在上升第五挡，电动机转子串联 R6、R7 电阻，电动机工作在"上 5"机械特性，提升负载速度更高。

（7）上升第六挡：

SA3↓、SA6↓、SA4↓、SA7↓、SA8↓、SA9↓、SA10↓、SA11↓→KM1▽、KM3▽～KM8▽

且SA12↓ $\xrightarrow{\because KM1_{8-14}↓、KM8_{23-25}↓}$ KM9▽→KM9主↓→切除R1～R6，M↗
$\qquad\qquad\qquad\qquad\qquad\qquad\qquad$ →KM9₁₂₋₁₃↑→KM1否作用见后述
$\qquad\qquad\qquad\qquad\qquad\qquad\qquad$ →KM9₂₄₋₂₅↓作用见后述

在上升第六挡，电动机转子仅串联电阻 R7，工作在"上 6"机械特性，提升负载速度最高。

4.4.3 下放重物的控制电路分析

下降负载时，主令控制器也有 6 个挡位，前 3 个挡位，电动机工作于倒拉反接制动状态，获得下放重载低速；后 3 个挡位，电动机工作于反向电动状态，强力下降位能转矩小于摩擦转矩的负载。

1. 制动下放

（1）下放 J 挡：

SA1↑→KV吸，SA3↓、SA6↓、SA7↓、SA8↓

SA3↓、SA6↓，∴KV$_{2-6}$↓、SQ1↓、KM2$_{11-12}$↓、KM9$_{12-13}$↓

    ∴KM1吸→KM1$_主$↓定子接正序电源

      →KM1$_{12-13}$↓自

      →KM1$_{9-10}$↑互

      →KM1$_{8-14}$↓ $\underline{∵SA7↓}$→KM4吸→KM4$_主$↓→切除R1

           $\underline{∵SA8↓}$→KM5吸→KM5$_主$↓→切除R2

但SA4↑→KM3释→KM3$_主$↑→YB释→电磁制动器未松开。

在下放 J 挡，电动机转子串联 R3～R7 电阻，由于定子按上升相序接通三相电源，故其机械特性为"上 2"机械特性在第四象限的延伸，见图 4 – 14"下 J"机械特性。而此时因为电磁制动器线圈无电，将电动机刹死，故电动机并不旋转。此挡是下放预备挡，为适应负载由提升变换到下放，消除因机械传动间隙产生的冲击而设。该挡的另一个作用是在下放负载时，手柄由任何下放挡位扳回零位时，都要经过下放 J 挡，这时既有电动机的倒拉反接制动，又有电磁制动器的机械制动，在两者共同作用下，可防止重物溜钩，以实现准确停车。

（2）下放第一挡：

SA8↑，SA3↓、SA6↓、SA4↓、SA7↓

SA3↓、SA6↓→KM1吸→KM1$_主$↓定子接正序电源

    →KM1$_{12-13}$↓自

    →KM1$_{9-10}$↑互

    →KM1$_{8-14}$↓ $\underline{∵SA4↓}$→KM3吸→KM3$_主$↓→YB吸→松刹车

           →KM3$_{8-14}$↓

      $\underline{∵SA7↓}$→KM4吸→KM4$_主$↓→切除R1，M⤵

下放第一挡是为重载低速下放而设的，电动机转子串联 R2～R7 全部电阻，定子按提升相序接三相电源，其机械特性"下 1"为"上 1"机械特性在第四象限的延伸。由于负载转矩 T_{L1} 比该特性与横轴的交点 A 对应的启动转矩 T_{stA} 大，于是位能负载拉着电动机反转，进入倒拉反接制动状态，稳定运行于"下 1"特性 B 点低速

下放负载。

（3）下放第二挡：

SA3↓、SA6↓→KM1⊓、SA4↓→KM3⊓，但SA7↑→KM4⊿。

下放第二挡是为了中等负载低速下放而设的，电动机转子串联 R1～R7 全部电阻，定子仍按提升相序接三相电源，其机械特性见第四象限"下 2"特性。此时负载转矩 T_{L2} 比该特性与横轴交点 C 对应的启动转矩 T_{stC} 大，于是位能负载拉着电动机反转，进入倒拉反接制动状态，稳定运行于"下 2"特性 D 点低速下放负载。从图 4-14 可见，中等负载下放速度（D 点对应转速）比重载下放速度（B 点对应转速）快。

必须注意，只有在中载、重载下放时，为获得低速才能用下放第一、二挡。若下放空钩或轻载时，将手柄置这两个挡位，由于"下 2"特性对应的启动转矩 T_{stC} 比负载转矩 T_{L3} 大，将会发生负载不但不下放反而上升，并运行于图 4-14 中的 I 点，以 n_I 转速提升负载。此时应立即将手柄扳至强力下降位置，就可避免负载不降反升的现象出现。为防止误操作，使空钩或轻载不降反升超过上极限位置，在制动下放三个挡位均使 SA3 闭合，将限位开关 SQ1 串入控制回路，以实现上升限位保护。

2. 强力下放

（1）下放第三挡：

SA3↑、SA6↑、SA2↓、SA4↓、SA5↓、SA7↓、SA8↓，又有 KV$_{2-6}$↓、SQ2↓

SA3↑、SA6↑→KM1⊿→KM1$_主$↑→定子断开正序电源

　　　　　→KM1$_{8-14}$↑

　　　　　→KM1$_{12-13}$↑

　　　　　→KM1$_{9-10}$↓

SA2↓、SA5↓ $\xrightarrow{\because KM1_{9-10}↓}$ KM2⊓→KM2$_主$↓定子接逆序电源

　　　　　　　→KM2$_{11-12}$↓互

　　　　　　　→KM2$_{17-24}$↓作用见后述

　　　　　　　→KM2$_{8-14}$↓ $\xrightarrow{\because SA4↓}$ KM3⊓→KM3$_主$↓→YB⊓→松刹车

　　　　　　　　　　　　　　　　　→KM3$_{8-14}$↓

　　　　　　　　 $\xrightarrow{\because SA7↓}$ KM4⊓→KM4$_主$↓→切除R1

　　　　　　　　 $\xrightarrow{\because SA8↓}$ KM5⊓→KM5$_主$↓→切除R2，M↷

在下放第三挡，电动机转子串联 R3～R7，如位能转矩小于摩擦转矩，电动机工作于反转电动强力下放状态，其机械特性见图 4-14 第三象限"下 3"机械特性，下放空钩或轻载的速度最低，见图中工作点 E 对应的转速。

（2）下放第四挡：

SA2↓、SA5↓、SA4↓、SA7↓、SA8↓→KM2↓、KM3↓～KM5↓

且SA9↓ $\xrightarrow{\because KM2_{8-14}↓}$ KM6↓→KM6主↓→切除R3、M

　　　　　　　　　　　　　→KM6₁₉₋₂₀↓

在下放第四挡，电动机转子串入 R4～R7，电动机工作于"下4"机械特性 F 点，下放负载的速度提高。

（3）下放第五挡：

SA2↓、SA5↓、SA4↓、SA7↓、SA8↓、SA9↓→KM2↓、KM3↓～KM6↓

且SA10↓ $\xrightarrow{\because KM6_{19-20}↓}$ KM7↓→KM7主↓→切除R4

　　　　　　　　　→KM7₂₁₋₂₂↓ $\xrightarrow{\because SA11↓}$ KM8↓→KM8主↓→切除R5

　　　　　　　　　　　　　　　　　　　　→KM8₂₃₋₂₅↓ $\because SA12↓$

→KM9↓→KM9主↓→切除R6

　→KM9₂₄₋₂₅↓ ⎫
　　　　　　　　⎬→作用见后述
　→KM9₁₂₋₁₃↓ ⎭

在下放第五挡，电动机转子仅串电阻 R7，电动机工作于"下5"机械特性 G 点，下放轻载的速度最快。

如图 4 – 14 所示，"下3"、"下4"、"下5"机械特性，其转子串接电阻情况与"上2"、"上3"、"上6"机械特性相同，所以两组特性互相对称。"下3"、"下4"、"下5"用于位能转矩小于摩擦转矩下放负载，当要下放位能负载大于摩擦转矩的轻载时，可采用反向发电反馈制动，在"下5"特性向第四象限延伸的特性 H 点工作，此时电动机转速稍高于同步转速，获得稳定下放高速。

4.4.4 保护电路分析

1. 由强力下放过渡到反接制动下放时，避免重载时高速下放的保护环节

重载或中载下放时，本应将手柄扳至下放第一、二挡，但由于对负载重量判断失误，错将手柄扳至下放第五挡，此时电动机在重物位能转矩与电动机电磁转矩共同作用下迅速加速，当 $|-n| > |-n_1|$ 时，电动机的电磁转矩变成制动转矩，电动机工作于反向发电反馈制动状态，见图 4 – 14 第四象限的"下5"机械特性。现以中载下放为例进行分析。此时工作点为 a 点，其转速已超同步转速，如此高速下放是不允许的。因此应将手柄从下放第五挡扳回下放第二挡，令其以 D 点对应转速下放中载。但是在手柄往回推的过程中，势必要经过下放第 4 挡与第 3 挡，在换挡过程中，机械特性也由"下5"、"下4"、"下3"向"下2"变换，电动机工作点则由 $a \rightarrow b \rightarrow c \rightarrow d \rightarrow e \rightarrow f$ 直至 D 点。从图见，e，f 工作点转速比 a 点更高。对于重载下放，在换挡过程中产生的下降高速更惊人，见图 h 点。为避免换挡高速，手柄从下放第五

挡扳回至下放第二挡时，应使电动机避开在下放第四挡与第三挡对应的"下 4"、"下 3"机械特性 e、f 点运行。直接从"下 5"机械特性工作点 a 转换到"下 2"机械特性的 g 点运行，最终转至 D 点稳定下放负载。为此，可将接触器 KM2、KM9 的常开触点 $KM2_{17-24}$ 与 $KM9_{24-25}$ 串联后接于主令控制器触点 SA8 与 KM9 线圈之间，其工作原理如下所述。

下放第五挡时：

$KM2_{17-24}\downarrow$、$KM9_{24-25}\downarrow$

下放第五挡扳至下放第四挡：

$SA10\uparrow \rightarrow KM7 \begin{array}{l} \rightarrow KM7_{主}\uparrow \\ \rightarrow KM7_{21-22}\uparrow \end{array}$

$SA11\uparrow \rightarrow KM8 \begin{array}{l} \rightarrow KM8_{主}\uparrow \\ \rightarrow KM8_{13-25}\uparrow \end{array}$

$SA12\uparrow \rightarrow KM9 \because$ 有自锁电路 $KM2_{8-14}\downarrow$、$SA8\downarrow$、$KM2_{17-24}\downarrow$、$KM9_{24-25}\downarrow$

$\therefore KM9\downarrow \rightarrow KM9_{主}\downarrow \rightarrow$ 转子切除 R1～R6，只串联 R7，电动机仍在"下 5"特性 a 点运行

扳至下放第三挡：

$SA9\uparrow \rightarrow KM6 \begin{array}{l} \rightarrow KM6_{主}\uparrow \\ \rightarrow KM6_{19-20}\uparrow \end{array}$

KM9 仍存在上述自锁电路，$KM9\downarrow$，电动机仍在"下 5"特性 a 点运行。

手柄扳回下放第二挡：

$SA8\uparrow \rightarrow$ 断开 KM9 自锁电路，$KM9\uparrow$；又 $SA2\uparrow$、$SA5\uparrow$、$SA7\uparrow$，$SA3\downarrow$、$SA4\downarrow$、$SA6\downarrow$；其电器动作过程参见下放第二挡，此时电动机工作点从"下 5"特性 a 点直接跳至"下 2"特性 g 点，最终稳定工作于"下 2"特性 D 点，不致发生高速下放。

在 KM9 线圈自锁电路中串入 $KM2_{17-24}$ 常开触点的目的是为了电动机定子按提升相序接三相电源时，该触点分断，使自锁支路不起作用。

2. 保证转子串入反接制动电阻的情况下，电动机才进入倒拉反接制动下放的联锁环节

当手柄从下放第五、第四、第三挡扳回下放第二挡时，SA5 分断，KM2 线圈断电，SA6 接通，KM1 通电吸合，电动机由反向发电反馈制动状态进入倒拉反接制动状态。为防止电动机转入倒拉反接制动时产生过大的冲击电流，应使 KM9 首先失电，主触点分断，将反接制动全部电阻 R1～R7 串入转子后，接触器 KM1 才能通电吸合，电动机转入"下 2"机械特性工作。为此，一方面在主令控制器触点闭合顺序上保证 SA5 分断后 SA6 才能闭合；另一方面增设了 $KM1_{12-13}$ 常开触点与 $KM9_{12-13}$ 常闭触点并联的联锁。这就保证了在 KM9 断电复位后，KM1 才能吸合并自锁。

此联锁环节尚可防止 KM9 主触点因电流过大发生熔焊而使触点分不开，将转子电阻 R1～R6 短接，只剩下常串联电阻 R7，此时若将手柄扳于上升各挡位，造成转子只

串入 R7 而直接启动的事故。有此环节后，KM9 主触点焊接，则衔铁打不开，$KM9_{12-13}$ 不能闭合，使得正转接触器 KM1 线圈无电，电动机不能正向启动，也就避免了事故的发生。

3. 制动下放挡位（下放第二挡）与强力下放挡位（下放第三挡）相互转换时防止出现机械制动的保护环节

在上述两挡位互换时，由于接触器 KM1、KM2 之间设有电气互锁，势必有一瞬间两个接触器均处于断电状态，且 $KM1_{8-14}$、$KM2_{8-14}$ 均分断，使得电磁制动器接触器 KM3 断电释放，电磁制动器 YB 断电，造成电动机在高速下进行机械制动，引起强烈振动，重载在高空摇晃，从而损坏设备或发生人身事故。因此，增设 $KM3_{8-14}$ 常开触点，并与 $KM1_{8-14}$、$KM2_{8-14}$ 并联，作为 KM3 的自锁触点，就能确保 KM1、KM2 换接过程中 KM3 线圈始终有电吸合，YB 有电松开刹车，避免事故发生。

4. 顺序联锁保护环节

将调速接触器 KM6～KM8 的常开触点 $KM6_{19-20}$、$KM7_{21-22}$、$KM8_{23-25}$ 串联于下一级调速接触器 KM7～KM9 的线圈电路中，确保转子电阻 R3～R6 按顺序依次短接，实现机械特性平滑过渡，电动机转速逐级提高。见上升第三挡至第六挡电路工作情况。

5. 具有完善的保护环节

由过电流继电器 KI1、KI2 实现过电流保护，电压继电器 KV 与主令控制器 SA 实现零电压保护与零位保护；熔断器 FU 实现控制电路短路保护，行程开关 SQ1、SQ2 实现吊钩上升与下放的限位保护。

4.5　15/3t 桥式起重机电气控制系统

4.5.1　供电特点

桥式起重机的大车与小车之间、大车与厂房之间存在着相对运动，其上的各种电气设备都由公共的交流电网供电。供电方式通常有两种：一种是采用软电缆供电，软电缆在拉紧的钢丝绳上伸展和叠卷；另一种是采用滑线电刷供电，用主滑线将三相交流电源引入保护柜，再由辅助滑线将电源引向起重机的各个机构。15/3t 桥式起重机采用滑线供电方式，其部分机构供电方式示意图如图 4-15 所示。图中 M1 为主钩电动机，1SA 为主钩主令控制器，R1 为主钩电动机转子外接电阻，YB1、YB2 为主钩电动机电磁制动器，SQ 为主钩上升限位开关，M2 为副钩电动机，2SA 为副钩凸轮控制器，R2 为副钩电动机转子外接电阻，SQ5 为副钩上升限位开关，YB3 为副钩电动机电磁制动器。M3 为小车电动机，3SA 为小车凸轮控制器，R3 为小车电动机转子外接电阻，YB4 为小车电动机电磁制动器。

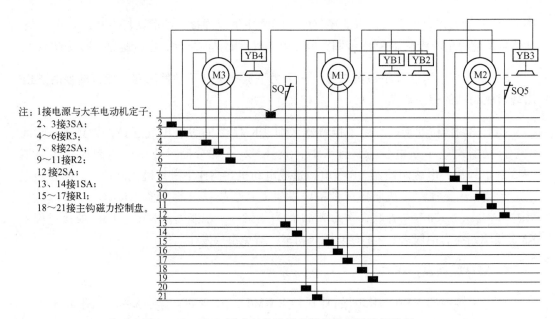

注：1接电源与大车电动机定子；
　　2、3接3SA；
　　4～6接R3；
　　7、8接2SA；
　　9～11接R2；
　　12接2SA；
　　13、14接1SA；
　　15～17接R1；
　　18～21接主钩磁力控制盘。

图4-15　15/3t桥式起重机部分机构辅助滑线接线图

4.5.2　15/3t桥式起重机各运动机构的电气控制

图4-16所示为15/3t桥式起重机电气控制系统图。对于起吊负载在15t以上的桥式起重机，一般有两个卷扬机，其一为主钩提升机构；其二为副钩提升机构。双钩起重机以分数形式表示起吊重量，分子表示主钩起吊重量，分母表示副钩起吊重量。通常主钩用来提升重物，副钩除用于提升轻载外，还可协同主钩倾斜或翻倒工件，但不允许两钩同时提升两个物体，当两个吊钩同时工作时，物体重量不允许超过主钩起重量。

图4-16中M1为主钩电动机，由主令控制器1SA配合交流磁力控制盘控制；M2为副钩电动机，M3为小车电动机，M4、M5为大车电动机，它们由各自的凸轮控制器2SA、3SA、4SA控制。主令控制器1SA触点工作状态参见图4-13所示SA触点工作状态。凸轮控制器2SA、3SA及4SA触点工作状态表如表4-1和表4-2所示。桥式起重机电气控制系统由主电路和控制电路两部分组成。控制电路又分凸轮控制器控制和主令控制器控制两种形式，两种控制方式的控制原理在前面分别做了介绍，在此不再重复。

主令控制器1SA，凸轮控制器2SA、3SA、4SA，保护配电柜，紧急开关等电气设备安装在驾驶室中。各电动机转子外串联电阻R1～R5，电动机M4、M5，大车电磁制动器YB5、YB6，大车行程开关SQ1、SQ2，主钩电动机交流磁力控制盘等安放在大车桥架一侧。在桥架另一侧，装设了21根辅助滑线及小车行程开关SQ3、SQ4。在小车上装有主钩、副钩和小车电动机，各自的电磁制动器YB1～YB4，主钩上升行程开关SQ和副钩上升行程开关SQ5。

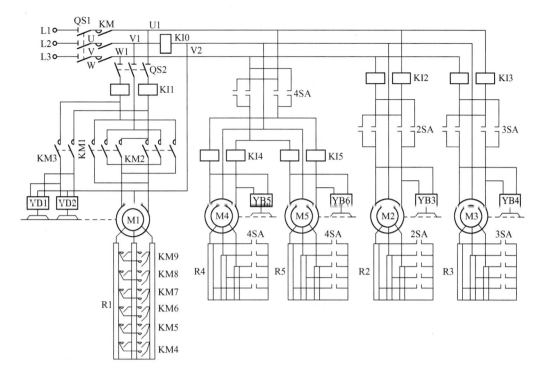

（a）主电路

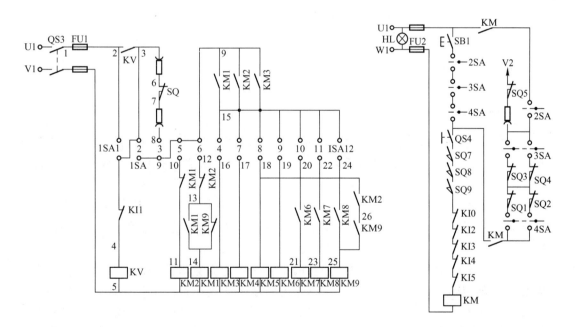

（b）主钩电动机控制电路　　　　　　　（c）XQB1型保护箱控制电路

图 4 - 16　15/3t 桥式起重机电气控制系统图

表4-1 副钩小车凸轮控制器2SA和3SA触点工作状态表

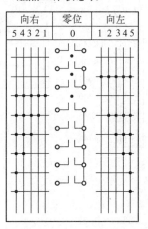

表4-2 大车凸轮控制器4SA触点工作状态表

4.5.3 电气控制系统的保护、照明及信号电路

1. 电气控制系统的保护

起重机械在使用过程中对安全性、可靠性要求很高。因此，各种起重机械电气控制系统均设置了完善的自动保护与联锁环节，主要有电动机的过电流保护、短路保护、主令控制器和凸轮控制器的零电压和零位保护，各运动方向的极限位置保护，舱门、端梁及栏杆门安全保护，紧急操作保护及必要的警报和指示信号等。常用的保护配电柜有GQX6100系列和XQB1系列等，主要依据被控电动机的数量及电动机容量来选择。15/3t桥式起重机通常采用XQB1型保护箱。

图4-17所示为XQB1系列保护箱的主电路图。由它来实现凸轮控制器控制的大车、小车和副钩电动机的保护。图中，QS为总电源开关，用来在无负载的情况下接通或切断电源。KM为电路接触器，用来接通或分断电源，兼做零电压保护。KIO为凸轮控制器操作的各机构拖动电动机的总过电流继电器，用来保护电动机和动力电路的一相过载和短路。KI2、KI3分别为副钩和小车电动机过电流继电器，KI4、KI5为大车电动机的过电流继电器。KI2～KI5过电流继电器是双线圈式的，分别作为副钩、小车、大车电动机两相过电流保护，其中任何一线圈电流超过允许

值都能使继电器动作，其常闭触点分断，使电路接触器 KM 断电，切断总电源，起过载保护作用。

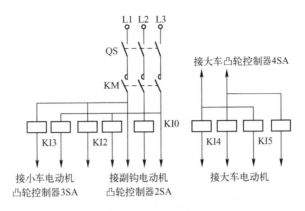

图 4 - 17　XQB1 系列保护箱的主电路图

图 4 - 16(c)所示为 XQB1 型保护箱控制电路图。图中 HL 为电源信号灯，指示电源通断。QS4 为紧急事故开关，在出现事故情况下紧急切断电源。SQ7 ～ SQ9 为舱门口开关与横梁门安全开关，任何一个开关分断时起重机都不能工作。KI0、KI2 ～ KI5 为过电流继电器触点，实现过载和短路保护。2SA、3SA、4SA 分别为副钩、小车、大车凸轮控制器手柄在零位时的闭合触点。每个凸轮控制器都采用了三个闭合触点，只在零位闭合的触点（手柄在正反各挡均断开）与按钮 SB1 串联；用于自锁的两个触点，其中一个在零位和正向位置均闭合，另一个在零位和反向位置均闭合，它们和对应方向的限位开关串联后再并联在一起，实现零位保护并具有自锁功能。SQ1、SQ2 为大车移行机构行程开关，SQ3、SQ4 为小车移行机构行程开关，SQ5 为副钩上升行程开关。当机构运行至某个方向极限位置时，相应的限位开关分断，使 KM 断电，整套起重机停止工作。此后必须将全部凸轮控制器置于零位，重新按 SB1 送电后，机构才可以向另一方向运行。

2. 电气控制系统的照明及信号电路

图 4 - 18 所示为保护箱照明及信号电路，图中，QS1 为操纵室照明开关，SA3 为大车向下照明开关，SA2 为操纵室照明灯 EL1 开关，SB 为音响设备 HA 的按钮。EL2、EL3、EL4 为大车向下照明灯。XS1、XS2、XS3 为供手提检修灯、电风扇用的插座。除大车向下照明为 220V 外，其余均由安全电压 36V 供电。

4.5.4　桥式起重机电气控制系统的故障分析

参照图 4 - 16，对 15/3t 桥式起重机电气控制系统进行故障分析。

（1）合上开关 QS1，并按下启动按钮 SB1 后，电路接触器 KM 不吸合。原因在于：电路无电压，熔断器 FU2 熔断，紧急事故开关 QS4、舱门口开关或横梁门安全开关 SQ7、SQ8、SQ9 未合上；电路接触器 KM 线圈断路；各凸轮控制器手柄没在零位；过电流继电器 KI0、KI2～KI5 动作后未复位。

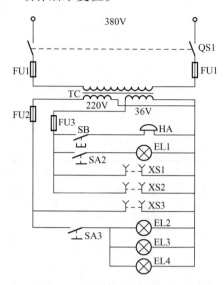

图 4 - 18　保护箱照明及信号电路

（2）电路接触器 KM 吸合后，过电流继电器 KI0、KI2～KI5 立即动作。原因在于：凸轮控制器 2SA、3SA、4SA 电路接地；电动机 M2～M5 绕组接地；电磁制动器 YB3～YB6 线圈接地。

（3）当电源接通，扳动凸轮控制器手柄后，电动机不转动。原因在于：凸轮控制器接电源的触点接触不良；滑触线与集电刷接触不良；电动机定子绕组或转子绕组断路；电磁制动器未松开。

（4）扳动凸轮控制器手柄后，电动机启动运转，但不能输出额定功率且转速明显过低。原因在于：电路压降太大，电磁制动器未完全松开；转子电路中的附加电阻未全部切除。

（5）凸轮控制器手柄在扳动过程中卡阻或扳不到位。原因在于：凸轮控制器动触头卡在静触头下面；定位机构松动。

（6）凸轮控制器手柄扳动过程中火花过大。原因在于：动、静触头接触不良；被控电动机容量超过凸轮控制器容量。

（7）电磁制动器线圈过热。原因在于：电磁制动器线圈电压低于电路电压；电磁制动器的牵引力过载；电磁制动吸合后，动、静铁芯间的空隙过大；电磁制动器工作条件与其线圈特性不符；电磁制动器铁芯歪斜或卡住。

（8）电磁制动器噪声大。原因在于：交流电磁铁短路环开路；电磁制动器过载；动、静铁芯端面有油污。

（9）主钩既不能上升又不能下降。原因在于：欠电压继电器 KV 不能吸合，这可能是 KV 线圈断路；过电流继电器 KI1 未复位，其常闭触点分断；主令控制器 1SA 零位联锁触点未闭合；熔断器 FU1 熔断；若欠电压继电器 KV 吸合，则可能是自锁触点未接通，主令控制器的触点 1SA2、1SA3、1SA5、1SA6 接触不良；电磁制动器线圈未松闸。

（10）主钩电动机不能正转，主钩能强力下放，但不能制动下放及上升。原因在于：上升限位开关 SQ 触点接触不良；上升接触器 KM1 线圈开路。

（11）主钩电动机不能强力下放，但能上升及制动下放。原因在于：主令控制器触点 1SA5 接触不良；下放接触器 KM2 线圈开路；上升接触器 KM1 互锁触点 $KM1_{10-11}$ 接触不良。

（12）主钩上升三、四、五、六挡，强力下放四、五挡不能操作。原因在于：主令控制器触点 1SA9 接触不良；调速接触器 KM6 线圈开路。

4.6 实训十六：20/5l 桥式起重机电气控制系统实训及排除故障技能训练

4.6.1 20/5t 桥式起重机实训设备

浙江天煌教仪 KH 系列机床电气技能培训考核装置。

1. KH-JC01 电源控制铝质面板

同实训十一。

2. KH-20/5t 铝面板

面板上装有 20/5t 桥式起重机的所有主令电器及动作指示灯，起重机的所有操作都在这块面板上进行，指示灯可以指示起重机的相应动作。

面板上印有 20/5t 桥式起重机示意图，可以很直观地看出其外形轮廓。

3. KH-20/5t 铁面板

面板上装有 20/5t 桥式起重机电气控制系统的断路器、熔断器、各种继电器、接触器、变压器等元器件，可以很直观地看到它们的动作情况。

4. 三相异步电动机

五台 380V 三相绕线型异步电动机，分别用来模拟主钩、副钩、小车和大车电动机。

5. 故障开关箱

设有 32 个开关，其中 K1～K31 用于故障设置，K32 用做指示灯开关，可以用来设置起重机动作指示与不指示。

4.6.2 20/5t 桥式起重机电气控制系统实训

准备工作与实训十一相同。

参看图 4-19、图 4-20 所示的 20/5t 桥式起重机电气控制系统故障原理图，按下列步骤进行实训。

本图为厂家提供的电路图，其图形符号与文字符号与书中介绍的符号略有不用，请注意本节说明。图 4-19、图 4-20 电路工作原理图与图 4-11 及图 4-13 相似，在此不再重复。

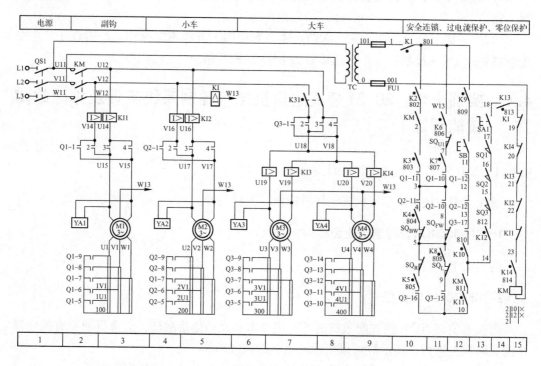

图 4-19　20/5t 桥式起重机电气控制系统故障原理图 1

（1）将装置左侧总电源开关合上，按下主控电源板上的启动按钮。

（2）合上起重机的电源总开关 QS1，将两个横梁安全开关 SQ2、SQ3 及舱口门安全开关 SQ1 置于"关位置"，将紧急开关 SA1（SA1 只是用来模拟桥式起重机上的紧急开关的功能，而不作为本装置紧急保护之用）置于"闭合"位置，将凸轮控制器 Q1、Q2、Q3，主令控制器 SA 置于零位，为启动做准备。

按下启动按钮 SB，电路接触器 KM 吸合，接通电源。

KH-20/5t 桥式起重机凸轮控制器、主令控制器触点动作状态表见表 4-3。

（3）副钩电动机 M1 的实操。

将副钩电动机的凸轮控制器 Q1 顺时针转到 1 挡，电磁铁 YA1 吸合（模拟电磁制动器吸合松闸），"副钩上升"指示灯亮，副钩电动机低速运转。依次转至 2、3、4、5 挡，电动机转速逐级升高。将 Q1 扳回零位，副钩电动机停转，YA1 释放（模拟电磁制动器断电抱闸），"副钩上升"指示灯灭。

将副钩电动机的凸轮控制器 Q1 逆时针转至 1 挡，副钩电动机以较低的速度反向转动，YA1 吸合，同时"副钩下放"指示灯亮。依次转至 2、3、4、5 挡，副钩电动机转速反向逐渐增大。将 Q1 扳回零位，副钩电动机停转，YA1 释放，"副钩下放"指示灯灭。

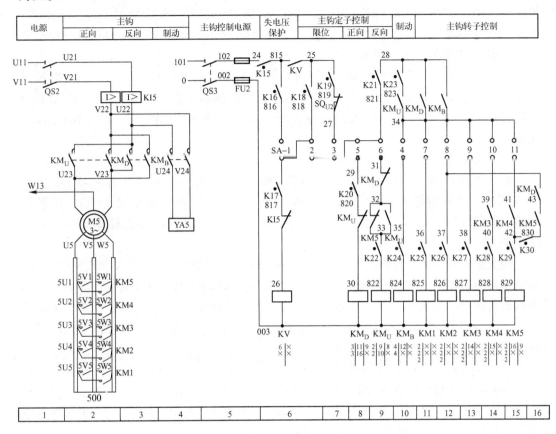

图 4－20　20/5t 桥式起重机电气控制系统故障原理图 2

表 4－3　KH－20/5t 桥式起重机凸轮控制器、主令控制器触点动作状态表

Q3(大车控制)

Q3	向右					零位	向左				
	5	4	3	2	1	0	1	2	3	4	5
1							+	+	+	+	+
2	+	+	+	+	+						
3							+	+	+	+	+
4	+	+	+	+	+						
5	+	+	+	+				+	+	+	+
6	+	+	+						+	+	+
7	+	+								+	+
8	+										+
9	+										+
10	+	+	+					+	+	+	+
11	+	+							+	+	+
12	+									+	+
13	+										+
14	+										+
15							+	+	+	+	+
16	+	+	+	+	+						
17											

Q1(副钩控制)、Q2(小车控制)

Q1 Q2	向后、向下					零位	向前、向上				
	5	4	3	2	1	0	1	2	3	4	5
1							+	+	+	+	+
2	+	+	+	+	+						
3							+	+	+	+	+
4	+	+	+	+	+						
5	+	+	+	+				+	+	+	+
6	+	+	+						+	+	+
7	+	+								+	+
8	+										+
9	+										+
10							+	+	+	+	+
11	+	+	+	+	+	+					
12						+					

SA(主钩控制)

SA	下降						零位	上升				
	强力			制动				加速—>				
	5	4	3	2	1	c	0	1	2	3	4	5
1	KV							+				
2		+	+	+								
3					+	+	+		+	+	+	+
4	KM_B	+	+	+	+				+	+	+	+
5	KM_D	+	+	+								
6	KM_U				+	+	+		+	+	+	+
7	KM1	+	+			+	+		+	+	+	+
8	KM2	+					+			+	+	+
9	KM3	+									+	+
10	KM4											+
11	KM5											

· 255 ·

（4）小车电动机 M2 的实操。

将小车电动机的凸轮控制器 Q2 顺时针转至 1 挡，电磁铁 YA2 吸合（模拟电磁制动器吸合松闸），"小车向前"指示灯亮，小车电动机低速运转。依次转到 2、3、4、5 挡，电动机转速逐级升高。将 Q2 扳回零位，小车电动机停转，YA2 释放（模拟电磁制动器断电抱闸），"小车向前"指示灯灭。

将小车电动机的凸轮控制器 Q2 逆时针转至 1 挡，YA2 吸合，小车电动机以较低的速度反向转动，同时"小车向后"指示灯亮。依次转到 2、3、4、5 挡，小车电动机转速反向逐渐增大。将 Q2 扳回零位，小车电动机停转，YA2 释放，"小车向后"指示灯灭。

（5）大车电动机 M3、M4 的实操。

由于大车两端分别由两台电动机 M3、M4 拖动，所以大车凸轮控制器 Q3 比小车或副钩凸轮控制器 Q1 或 Q2 多了五对常开触点，除原来触点 Q3-5～Q3-9 用做切除电动机 M3 转子电阻外，多出的 Q3-10～Q3-14 五对触点用做切除电动机 M4 转子电阻用。

将大车电动机的凸轮控制器 Q3 顺时针转到 1 挡，电磁铁 YA3、YA4 吸合（模拟电磁制动器吸合松闸），"大车向左"指示灯亮，大车电动机 M3、M4 同时以同方向、相同的低速运转。依次转到 2、3、4、5 挡，两台电动机的转速逐渐升高，在各挡位的转速均相等。将 Q3 扳回零位，大车两台电动机停转，YA3、YA4 释放（模拟电磁制动器断电抱闸），"大车向左"指示灯灭。

将大车电动机的凸轮控制器 Q3 逆时针转到 1 挡，YA3、YA4 吸合，大车电动机 M3、M4 同时以相同的低速反向运转。同时"大车向右"指示灯亮。依次转到 2、3、4、5 挡，大车电动机 M3、M4 的转速反向同步逐渐增高。将 Q3 扳回零位，大车两台电动机均停转，YA3、YA4 释放，"大车向右"指示灯灭。

（6）主钩电动机 M5 的控制。

将主钩电动机的主令控制器 SA 向右转到上升第一挡，上升接触器 KM$_U$、电磁制动器接触器 KM$_B$ 及调速接触器 KM1 吸合，"主钩上升"指示灯亮（表示 SA 处在上升挡位），电磁铁 YA5 吸合（模拟电磁制动器吸合松闸）。同时主钩电动机 M5 正转。将 SA 依次转到 2、3、4、5 挡，调速接触器 KM2～KM5 相继吸合，主钩电动机 M5 转速逐渐升高。

将 SA 转回零位，KM5～KM1，KM$_U$、KM$_B$ 相继断开，YA5 释放（模拟电磁制动器断电抱闸），电动机 M5 停车，"主钩上升"指示灯灭。

若主钩电动机的在上升各挡运行过程中按下主钩上升限位开关 SQ$_{U2}$，则正转接触器 KM$_U$、电磁制动器接触器 KM$_B$ 及各调速接触器 KM1～KM5 均释放，电动机 M5 停车。

将主钩电动机的主令控制器 SA 向左转到制动下放 C 挡，（即图 4－13 电路的下放 J 挡），KM$_U$、KM1、KM2 吸合，电动机 M5 以一个较低的转速正转（在实际起重机中有电磁制动器对电动机抱闸，电动机不能转动，此挡用来消除齿轮间隙，防止下放时过大的机械冲击；在此，实训装置 YA5 只作为制动器动作的模拟，它不能对电动机进行制动，所以此时电动机仍会转动），"主钩下放"指示灯亮（表示 SA 处于下放挡位）。

将 SA 转到制动下放第 1、2 挡时，主令控制器触点 SA-4 闭合，电磁制动器接触器 KM_B、电磁铁 YA5 相继通电吸合（表示电磁制动器松闸），触点 SA-8、SA-7 相继分断，KM2、KM1 相继释放，在电动机转子中逐渐串入电阻，电动机产生的电磁转矩逐渐减小，使电动机 M5 正转的转速越来越低。

将 SA 分别转到强力下降的 3、4、5 挡，反转接触器 KM_D 及 KM_B 吸合，电动机定子反向通电，电动机 M5 反转，同时 YA5 吸合。从下放第三挡到第五挡，转子电阻被逐级切除，可获得三种强力下放速度，反转转速越来越高。

图 4-19 中，SQ_R 为大车向右行程开关，SQ_L 为大车向左行程开关，SQ_{BW} 为小车向后行程开关，SQ_{FW} 为小车向前行程开关，SQ_{U1} 为副钩上升行程开关，KI 为总过流继电器，KI1 为副钩电动机过流继电器，KI2 为小车电动机过流继电器，KI3、KI4 为大车电动机过流继电器。图 4-20 中，KI5 为主钩电动机过流继电器，KV 为零电压继电器，SQ_{U2} 为主钩上升行程开关。

4.6.3　20/5t 桥式起重机电气控制系统排除故障技能训练

排除故障技能训练内容、步骤、要求、注意事项及故障设置原则、设备维护等与实训十一相同，在此不再重复。

图 4-19 和图 4-20 为 20/5t 桥式起重机电气控制系统故障原理图，图中带黑圆点的开关 K 为人为设置的故障点。表 4-4 为 20/5t 桥式起重机电气控制系统故障设置一览表。

表 4-4　20/5t 桥式起重机电气控制系统故障设置一览表

故障开关	故障现象	备注
K1	起重机无法启动	$FU1_{101-1}$ 出线端 1 断开，大车、小车、副钩控制电路无电压。按下启动按钮 SB，电路接触器 KM 不能吸合
K2	副钩不能下放	KM 触点 KM_{1-2} 的出线端 1 断开或触点接触不良，副钩打到下放挡位时，KM 释放，起重机停止
K3	副钩不能下放	KM 触点 KM_{1-2} 到 Q1 触点 Q1-11 连线（2 号线）开路或两触点接触不良，副钩打到下放挡位时，KM 释放，起重机停止
K4	小车不能向后	Q2-11 触点和 SQ_{BW} 触点之间连线（4 号线）开路或它们接触不良
K5	大车不能向右	SQ_R 和 Q3-16 触点间连线（6 号线）开路或它们接触不良
K6	副钩不能上升	SQ_{U1} 到 1 号线连线开路或触点接触不良
K7	副钩不能上升	SQ_{U1} 和 Q1-10 触点间连线（7 号线）开路或它们接触不良
K8	大车不能向左	SQ_L 到 5 号线连线开路或触点接触不良
K9	起重机无法启动	SB 到 1 号线连线开路或触点接触不良
K10	起重机无法启动	Q3-17 出线端 14 断开或触点接触不良
K11	副钩、小车、大车不能进行操作	KM_{14-10} 触点出线端到 10 号线连线开路或触点接触不良，起重机启动之后，当要对副钩、小车、大车进行操作时，KM 断开，起重机停车

故障开关	故障现象	备 注
K12	起重机无法启动	SQ3 出线端 14 断开或触点接触不良
K13	起重机无法启动	SA1 和 KI1$_{18-19}$ 触点间连线（18 号线）开路或它们接触不良
K14	起重机无法启动	KM 线圈与 KII$_{22-23}$ 触点间连线（23 号线）断开或 KM 线圈开路、触点接触不良
K15	主钩不能启动	FU2$_{102-24}$ 出线端 24 断开，主钩控制电路无电压
K16	主钩不能启动	主令控制器 SA-1 触点到 24 号线连线开路或触点接触不良
K17	主钩不能启动	KI5 过流继电器触点 KI5$_{25-26}$ 出线端 25 断开或触点接触不良
K18	主钩不能强力下放	主令控制器 SA-2 出线端 25 断开或触点接触不良。当 SA 打到主钩强力下放各挡时，零电压继电器 KV 断电；主钩电动机能上升及制动下放
K19	主钩电动机不能正转	SQ$_{U2}$ 出线端 25 断开或触点接触不良，主钩能强力下放但不能制动下放及上升
K20	主钩不能强力下放	主令控制器触点 SA-5 与 KM$_{U29-30}$ 触点间连线（29 号线）开路或它们接触不良，KM$_D$ 线圈不能得电，主钩不能强力下放；但主钩可制动下放及上升
K21	主钩电磁制动器 YA5 不能松开，转子电阻不能被短接	主令控制器触点 SA-5、SA-6 的出线端 28 断开或 28 号线开路或它们接触不良，电磁制动器接触器 KM$_B$ 及调速接触器 KM1 ～ KM5 不能吸合，YA5 无电，电磁制动器抱闸，主令控制器手柄扳至上升或下放各挡，虽然 KM$_U$ 或 KM$_D$ 能通电吸合，但电动机不转。本实训装置 YA5 无电并不能对电动机制动，所以电动机仍转动
K22	主钩电动机不能正转	上升接触器 KM$_U$ 线圈出线端 33 断开或线圈本身断路，主钩能强力下放，但不能制动下放或上升
K23	主钩上升和制动下放时 YA5 制动器不能松开，转子电阻不能被短接，但主钩可强力下放	KM$_{U28-34}$ 触点的出线端 28 断开或触点接触不良，主钩上升和制动下放各挡，KM$_U$ 能吸合，但 KM$_B$、KM1 ～ KM5 不能吸合，YA5 无电，电磁制动器抱闸；主钩能强力下放
K24	电磁制动器不能松闸	KM$_B$ 线圈与主令控制器触点 SA-4 间连线（35 号线）开路或它们接触不良，KM$_B$ 不能吸合，YA5 无电，电磁制动器抱闸。本实训装置上升下放各档电动机仍转动理由同 K21
K25	KM1 不能吸合	KM1 线圈与主令控制器触点 SA-7 间连线（36 号线）开路，或 KM1 线圈断路，或 SA-7 接触不良，主钩上升 2 ～ 5 挡，强力下放各挡、下放 C 挡、2 挡能工作
K26	KM2 不能吸合	KM2 线圈与主令控制器触点 SA-8 间连线（37 号线）开路，或 KM2 线圈断路或 SA-8 接触不良；主钩上升 3 ～ 5 挡，强力下放 4、5 挡，制动下放 1、2 挡能工作
K27	主钩上升 3、4、5 挡，强力下放 4、5 挡不能操作	KM3 线圈与主令控制器触点 SA-9 间连线（38 号线）开路，或 KM3 线圈断路，或 SA-9 接触不良，KM3 不能吸合，使得 KM4、KM5 也不能吸合；主钩上升 1、2 挡制动下放各挡及强力下放 3 挡能工作

故障开关	故障现象	备　　注
K28	主钩上升4、5挡，强力下放5挡不能操作	KM4线圈与KM3触点KM3$_{39-40}$间连线（40号线）开路或KM4线圈断路，或KM3$_{39-40}$接触不良，主钩上升1～3挡，制动下放各挡及强力下放3、4挡能工作；但KM4不能吸合，使得KM5也不能吸合，令主钩上升4、5挡、强力下放5挡不能工作
K29	主钩上升5挡及强力下放5挡不能操作	KM5线圈出线端42断路或线圈本身断开，KM5不能吸合，主钩上升1～4挡，制动下放各挡及强力下放3、4挡能工作。主钩上升5挡及强力下放5挡不能工作
K30	主钩主令控制器从强力下放5挡往回扳时，KM5不能自锁，会出现不允许的下放重载高速	KM5自锁触点KM5$_{43-42}$出线端42断开，或触点接触不良，主钩上升各挡，制动下放各挡及强力下放3、4挡能工作，下放5挡亦能工作，但下放重载时不允许从下放5挡往回扳
K31	大车不能移动（不工作）	大车凸轮控制器Q3的触点Q3-1～Q3-4与电源进线端U12，V12连线开路，操作Q3，大车电动机M3、M4不能转动

注：K1～K14、K31故障点见图4-19，K15～K30故障点见图4-20。

本章小结

桥式起重机的工作类型是断续周期工作制，无论是大车、小车、副钩、主钩，均采用三相交流绕线式异步电动机拖动，由凸轮控制器和主令控制器控制，实现多级调速及准确停车。对于主钩电动机的工作状态有：正转电动、反转电动、倒拉反接制动、反向发电反馈制动等几种工作状态。桥式起重机要求各台电动机安全运行，有各种电气保护与机械安全保护环节与装置。如短路保护、过电流保护、欠电压保护、凸轮控制器与主令控制器零位保护、限位保护、舱门保护、紧急事故保护、避免重载高速下放保护、主钩制动下放与强力下放相互转换时防止出现机械制动保护、各种联锁保护等。

思考题与习题4

1. 桥式起重机一般由哪些部分组成？
2. 桥式起重机对电气控制系统有何要求？
3. 桥式起重机主钩电动机采用了何种电气制动？各有何特点？使用场合有哪些？为什么还必须设置电磁制动器制动（机械刹车）？
4. 桥式起重机为何不采用熔断器和热继电器做短路保护和过载保护，而采用过电流继电器做上述保护？
5. 由主令控制器控制主钩电动机电路有何特点？操作时应注意什么问题？
6. 说明凸轮控制器控制的起重机电动机改变转向控制与调速控制的过程。
7. 说明主令控制器控制的主钩电动机上升和下放的控制过程。

8. 桥式起重机具有哪些保护环节？如何实现保护？

9. 主令控制器控制的主钩电动机电路设置了哪些联锁环节？起什么作用？

10. 主钩电动机下放重载，由强力下放过渡到反接制动下放时，为什么会出现高速下放？如何避免？试用机械特性曲线配合说明。

11. 欲下放轻载，将主令控制器手柄打到下放第一、二挡时，为何会出现轻载不降反升的现象？如何避免？

第5章 电气控制系统设计

电气控制系统设计包括电气原理图设计与电气工艺设计两个方面。电气原理图设计直接决定了生产机械的实用性、先进性和自动化程度的高低，是电气控制系统设计的核心。电气工艺设计决定了电气设备制造、使用、维护的可行性和经济性。本章主要介绍电气控制系统设计原则、设计内容、设计方法和步骤，以及安装、调试方法，并列举了设计实例。

5.1 电气控制系统设计概述

5.1.1 电气控制系统设计内容

电气控制系统设计的基本任务是根据控制要求，设计和编制出系统制造和使用维修所必需的图纸、资料，包括电气原理图、电气元件布置图、电器安装接线图、电器箱图及控制面板图等，编制外购件目录、单台消耗清单、设备说明书等资料。由此可见，电气控制系统设计内容包括电气原理图设计和电气工艺设计两部分，现分述如下。

1. 电气原理图设计内容

（1）拟定电气设计任务书。
（2）确定电力拖动方案及控制方案。
（3）确定电动机类型、电压等级、容量、转速及具体型号。
（4）设计电气控制原理框图，包括主电路、控制电路和辅助电路；确定各部分之间的关系；拟定各部分的技术指标与要求。
（5）设计并绘制电气原理图，计算主要技术参数。
（6）选择元器件，制定元器件目录清单和易损件、备用件清单。
（7）编写设计说明书。

2. 电气工艺设计内容

电气工艺设计是为了便于组织电气控制系统的制造与施工，实现电气原理图设计功能和各项技术指标，为设备的制造、调试、维护、使用提供必需的技术资料。其内容有以下几项。

（1）根据设计出的电气原理图及选定的元器件，设计电气控制系统的总体配置，然后绘制系统的总装配图及总接线图。总图应反映出电动机、执行电器、电器箱各组件、操作台布置、电源及检测元器件的分布情况和各部分之间的接线关系与连接方式，以供总装、调试及日常维护使用。

（2）按照电气原理框图或划分的组件（组件的划分见 5.4 节）对总原理图进行编号，绘制各组件的电气原理图，列出各组件的元器件目录表，并根据总图编号列出各组件的进出线号。

（3）根据组件电气原理图及选定的元器件目录表，设计组件电气装配图（电气元件布置与安装图）、接线图。图中应反映各元器件的安装方式和接线方式。这些资料是组件装配和生产管理的依据。

（4）根据组件安装要求，绘制电器安装板和非标准的电器安装零件图，这些资料是机械加工和对外协作加工所必需的技术资料。

（5）根据组件尺寸和安装需求确定电器箱结构及外形尺寸，设置安装支架，标明安装方式、各组件的连接方式、通风散热方式及电器箱开门方式等。

（6）将总原理图、总装配图及各组件原理图汇总，分别列出标准件清单、外购件清单、主要材料消耗定额。这些资料是生产管理和成本核算所必需的技术资料。

（7）编写使用维护说明书。

5.1.2 电气控制系统设计的一般规律及其要求

1. 拟定设计任务书

电气控制系统设计的技术要求，通常是以电气设计任务书的形式体现的。拟定电气设计任务书应聚集电气、机械工艺、机械结构三方面的设计人员，根据所设计的生产机械的总体技术要求，共同商讨、拟定及认可。

在电气设计任务书中，应简要说明所设计的生产机械的型号、用途、工艺过程、技术性能、传动要求、工作条件、使用环境等。此外，还应列出如下技术指标及要求。

（1）控制精度，生产效率要求。

（2）有关电力拖动的基本特性，如电动机的数量、用途、负载特性、调速范围、动作顺序及对正反向、启动和制动的要求等。

（3）用户供电系统的电源种类、电压等级、频率及容量等要求。

（4）有关电气控制的特性，如自动化程度、稳定性、抗干扰性、电气保护和联锁条件等要求。

（5）主要电气设备布置草图、照明、信号指示、报警方式要求等。

（6）目标成本及经费限额。

（7）验收标准及验收方式。

2. 电力拖动方案的选择

电力拖动方案的选择是以后各部分设计内容的基础和先决条件。电力拖动方案是指根据生产工艺要求、生产机械的结构、运动部件的数量、运动要求、负载特性、调速要求及投资额等条件，决定电动机的类型、数量、拖动方式，并拟定电动机的启动、运行、调速、正反转、制动等控制要求，作为电气原理图设计及元器件选择的依据。

选择电力拖动方案可遵循如下原则。

（1）对于无电气调速要求的生产机械。

交流笼型异步电动机拖动适用于启动、制动不频繁的场合。交流绕线型异步电动机拖动适用于负载静转矩很大或有飞轮的拖动装置。同步电动机拖动适用于负载平稳、容量大、起制动次数很少或需提高工厂企业功率因数的场合。

（2）对于有电气调速要求的生产机械。

根据生产机械提出一系列调速要求，即调速范围、调速平滑性、机械特性硬度、调速级数及工作可靠性等来选择拖动方案，在满足技术性能指标的前提下，进行经济性能指标，如设备初投资、调速效率、功率因数、维修费用等方面的比较，最后确定最佳方案。

调速范围 $D = 2 \sim 3$，调速级数 $2 \sim 4$ 者，可采用改变极对数的双速或多速笼型异步电动机拖动。

调速范围 $D < 3$ 且不要求平滑调速时，可使用绕线型异步电动机拖动，它适用于短时或断续周期负载的场合。

调速范围 $D = 3 \sim 10$ 且要求平滑调速，在容量不大的情况下，可选用带滑差离合器的交流电动机拖动系统或变频调速系统。

调速范围 $D = 10 \sim 100$ 且要求平滑调速，在大容量的情况下，可使用晶闸管直流调速系统或变频调速系统。

（3）电动机调速性质应与负载特性相适应。

电动机调速性质是指电动机在整个调速范围内转矩、功率与转速的关系，要使电动机的调速性质与生产机械的负载特性相适应，这样电动机才能获得充分、合理的利用。机械设备的各个工作机构具有各自不同的负载特性，如机床主运动为恒功率负载，而进给运动为恒转矩负载，因此对机床主运动电动机应采用恒功率调速方法，对进给运动电动机应采用恒转矩调速方法。

3. 拖动电动机的选择

根据已选择的拖动方案，就可进一步选择电动机的类型、数量、结构形式、容量、额定电压、额定转速等。电动机选择的基本原则如下。

（1）电动机的机械特性应满足生产机械提出的要求，要与负载相适应，以保证生产过程中的运行稳定性，并具有一定调速范围及良好的启动、制动特性。

（2）电动机在工作时，其容量应能得到充分利用，使温升尽可能达到或接近额定温升。

（3）电动机的结构形式应满足机械设计提出的安装要求，并适应周围环境的工作条件。

（4）电动机电压的选择应根据使用地点的电源电压来选择，常用为380V、220V。

（5）在没有特殊要求的场合，一般均采用交流电动机，特别是笼型异步电动机。

（6）根据电动机的负载和工作方式，正确选择电动机的容量：

① 对于恒定负载长期工作制的电动机，选择其容量等于或大于负载所需要的功率。

② 对于变动负载连续周期工作制的电动机，应保证当负载变到最大时，电动机仍

能给出所需要的功率，虽然此时电动机已短时过载，但电动机温升不超过允许值。

③ 对于短时工作的电动机，应按过载能力来选择电动机的容量。

④ 对于断续周期工作制的电动机，可根据电动机在一个工作周期内的平均功率来选择其容量。

4. 电气控制方案的确定

在几种电路结构及控制形式均可达到同样的控制技术指标的情况下，最终要选择哪一种控制方案，要综合评估各方案的性能、设备投资、使用周期、维护检修、发展等因素才能决定。电气控制方案选择的基本原则如下。

（1）电气控制方案尽可能选用最新科学技术成就，同时又要与企业自身的经济实力及各方面的人才素质相适应。

（2）控制方式应与设备的通用化及专用化相适应。对于工作程序固定的专用机械设备，可采用继电器－接触器控制系统。对于较复杂的控制对象或经常要求变换工序和加工对象的机械设备，可采用可编程序控制器控制系统或计算机控制系统。

（3）根据生产机械控制要求及控制过程的复杂程度不同，可采用分散控制或集中控制的方案，但是各台单机的控制方式和基本控制环节则要尽量一致，以便简化设计和制造过程。

（4）控制系统的工作方式，应在经济、安全的前提下，最大限度地满足工艺要求。此外，选择控制方案时，还应考虑采用自动、半自动循环、工序变更、联锁、安全保护、故障诊断、信号指示、照明等控制与指示方式。

5. 设计电气原理图并合理选择元器件，编制元器件目录清单

6. 设计电气设备制造、安装、调试所必需的各种施工图纸，据此编制各种材料定额清单

7. 编写说明书

5.2 电气原理图的设计

电气原理图是电气控制系统设计的核心，是电气工艺设计和编制各种技术资料的依据，当总体方案确定后，接着就是电气原理图的设计。

5.2.1 电气原理图设计方法

电气原理图有两种设计方法：一是分析设计法；二是逻辑设计法。现分别介绍如下。

1. 分析设计法

分析设计法是根据生产机械对电气控制电路的要求，收集、分析、参考国内外现有的同类生产机械的电气控制电路，利用基本控制环节或将比较成熟的电路按各部分的相互关系组合起来，并经补充和修改，综合成满足控制要求的完整电路。若找不到合适的

基本控制环节，可根据控制要求边分析边设计，反复调试，最后将控制电路确定下来。此种设计方法要求设计者熟悉和掌握大量的基本控制环节和典型电路，具有丰富的实际设计经验，故又称经验设计法。其设计步骤如下。

（1）设计各控制单元环节中拖动电动机的启动、正反转、制动、调速等的主电路，或者设计执行电器的主电路。

（2）设计满足各电动机的运转功能和工作状态相对应的控制电路，以及满足执行电器实现规定动作相适应的指令信号的控制电路。

（3）连接各单元环节构成满足整机生产工艺要求、实现加工过程自动化或半自动化及其调节的控制电路。

（4）设计保护、联锁、检测、信号和照明等环节的控制电路和辅助电路。

（5）全面检查所设计的电路，应特别注意防止电气控制系统在工作过程中因误操作、突然失电等异常情况发生的事故，力求完善整个控制电路。

这种设计方法简单，易为初学者掌握，但不易获得最佳设计方案，当经验不足或考虑不周时会影响电路工作的可靠性。因此，应反复审核电路工作情况，有条件时应做模拟试验，发现问题及时修正，直至电路动作准确无误、满足生产要求为止。

2. 逻辑设计法

逻辑设计法是利用逻辑代数来进行电路设计，它从工艺资料（工作循环图、液压系统图）出发，将控制电路中的继电器、接触器线圈的通电与断电，触点的闭合与分断，以及主令电器的接通与分断等看成逻辑变量，并根据控制要求，将这些逻辑变量关系表示为逻辑函数关系式，再运用逻辑函数基本公式和运算规律对逻辑函数式进行化简，然后按化简后的逻辑函数式画出相应的电路结构图，最后进一步检查和完善，以期获得最佳的设计方案，使设计出来的控制电路既符合生产要求，又满足电路简单、工作可靠、经济合理的要求。

逻辑设计法的优点是能获得理想、经济的设计方案，缺点是设计难度较大，设计过程较复杂，在一般常规设计中很少单独使用，这里就不做进一步介绍了。

5.2.2 设计电气原理图的基本规则

在电气原理图的设计过程中，通常应遵循以下几个规则。

1. 最大限度地满足生产机械和工艺对电气控制系统的要求

电气控制系统是为整个生产机械及其工艺过程服务的。因此，在设计前，首先要了解清楚生产机械需满足的工艺要求，对生产机械的整个工作情况做全面、细致的了解。同时深入现场调查研究，收集资料，并参考技术人员及现场操作人员的经验，以此作为设计电气控制系统的基础。

2. 尽量减少控制电路中电流、电压种类

控制电压应选择标准电压等级，电气控制系统常用的电压等级见表 5 - 1。

表 5 - 1　常用控制电压等级

控制电路类型	常用的电压值/V		控制电源种类
交流电力传动的控制电路较简单	交流	380、220	不用控制电源变压器
交流电力传动的控制电路较复杂		110（127）、48	采用控制电源变压器
照明及信号指示电路		48、24、6	采用控制电源变压器
直流电力传动控制电路	直流	220、110	整流器或直流发电机
直流电磁铁及电磁离合器的控制电路		48、24、12	整流器

3. 在满足生产工艺要求的前提下，力求使控制电路简单、经济

（1）尽量选用标准元器件，尽量减少元器件的数量，尽量选用相同型号的元器件以减少备用品的数量。

（2）尽量选用标准的、常用的或经过实践考验的基本控制环节或电气控制电路。

（3）尽量减少不必要的触点，以简化电气控制电路。在满足生产工艺要求的前提下，使用的元器件越少，电气控制电路中所涉及的触点数量也越少，因而控制电路就越简单，同时还可提高控制电路的工作可靠性，降低故障率。

① 合并同类触点。图 5 - 1（a）与图 5 - 1（b）实现的功能一致，但图 5 - 1（a）比图 5 - 1（b）多了一个触点。合并同类触点时应注意所用触点的容量，如图 5 - 1（b）的 KA1 触点的容量应大于流过两个线圈电流之和。

② 利用转换触点的方式。利用具有转换触点的中间继电器将 KA1 的常开触点与常闭触点合并成一对转换触点，如图 5 - 2 所示。

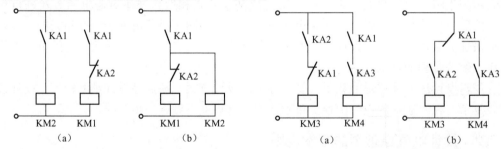

图 5 - 1　合并同类触点　　　　图 5 - 2　具有转换触点的中间继电器的应用

③ 利用半导体二极管的单向导电性减少触点的数目。图 5 - 3（b）利用二极管的单向导电性比图 5 - 3（a）减少一个触点。这种方法只适用于控制电路所用电源为直流电源的场合，在使用中还要注意电源的极性。

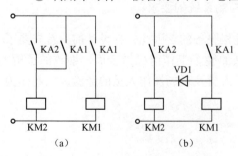

图 5 - 3　利用二极管简化控制电路

（4）尽量缩短连接导线的数量和长度。在设计电气控制电路时，应根据实际环境，合理安排各种电气设备和元器件的位置及实际连线，以保证它们之间连接导线的数量最少、导线的长度最短。

图 5 - 4（a）与图 5 - 4（b）从原理分析没有什么区别，但若考虑实际接线，图 5 - 4（a）的接线不合理，因为按钮 SB1、SB2 安装在操作台上，接触器 KM 安装在电气柜内，从操作台到电气柜需引 4 根导线。图 5 - 4（b）的接线合理，因为它将启动按钮 SB1 与停止按钮 SB2 直接相连，使得两个按钮间的距离最短，因而导线连接最短，更主要的是从操作台到电气柜只需引出 3 根导线。

还要注意的是，同一电器不同触点在控制电路中应尽可能有更多的公共连接线，这样可减少导线段数并缩短导线长度。图 5 - 5 中行程开关安装在生产机械上，继电器安装在电气柜内。从生产机械到电气柜，图 5 - 5（a）要用 4 根长导线，而图 5 - 5（b）只需 3 根导线即可。

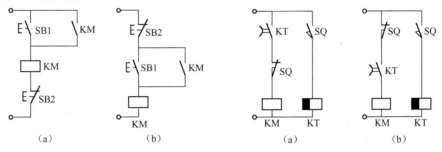

图 5 - 4　电器连接的合理性　　　　图 5 - 5　节省连接导线的方法

（5）控制电路工作时，除必要的元器件必须通电外，其余的尽量不通电，以节约电能。图 5 - 6（a）中，在接触器 KM2 得电后，接触器 KM1 和时间继电器 KT 就失去了作用，但 KM1 和 KT 仍长期通电。若改成图 5 - 6（b）接线，在接触器 KM2 得电后，切断了 KM1 和 KT 的电源，这样一方面节约了电能，另一方面还延长了这两个电器的寿命。

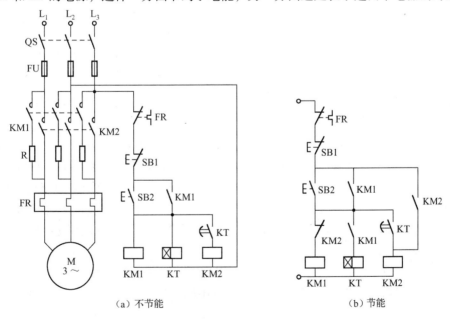

图 5 - 6　减少通电电器的线路

4. 保证控制电路工作的可靠性

要保证控制电路可靠工作，最主要的是选择可靠的元器件，同时在具体的控制电路设计中要注意如下几个问题。

（1）正确连接元器件的触点。同一电器的常开触点和常闭触点靠得很近，如果分别接在电源的不同相或不同极上，如图5-7（a）的限位开关SQ的常开触点与常闭触点就是这种接法，由于它们不是等电位，当触点断开产生电弧时，可能在两触点间形成飞弧，造成电源短路。如果改成图5-7（b）所示的接线方式，由于两触点间电位相同，就算两触点间形成飞弧，也不会造成电源短路。因此，设计控制电路时，应使分布在电路不同位置的同一电器不同触点尽量接到同一极或同一相上，使它们共接同一等电位点，从而避免在电器触点上引起短路。

（2）正确连接电器的线圈。

① 在交流控制电路中，即使外加电压是两个线圈额定电压之和，也不允许两个电器线圈串联，见图5-8（a），这是因为每个线圈上所分配的电压与线圈的阻抗成正比，而两个电器的动作总是有先有后，不可能同时吸合。若接触器KM1先吸合，则线圈的电感显著增加，其阻抗比未吸合的接触器KM2的阻抗大，因此在该线圈上的电压降增大，使KM2线圈电压达不到动作电压。此时KM1线圈电流增大，有可能将线圈烧毁。因此两个电器需要同时动作时，它们的线圈要并联，如图5-8（b）所示。

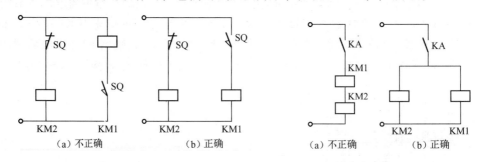

图5-7　触点的正确连接　　　　　　图5-8　线圈的正确连接

② 两电感量相差悬殊的直流电压线圈不能直接并联，见图5-9（a）。图中YA为电感量较大的电磁铁线圈，KA为电感量较小的继电器线圈，当接触器KM的常开辅助触点分断时，YA产生的感应电动势比KA产生的感应电动势大，YA的感应电动势加于

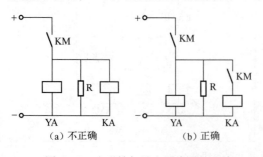

图5-9　电磁铁与继电器线圈的连接

KA的线圈上，于是就有电流流过KA线圈，并有可能达到其动作值，从而使继电器KA重新吸合，当YA线圈的能量释放完后，KA又释放，这是不允许的。为此，应在YA线圈两端并联释放电阻，在KA线圈单独串联KM的常开辅助触点，以防止这种现象发生，如图5-9（b）所示。

（3）避免出现寄生电路。在控制电路

的动作过程中，发生意外接通的电路称为寄生电路。寄生电路将破坏元器件和控制电路的工作顺序或造成误动作。图5-10（a）是一个具有指示灯和过载保护的电动机正反转控制电路。正常工作时，该电路能完成正反向启动、停止和信号指示的任务。但当热继电器FR动作时，产生寄生电路，电流流向如图5-10（a）虚线所示，使正转接触器KM1不能释放，起不了保护作用。如果将指示灯与其相应的接触器线圈并联，则可消除寄生电路，如图5-10（b）所示。

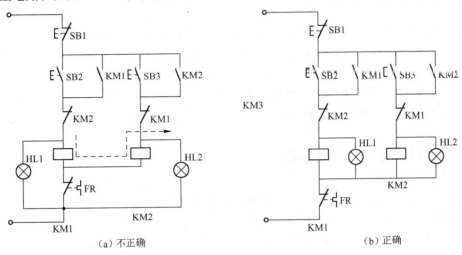

图5-10 寄生电路及其消除

（4）控制电路工作时，应尽量避免多个元器件依次动作后才能接通另一个元器件的情况。在图5-11（a）中，继电器KA3的线圈要等到三个继电器KA、KA1、KA2的常开触点均闭合后才能通电。若改接成图5-11（b）所示电路，则每一个继电器线圈只需一个常开触点控制，工作可靠多了。

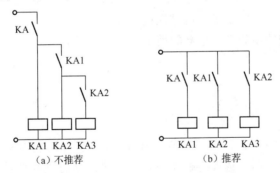

图5-11 减少通电电器触点控制的控制电路

（5）在频繁操作的可逆电路中，正、反向接触器之间要有电气联锁和机械联锁。

（6）设计的控制电路要适应所在电网的情况，并据此决定电动机是直接启动还是间接启动。

（7）在设计控制电路时，应充分考虑继电器触点的接通和分断能力。若要增加接通能力，可用多触点并联；若要增加分断能力，可用多触点串联。

5. 保证控制电路工作的安全性

控制电路应具有完善的保护环节，用以保证整个生产机械的安全运行，消除其工作不正常或误操作时所带来的不利影响，避免事故发生。电气控制系统常设的保护环节有短路、过电流、过载、失电压、弱磁、超速、极限保护等，它们的动作原理详见2.9节。

6. 操作、维护、检测方便

电气控制系统的使用应简单、方便、容易维护。为此，在控制电路的安装和配线时，电气元件应有备用触点，必要时要有备品。为检测方便，应设置电气隔离，避免带电检修。为调试方便，应能迅速和简便地从一种控制形式转换到另一种控制形式，如从自动控制转换到手动控制。应设置多地点控制，以便可在生产机械旁进行调试和操作。操作回路较多时，若要求正、反转并调速，可采用主令控制器而不要采用多个按钮。

5.3 常用控制电器的选择

电气原理图设计完成后，随即应选择各种电气元件。正确、合理地选择电气元件是控制电路安全、可靠工作的重要保证。第1章已对各种低压电器的选用原则做了介绍，下面仅对常用控制电器的选择做深入探讨。

5.3.1 电器选择的基本原则

（1）按电器的功能要求确定电器的类型。

（2）确定电器承载能力的临界值及使用寿命。根据电器的工作电压、工作电流、控制功率确定电器的规格。

（3）确定电器预期的工作环境及供应情况，如防油、防尘、防水、防爆及货源情况。

（4）按电器在应用中所要求的可靠性进行选择。

（5）确定电器的使用类别，电器的使用类别可参见表1-4。

5.3.2 接触器的选择

1. 交流接触器的选择

交流接触器控制的负载有电动机负载和非电动机负载（如电热设备、照明、电容器、变压器等）两类。两者选择接触器的要求不同，分别介绍如下。

1）控制负载为电动机类时，接触器的选择

根据接触器所控制负载的工作任务（轻任务、一般任务、重任务）来选择相应使用类别的接触器，详见1.3节。

交流接触器主触点的额定电压应大于或等于负载电路的额定电压。

交流接触器主触点的额定电流 I_N 应等于或稍大于实际负载电流。对于电动机负载，可按下面经验公式计算：

$$I_N \geq \frac{P_N \times 10^3}{kU_N} \qquad (5-1)$$

式中，P_N 为受控电动机额定功率，单位为 kW；U_N 为受控电动机额定电压，单位为 V；k 为经验系数，$k = 1 \sim 1.4$。

也可查各系列接触器与受控电动机容量对照表来选择交流接触器的额定电流。

接触器吸引线圈电压应选择与控制电路电压相等。

2）控制负载为非电动机类时，接触器的选择

为非电动机类负载选用接触器时，除了要考虑接触器接通容量外，还要考虑使用中可能出现的过电流。

（1）电热设备。

接触器主触点的额定电流应等于或大于 1.2 倍电热设备的额定电流。

电热负载往往是单相的，这时可把接触器主触点并联，以扩大其使用电流，CJ10 系列三个主触点并联后的电流值为接触器主触点额定电流的 2～2.4 倍。

（2）电容器。

用接触器来控制电容器时，必须考虑电容器的合闸电流、持续电流和负载下的电寿命。可按表 5-2 选择接触器。

表5-2　电容器选配接触器参考表

型　号	电容器额定工作电流 I_N/A	电容器 Q_C/kvar	
		$U_C = 220V$	$U_C = 380V$
CJ10-10	7.5	3	5
CJ10-20	12	5	8
CJ10-40	30	12.5	20
CJ10-60	53	25	40
CJ10-100	80	30	60
CJ10-150	105	40	75
CJ10-250	130	50	100

（3）变压器。

这类负载有交流弧焊机、电阻焊机和带变压器的感应炉等。表 5-3 列出负载为电焊变压器时选用接触器的参考表。经验表明，焊接时的分断电流平均比接通电流大 2～4倍，且为单相负载，故接触器的三个主触点可并联使用。

表5-3　电焊变压器选配接触器参考表

型　号	变压器额定电流 I_N/A	变压器容量 S/kVA		变压器一次侧最大短路电流 I_K/A	
		$U_N = 220V$	$U_N = 380$	$U_N = 220V$	$U_N = 380V$
CJ10-60	30	11	20	300	300
CJ10-100	53	20	30	450	450
CJ10-150	66	25	40	600	600
CJ20-150	105	40	70	1050	1050
CJ20-250	130	50	90	1800	1800

（4）照明装置。

根据照明装置的类型、启动电流、长期工作电流等因素来选择。

2. 直流接触器的选择

直流接触器主要用于控制直流电动机和电磁铁。其选择原则分述如下。

（1）控制负载为电动机时接触器的选择。

接触器的额定电压、额定电流应大于或等于电动机的相应数值。当用于断续周期工作制或短时工作制时，接触器的额定电流大于或等于电动机实际运行的等效有效电流，其额定操作频率也不应低于电动机实际操作频率。然后根据电动机使用类别选择相应类别的接触器系列。

（2）控制负载为直流电磁铁时接触器的选择。

应根据直流电磁铁的额定电压、额定电流、通电持续率和时间常数等主要技术参数选用合适的直流接触器。

5.3.3 继电器的选择

选择继电器时应考虑以下几个问题。

1. 类型的选择

首先要按被控制或被保护对象的工作要求来选择继电器的种类：如电压、电流、中间、时间继电器，然后根据灵敏度或精度要求来选择适当的系列。如时间继电器有直流电磁式、空气阻尼式、同步电动机式、晶体管式等，可根据系统对延时精度、延时范围、操作电源的要求等综合考虑。

2. 使用环境的选择

选用继电器时应考虑继电器安装地点的周围环境温度、海拔高度、相对湿度、污染等级及冲击、振动等条件，确定继电器的结构特征和防护类别。如继电器用于尘埃较多场所时，应选用带罩壳的全封闭式继电器；用于湿热带地区时，应选用湿热带型（TH），以保证继电器正常而可靠地工作。

3. 使用类别的选择

继电器的典型用途是用于控制交、直流电磁铁，如控制交、直流接触器的线圈，对应的继电器使用类别应为 AC – 11 与 DC – 11 类别。

4. 额定工作电压、额定工作电流的选择

继电器在相应使用类别下的触点额定工作电流和额定工作电压表征继电器触点所能切换电路的能力。选用时，继电器最高工作电压可为该继电器额定绝缘电压，继电器最大工作电流应小于该继电器额定发热电流。通常一个系列的继电器规定了几个额定工作电压，同时列出相应的额定工作电流（或控制功率）。

选择线圈的电流种类和额定电流时，应与系统要求一致。

5. 工作制的选择

继电器一般适用于间断长期工作制（周期为 8h）、断续周期工作制和短时工作制。

工作制不同时，继电器过载能力要求不同。

当交流电压继电器或中间继电器用于断续周期工作制时，由于吸合时有较大的启动电流，因此其负担比长期工作制时重，选用时应充分考虑此情况，使用时实际操作频率应低于额定操作频率。

5.3.4 控制变压器的选择

控制变压器用于降低控制电路或辅助电路的电压，保证控制电路和辅助电路安全可靠地工作。控制变压器的选择原则如下所述。

（1）控制变压器一、二次侧电压应与交流电源电压、控制电路和辅助电路电压要求相符。

（2）保证接于控制变压器二次侧的交流电磁器件在启动时能可靠地吸合。

（3）电路正常运行时，变压器温升不应该超过允许温升。

控制变压器容量的近似计算公式为

$$S \geqslant 0.6 \sum S_1 + 0.25 \sum S_2 + 0.125 k \sum S_3 \tag{5-2}$$

式中，S 为控制变压器容量，单位为 VA；S_1 为电磁器件的吸持容量，单位为 VA；S_2 为接触器、继电器启动容量，单位为 VA；S_3 为电磁铁启动容量，单位为 VA；k 为电磁铁工作行程 L 与额定行程 L_N 之比的修正系数。

当 $L/L_N = 0.5 \sim 0.8$ 时，$k = 0.7 \sim 0.8$；

当 $L/L_N = 0.85 \sim 0.9$ 时，$k = 0.85 \sim 0.95$；

当 $L/L_N = 0.9$ 及以上时，$k = 1$。

满足上式时，可保证已吸合电器在其他电器启动时仍能保持吸合状态，且正在启动的电器也能可靠地吸合。

控制变压器的容量也可按变压器长期运行的允许温升来决定，此时变压器容量应大于或等于最大工作负载的容量。

$$S \geqslant k_1 \sum S_1 \tag{5-3}$$

式中，S_1 为电磁器件吸持容量，单位为 VA；k_1 为变压器容量的储备系数，$k_1 = 1.1 \sim 1.25$。

变压器容量还可按下式计算：

$$S \geqslant 0.6 \sum S_1 + 1.5 \sum S_2 \tag{5-4}$$

式中，S、S_1、S_2 与式(5-2)中的相同。

5.3.5 交流笼型异步电动机启动、制动电阻的计算

1. 交流笼型异步电动机启动电阻的计算

交流笼型异步电动机定子回路串三相对称电阻减压启动时，其每相启动电阻 R_{st} 可按下式近似计算：

$$R_{st} = \frac{220}{I_N k_{st}} \sqrt{\frac{k_{st}}{k_{str}} - 1} \, (\Omega) \tag{5-5}$$

式中，I_N 为电动机的额定电流，单位为 A；k_{st} 为电动机全压启动时，电动机启动电流与额定电流之比，可由手册查出；k_{str} 为加入启动电阻后，电动机启动电流与额定电流之比，按生产需求自行选定，通常可选 $k_{str} \leqslant 2$。

若交流笼型异步电动机只在定子回路两相串电阻减压启动，其一相启动电阻 R'_{st} 可取式（5-5）计算值的 1.5 倍，即 $R'_{st} = 1.5R_{st}$。

加入启动电阻后，电动机的启动转矩 T_{str} 可按下式估算：

$$T_{str} = (k_{str}/k_{st})^2 T_{st} = (k_{str}/k_{st})^2 k_{Tst} T_N \tag{5-6}$$

式中，T_{st} 为电动机全压启动时的启动转矩，单位为 N·m；T_N 为电动机的额定转矩，单位为 N·m；k_{Tst} 为电动机的启动转矩倍数，为电动机启动转矩与额定转矩之比，可由手册查出。

2. 交流笼型异步电动机反接制动电阻的计算

为了限制反接制动电流，在交流笼型异步电动机定子回路串三相对称制动电阻，其每相反接制动电阻 R_z 可由下式近似计算：

$$R_z = \frac{110}{I_N} \times \frac{\sqrt{4(k_{st}/k_z) - 3} - 0.5}{k_{st}}(\Omega) \tag{5-7}$$

式中，k_z 为加入反接制动电阻后，反接制动电流与额定电流之比，按生产需求自行选定，通常可选 $k_z \leqslant 2$。

若交流笼型异步电动机只在定子回路两相串反接制动电阻，其一相反接制动电阻 R'_z 可取式（5-7）计算值的 1.5 倍，即 $R'_z = 1.5R_z$。

电动机转速在反接制动到零的瞬间，其制动转矩 T_z 不为零，可按下式估算：

$$T_z = (k_z/k_{st})^2 T_{st} = (k_z/k_{st})^2 k_{Tst} T_N \tag{5-8}$$

5.4 电气控制系统工艺设计

电气控制系统工艺设计是在电气原理图设计完成之后进行的，首先应进行电气控制设备总体配置，即总装配图、总接线图设计，然后再进行各部分电气装配图与接线图的设计，列出各部分的元器件目录、进出线号及主要材料清单，最后编写使用说明书。

5.4.1 电气设备总体配置设计

通常成套生产设备往往由若干台电动机来拖动，而各台电动机又由许多元器件来控制，这些电动机与各类元器件都有一定的装配位置。如电动机和各种执行元件如电磁铁、电磁阀、电磁离合器、电磁吸盘等，各种检测元件如行程开关、传感器、温度继电器、压力继电器、速度继电器等，必须安装在生产机械的相应部位。各种控制电器如继电器、接触器、电阻、低压熔断器、控制变压器、放大器等及各种保护电器如熔断器、电流继电器、电压继电器等则安装在单独的电器柜（箱）

内。而各种控制按钮、控制开关及各种指示灯、指示仪表和需经常调节的电位器等，则必须安装在控制台面板上。由于各种元器件安装位置不同，所以在构成一个完整的电气控制系统时，必须划分组件，解决好组件之间、电器箱之间及电器箱与被控制装置之间的连线问题。

组件的划分原则是：

(1) 将功能类似的元器件组合在一起可构成控制面板组件、电器箱组件、电源组件等。

(2) 尽可能减少组件之间的连线数量，将接线关系密切的元器件置于同一组件中。

(3) 强电与弱电控制器分离，以减少干扰。

(4) 力求整齐美观，将外形尺寸相同、重量相近的元器件组合在一起。

(5) 为了便于检查与调试，将需要经常调节、维护和易损的元器件组合在一起。

电气控制设备的各部分及组件之间的连接方式通常有：

(1) 电器板、控制板、机床电器的进出线一般采用接线端子。

(2) 被控设备与电器箱之间采用多孔接插件，便于拆装、搬运。

(3) 印制电路板与弱电控制组件之间宜采用各种类型接插件。

电气设备总体配置设计是以电气控制系统的总装配图与总接线图的形式来表达的，图中应以示意方式反映出各部分主要组件的位置及它们之间的接线关系、走线方式及使用管线的要求。

总体设计要使整个系统集中、紧凑，同时要将发热厉害和噪声、振动大的电气部件安装在离操作者较远的位置，电源紧急停止按钮应安放在方便而明显的地方，对于多工位加工的大型设备，应考虑多处操作等。

5.4.2 电气元件布置图的设计

电气元件布置图是指某些元器件按一定原则的组合，如电器箱中的电器板、控制面板等。电气元件布置图是按组件原理图设计的。同一组件中电气元件布置的注意事项可参见2.1节，在此不再重复。

各电器位置确定后，便可绘制电气元件布置图，并根据各组件进出线的数量和导线规格，选择适当接线端子板和接插件，按一定顺序标上进出线的接线号。

5.4.3 电气组件安装接线图的设计

电气组件安装接线图是根据组件电气原理图及电气元件布置图绘制的，它表示了成套装置的连接关系，是电气安装和查线的依据。组件安装接线图设计要求参见2.1节，在此不再赘述。

5.4.4 电器箱及非标准零件图的设计

电气控制系统比较简单时，电气控制板往往附在生产机械上，当电气控制系统比较复杂或生产环境和操作需要时，要采用单独的电器箱，以利于制造、使用和维护。

电器箱设计应注意以下几个问题：

(1) 根据控制面板及箱内各电气部件的尺寸来确定电器箱总体尺寸及结构方式。

（2）结构紧凑、外形美观，与生产机械相匹配。

（3）根据控制面板及箱内电气部件的安装尺寸设计箱内安装支架。

（4）从方便安装、调整及维修方面考虑，设计电器箱开门方式。

（5）为利于箱内电器的通风散热，在箱体适当部位设计通风孔或通风槽。

（6）为利于搬动电器箱，设计合适的起吊钩、起吊孔、扶手架或在箱体底部安装活动轮。

外形确定后，绘制箱体总装图，进行箱体各部件的结构设计，如门、控制面板、底板、安装支架、装饰条等零件图设计，并注明加工尺寸。

非标准的电气安装零件，如开关支架、电气安装底板、电器箱的有机玻璃面板等，应绘制其零件图，并注明加工尺寸。

5.4.5 编制各类元器件及材料清单

电气控制系统工艺设计结束后，应根据各种图纸对本套设备需要的各种元器件、各种零件及材料进行综合统计，列出外购件清单表、标准件清单表、主要材料消耗定额表及辅助材料消耗定额表，供有关部门备料，准备投入生产。这些资料也是成本核算的依据。

5.4.6 编写设计说明书及使用说明书

设计说明书及使用说明书是设计审定及调试、使用、维护不可缺少的技术资料。

设计说明书及使用说明书应包含如下内容：

（1）拖动方案选择依据及本设计的主要特点。

（2）主要参数的计算。

（3）设计任务书中要求的各项技术指标的核算与评价。

（4）设备调试要求与调试方法。

（5）设备使用、维护要求及注意事项。

5.5 电气控制系统设计举例

本节以皮带运输机的电气控制系统为例来说明分析设计法的设计过程。

皮带运输机是一种连续平移运输机械，常用于矿山、码头、发电厂、粮库等的生产流水线上，将矿石、粮食等从一个地方运输到另一个地方。一般由多条皮带机组成，可以改变运输的方向和斜度。

皮带运输机属长期连续工作制，不需调速，没有调速要求，也不需要反转。因此，其拖动电动机多采用交流笼型异步电动机。事故情况下可能要重载启动，需要大的启动转矩，可采用交流双速笼型异步电动机或交流绕线型异步电动机，也有的是两者配合使用。

本例以三条皮带运输机为例，其工作示意图如图 5-12 所示。

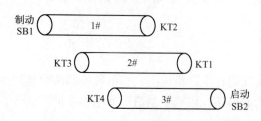

图 5-12 皮带运输机工作示意图

5.5.1 皮带运输机的工艺要求

（1）三条皮带运输机启动时，其顺序为3号机、2号机、1号机，并要有一定的时间间隔，以免货物在皮带上堆积，造成后面皮带重载启动。

（2）三条皮带运输机停车时，其顺序为1号机、2号机、3号机，以保证停车后皮带上不残存货物。

（3）无论2号机或3号机哪一台出现故障，1号机必须停车，以免继续进料，造成货物堆积。

（4）必要的保护。

5.5.2 主电路设计

三条皮带运输机由三台交流笼型异步电动机拖动，由于电网容量比电动机容量大得多，且三台电动机又不同时启动，故电动机采用全压启动，且其启动电流不会对电网产生较大的冲击。因为皮带运输机不经常启动、制动，对制动和停车准确性亦没有特殊要求，故不需要考虑电气制动，采用自由停车即可。三台电动机均采用热继电器做过载保护，采用熔断器做短路保护。综上所述，设计出的主电路图如图5-13所示。

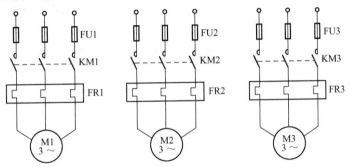

图5-13 皮带运输机主电路图

5.5.3 基本控制电路设计

三台电动机由三个接触器控制其启、停。接触器KM1控制电动机M1，接触器KM2控制电动机M2，接触器KM3控制电动机M3，电动机的启动顺序为M3、M2、M1，可用KM3的常开辅助触点$KM3_1$控制KM2的线圈，用KM2的常开辅助触点$KM2_1$控制KM1的线圈。电动机的停车顺序为M1、M2、M3，可将KM1的常开辅助触点$KM1_2$与控制M2停车的停止按钮SB4并联，将KM2的常开辅助触点$KM2_3$与控制M3停车的停止按钮SB6并联。其基本控制电路图如图5-14所示。从图可见，按下启动按钮SB5，KM3线圈通电，M3启动。KM3的常开辅助触点$KM3_1$闭合后，按下启动按钮SB3，KM2线圈才能通电，M2启动。KM2的常开辅助触点$KM2_1$闭合后，再按下启动按钮SB1，KM1线圈才能通电，M1启动。这样就实现了三台电动机按M3、M2、M1顺序启动。若先按SB3或SB1，M2或M1都不会自行启动。同理，按下停止按钮SB2，KM1

线圈断电释放，M1 停车。KM1 的常开辅助触点 KM1₂ 分断后，按下停止按钮 SB4，KM2 线圈才能断电释放，M2 停车。KM2 的常开辅助触点 KM2₃ 分断后，按下停止按钮 SB6，KM3 才断电释放，M3 停车。这样就实现了三台电动机按 M1、M2、M3 的顺序停车。若先按 SB4 或 SB6，M2 或 M1 都不会停车，仍继续运行。

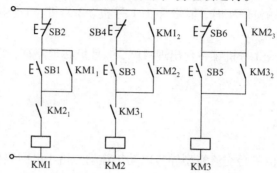

图 5 – 14　皮带运输机手动控制电路图

5.5.4　控制电路改进（自动控制部分）设计

图 5 – 14 所示的控制电路是手动控制的，给操作者带来不便，为了实现自动控制，皮带运输机的启动和停车可以用行程参量或时间参量来控制。由于皮带是回转运动的，检测行程比较困难，而用时间参量比较方便，所以常采用以时间为变化参量，利用时间继电器输出启动、停车信号。本例以通电延时时间继电器 KT1、KT2 的通电延时闭合常开触点作为启动信号，以断电延时时间继电器 KT3、KT4 的断电延时断开常开触点作为停车信号。为使三条皮带运输机自动地按顺序进行工作，增加一个中间继电器 KA，最后形成的控制电路如图 5 – 15 所示。

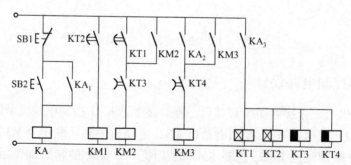

图 5 – 15　皮带运输机的自动控制电路图

5.5.5　联锁保护环节设计

从图 5 – 15 可见，按下停止按钮 SB1 发出停车指令时，KA 线圈断电释放，其常开触点 KA₃ 分断，时间继电器 KT1、KT2、KT3、KT4 线圈同时断电释放，同时 KA 的常开触点 KA₂ 也分断。接触器 KM2、KM3 若无自锁环节，则 KT3、KT4 的延时将不起作用，KM2、KM3 线圈将瞬间断开，三台电动机同时断电停车，而不能顺序停车，所以需要加自锁环节。引入自锁触点 KM2、KM3 后，就能保证三台电动机按顺序停车。3个热继电器的常闭触点均串联于 KA 线圈的电路中，这样，无论哪一条皮带运输机过载，如同按下停止按钮 SB1 一样，都能按 M1、M2、M3 顺序停车。KA 还兼起电路失电压保护的作用。皮带运输机完整的控制电路如图 5-16 所示。

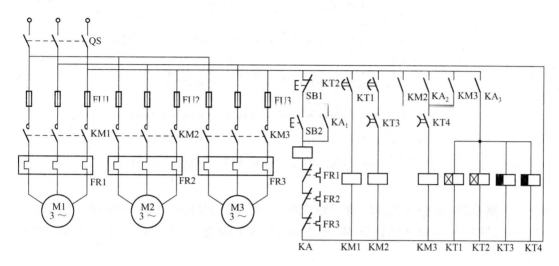

图 5-16　皮带运输机完整的控制电路

5.5.6　电路的完善与校核

控制电路初步设计完毕后，可能还有不合理的地方，应该仔细校核。例如，进一步简化以节省触点数，节省电器间连接线等。特别是应该再次分析所设计电路是否满足生产工艺各项要求，线路在误操作时是否会产生事故。下面检查本电路的工作过程。

1. 启动

SB2↓→KA▽→KA₁↓自锁

→KA₂↓

→KA₃↓→KT4▽→KT4↓→KM3▽→KM3↓→M3↻

→KT3▽→KT3↓　　→KM3↓自锁

→KT1▽→KT1↓→KM2▽→KM2↓→M2↻

→KM2↓自锁

→KT2▽→KT2↓→KM1▽→KM1↓→M1↻

电路要求时间继电器 KT2 常开触点通电延时闭合的时间要比 KT1 常开触点通电延时闭合的时间长，这样才能保证 M2 启动后 M1 跟着启动，否则 M1 可能先于 M2 启动。

2. 停车

SB1 $\uparrow$ → KA 凸 → KA$_1$ $\uparrow$

→ KA$_2$ $\uparrow$ $\xrightarrow{\because KM3 \downarrow 自}$ KM3 凸

→ KA$_3$ $\uparrow$ → KT2 凸 → KT2 $\uparrow$ → KM1 凸 → KM1$_主$ $\uparrow$ → M1停

→ KT1 凸 → KT1 $\uparrow$ $\xrightarrow{\because KM2 \downarrow 自}$ KM2 凸

→ KT3 凸 → KT3 ↗ → KM2 凸 → KM2$_主$ $\uparrow$ → M2停

→ KM2 $\uparrow$

→ KT4 凸 → KT4 ↗ → KM3 凸 → KM3$_主$ $\uparrow$ → M3停

→ KM3 $\uparrow$

电路要求时间继电器 KT4 常开触点断电延时分断的时间要比 KT3 常开触点断电延时分断时间长，这样才能保证 M2 断电后 M3 跟着断电，否则 M3 可能先于 M2 断电停车。

皮带运输机电气控制系统的工艺设计此处从略。

5.6 电气控制系统的安装与调试

为了顺利地对电气控制系统进行安装、调试和排除故障，首先要认真阅读电气原理图，明确电气元件的数量、种类和规格。弄清各元器件之间的控制关系及连接顺序。分析电路的工作原理及元器件动作的先后次序，以便确定检查线路的方法和步骤。对于比较复杂的电路，还应了解它是由哪些基本控制环节组成的，并分析这些环节之间的逻辑关系。

5.6.1 电气元件安装工艺要求

1. 检查电气元件

电气元件应先检查后使用，避免安装接线后发现问题再拆换，以提高电路安装的工作效率。通常可从如下几个方面检查电气元件。

（1）外观检查。

检查电气元件外观是否清洁、完整，外壳是否有破损，零部件是否齐全有效，各接线端子及紧固件是否缺失、生锈。

（2）触点检查。

检查电气元件触点有无熔焊粘连、变形、氧化，触点的闭合和分断是否灵活，触点的开距、超程是否符合标准，接触后压力弹簧是否有效。

（3）电磁机构和传动机构的检查。

电器的电磁机构和传动机构部件的动作是否灵活，衔铁是否卡阻、吸合位置是否正确，衔铁反作用弹簧是否正常。新产品使用前要拆开清除铁芯端面的防锈油，用万用表检查电磁线圈的通断情况，测量并记录其直流电阻备查。

（4）其他器件的检查。

检查时间继电器的延时动作是否可靠、延时范围是否准确、整定机构工作是否正常。检查热继电器的热元件和触点动作情况等。

（5）电气元件规格检查。

核对各电气元件的规格与图纸要求是否一致，否则予以更换。

2. 安装电气元件的工艺要求

（1）刀开关应垂直安装，合闸后手柄应向上，分闸后手柄向下，不允许平装或倒装，受电端应在开关的上方，负载侧应在开关的下方，保证分闸后闸刀不带电。低压断路器也应垂直安装，要求与刀开关相同。组合开关安装应使手柄旋转在水平位置时为分断状态。

（2）RL 系列熔断器的受电端应为其底座的中心端。RTO、RM 等系列熔断器应垂直安装，其上端为受电端。

（3）带电磁线圈的时间继电器应垂直安装，以保证电磁线圈断电后，动铁芯（衔铁）释放的运动方向符合重力垂直向下的方向。

（4）按照电气元件布置图规定的位置将电气元件固定在安装底板上。元件之间的距离要适当，既要节省板面，又要方便走线和投入运行后的检修。

（5）元器件安装时，在螺钉上加装平垫圈和弹簧垫圈。紧固螺钉时将弹簧垫圈压平即可，不要过分用力，以免损坏元器件或将安装底板压裂。

（6）禁止用不适当的工具安装元器件或用敲打式安装法。

5.6.2 板前配线工艺要求

板前配线是指在电器控制板正面明线敷设，完成整个电路连接的一种配线方法。其优点是便于维护和查找故障，但配线速度稍慢。一般配线时要注意以下几点。

（1）按照主电路、控制电路和辅助电路的电流容量选好导线的截面积，要把导线捋直拉平，去除小弯。

（2）按照配线尽可能短、用线要少，以最简单的形式完成电路连接的原则，测量并截取元器件间导线所需长度，剥去两端绝缘外皮。线端剥皮的长短要适当，并且保证不伤及芯线。为保证导线与接线端子接触良好，用电工刀刮去芯线表面氧化物，对多股芯线要将线头绞紧，必要时应烫锡处理。

（3）排线要求横平竖直，整齐美观，尽量避免导线交叉。把同一走向的导线汇成一束，依次弯向所需方向，变换走向应垂直变向，杜绝走线歪斜。拐直角弯时，导线的弯曲半径为导线直径的 3～4 倍，不要用钳子将导线做成"直角弯"，以免损伤绝缘层和线芯。敷好的导线束用铝线卡垫上绝缘物卡好。

（4）主电路、控制电路在空间的平面层次不宜多于三层。同一类导线要同层密排或间隔均匀，除过短的走线外，一般要紧贴敷设面走线。同一平面层次的导线应高低一致、前后一致。

（5）压线必须可靠，不松动。既不压线过长而压到绝缘皮，又不露出导体过多。元器件的接线端子，应该直压线的必须用直压法；该圈压线的必须用圈压法，并避免反圈压线。一个接（压）线端子上要避免"一点压三线"。

（6）将成型好的导线套上线号管。同一接线端子内压接两根导线时，可以只套一只线号管。导线截面积不同时，截面积大的导线在下层，截面积小的在上层。

（7）控制盘外元器件与盘内元器件的连接导线，必须经过接线端子排压线。

（8）接线过程中注意按图接线，防止接错，必要时用万用表校线。

5.6.3 槽板配线工艺要求

槽板配线是采用塑料线槽板做通道，除元器件接线端子处一段引线外露外，其余走线隐藏于槽板内的一种配线方式。其优点是配线工艺相对简单，配线速度较快，但线材和槽板消耗较多。施工时除了剥线、压线、端子使用等方面与板前配线有相同的工艺要求外，尚需注意以下几个问题。

（1）根据走线多少和导线截面，估算和确定槽板的规格型号。配线后，宜使导线占有槽板内空间容积约70%。

（2）规划槽板的走向，并按一定尺寸合理截割槽板。

（3）槽板换向应拐直角弯，衔接方式宜用横、竖各45°角对插。

（4）槽板与元器件之间的间隔要适当，以便压线和换件。

（5）安装槽板要紧固可靠、避免敲打以免引起破裂。

（6）避免槽板内的导线因走线过短而拉紧，应留少量裕度，并尽量避免槽内交叉。

（7）穿出槽板走线，尽量保持横平竖直，间隔均匀，高低一致，避免交叉。

5.6.4 控制电路的检查与故障分析方法

电气控制系统安装好后，必须经过认真的检查才能通电试车，以防错接、漏接及电气故障引起系统动作不正常，甚至造成短路事故。

1．检查内容

（1）核对接线。

对照电气原理图、电气安装接线图，从电源端开始逐段核对端子接线的线号，排除漏接、错接现象，重点检查控制电路中易接错处的线号，核对同一根导线的两端是否错号。

（2）检查端子接线是否牢固。

检查所有端子上接线的接触情况，用手摇动，拉拨端子上的接线，不允许有松脱现象。

（3）断开控制电路，检查主电路。

断开电源开关，取下控制电路的熔断器内的熔体，控制电路便断开，此时可用万用表检查主电路不带负载（电动机）时相间绝缘情况。摘下灭弧罩，用手按下接触器主触点支架，检查主触点动作的可靠性。检查正、反转控制电路的电源换相电路及热继电器热元件是否良好、动作是否正常。

（4）断开主电路，检查控制电路的动作情况。

检查控制电路各个控制环节及自锁、联锁装置的动作情况及可靠性。检查与生产机械运动部件联动的元器件（如行程开关、速度继电器等）动作的正确性和可靠性。检查保护电器、时间继电器等动作的准确性。

2. 检查方法

若电气控制系统在通电试验时出现故障，常用的故障检查法有电压测量法、电阻测量法、短接法。下面以一段有代表性的控制电路为例，说明如何应用这几种方法检查电路。

1）电压测量法

电压测量法有分段测量法、分阶测量法和对地测量法三种。

图 5 – 17 所示为分段电压测量法示意图。接通电源后，按下启动按钮 SB2，正常时，KM1 线圈吸合，其常开辅助触点闭合，起自锁作用。将万用表拨到交流 500V 挡，对电路进行测量。这时电路的点(1—2)间、点(2—3)间、点(3—4)间、点(4—5)间电压均为零，点(5—6)间电压应为380V。

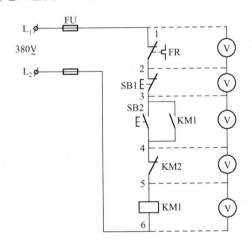

图 5 – 17　分段电压测量法示意图

（1）触点故障。

若按下按钮 SB2，接触器 KM1 不吸合，可用万用表测量点（1—6）间的电压，若测得为380V，说明电源电压正常，熔断器完好。可继续测量各点间的电压，若点(1—2)间电压为380V，则热继电器 FR 常闭触点已分断或接触不良，此时应检查 FR 所保护的电动机是否过载或 FR 整定电流是否调得太小，触点本身是否接触不好或连线松脱；若点（4—5）间电压为380V，则接触器 KM2 常闭辅助触点或连接导线有故障，依此类推。

（2）线圈故障。

若点（1—2）、点（2—3）、点（3—4）、点（4—5）间电压均为零，点（5—6）间电压为380V而接触器KM1不吸合，则故障是其线圈或连接导线断开。

分阶测量法是将电压表的一支表笔固定在电路的一端，设为图5-17中的6点，另一支表笔由下而上依次接到5、4、3、2、1各点。正常时，电压表各点读数为电源电压。若无读数，说明连线断开，将电压表表笔逐级上移，当移至某点电压表的读数又为电源电压时，说明该点以上的触点接线完好，故障点就是刚跨过的接点。因为这种测量方法像上台阶一样，故称为分阶测量法。

对地测量法适用于机床电气控制电路接220V电压且零线直接接于机床床身的电路检修，根据电路中各点对地电压来判断、确定故障点。

2）电阻测量法

电阻测量法又分为分段测量法和分阶测量法。图5-18所示为分段电阻测量法示意图。

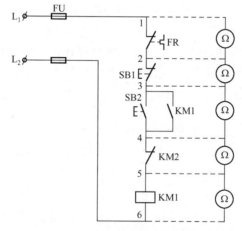

图5-18　分段电阻测量法示意图

检查时，先断开电源，把万用表拨到电阻挡，然后逐段测量点（1—2）间、点（2—3）间、点（4—5）间的电阻，并按下按钮SB2测量点（3—4）间的电阻，若测得某两点间的电阻很大，说明该触点接触不良或导线断路。测量触点电阻时，万用表电阻挡量程不能选得太大，否则可能会掩盖触点接触不良的故障。对于接触器线圈，其进出线两端电阻值应与铭牌标注的电阻值相符，若测得KM1线圈点（5—6）间电阻为无穷大，则线圈断线或接线脱落；若测得KM1线圈间的电阻接近零，则线圈可能短路。如果所测电路并联了其他电路，所测电阻值就不准确，必须将并联电路断开后再进行测量。必须注意：用电阻测量法检查故障一定要断开电路电源，否则会烧坏万用表。

3）短接法

继电器-接触器控制系统的故障多为断路故障，如导线断路、虚连、虚焊、触点接触不良、熔断器熔断等。对于这类故障，用短接法查找故障点往往比用电压测量法和电阻测量法更快捷。检查时，只需用一根绝缘良好的导线将所怀疑的断路部位短接便可。当短接到某处时电路接通，说明故障就在该处。

（1）局部短接法。

局部短接法示意图如图 5 – 19 所示。

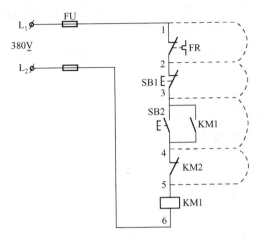

图 5 – 19　局部短接法示意图

按下启动按钮 SB2，若接触器 KM1 不吸合，说明电路存在故障，可运用局部短接法进行检查。检查前先用万用表测量点（1—6）间电压，如电压不正常，不能用局部短接法。在电压正常情况下，按下 SB2 不放，用一根绝缘良好的导线分别短接标号相邻的两点，如（1—2）、（2—3）、（3—4）、（4—5），当短接到某两点时 KM1 吸合，说明这两点间存在断路故障。注意，千万不可将（5—6）两点短接，否则可能将电源短路。

（2）长短接法。

长短接法是用导线一次短接两个或多个触点查找故障的方法。它比局部短接法有两个优点。其一是在两个触点同时接触不良时，局部短接法容易造成误判，而长短接法则可避免误判。试以图 5 – 19 为例，先用长短接法将（1—5）两点短接，若接触器 KM1 吸合，说明（1—5）这段电路有断路故障，然后再用局部短接法、电压测量法或电阻测量法逐段检查，找出故障点。其二是使用长短接法可把故障压缩到一个较小的范围。如先短接（1—3）两点，接触器 KM1 不吸合，再短接（3—5）两点，接触器 KM1 能吸合，说明故障在（3—5）点之间的电路中，再用局部短接法即可确定故障点。

必须注意：首先，短接法是带电操作的，因此要注意安全，短接前要看清电路，防止因错接而烧坏电气设备。其次，短接法只适用于检查连接导线及触点一类的断路故障，对于线圈、绕组、电阻等断路故障，不能采用此法。最后，对生产机械的某些重要部位，最好不要采用短接法，以免因考虑不周而造成事故。

5.6.5　通电试车

1. 空操作试验

先切除主电路（可断开主电路熔断器），装好控制电路熔断器，接通三相电源，使电路不带负载（电动机）通电操作，以检查控制电路和辅助电路工作是否正常。操作各按钮，检查它们对接触器、继电器的控制作用；检查接触器的自锁、联锁等控制作用；用绝缘棒操作行程开关，检查它的行程控制或限位控制作用等。同时观察各元器件动作的灵活性，有无过大的噪声等。

空操作试验出现故障时，可采用上述介绍的故障测量方法排除。

2. 带负载试车

控制线路经过数次空操作试验动作无误后，即可接通主电路，带负载试车。若发现电动机启动困难、发出噪声及绕组过热等异常现象，应切断电源进行检查，直至排除故障为止。

本章小结

本章总结了电气控制系统设计的基本内容和一般规律，详细介绍了电气控制系统设计的方法和具体步骤，并通过实例剖析，使读者对继电器－接触器控制系统的分析设计法有深入和全面的了解。

正确、合理选用电动机和各种元器件是控制电路安全可靠工作的保证。

电气工艺设计决定了电气控制系统设备制造、使用、维修的可行性，直接影响设计任务书规定的性能指标和经济技术指标的实现。

电气控制系统的安装与调试是电气工艺设计的具体实施和对用户提供优质产品的保证。为此详细介绍了电压测量法、电阻测量法和短接法等三种常用的检查电路的方法。

思考题与习题 5

1. 分析下面的说法是否正确，在括号中用√和×分别表示正确和错误。

（1）在控制电路中，应将所有电器的联锁触点接在线圈的下端。（　　）

（2）设计控制电路时，应使分布在电路不同位置的同一电器各触点接到电源的同一相上。（　　）

2. 分析题意，从若干个答案中选择一个正确答案。

（1）现有两个交流接触器，它们的型号相同、额定电压相同，则在控制电路中其线圈应该（　　）。

A. 串联连接　　　　B. 并联连接　　　C. 既可串联又可并联连接

（2）现有两个交流接触器，它们的型号相同、额定电压相同，若在控制电路中将它们的线圈串联连接，则在通电时（　　）。

A. 都不能吸合

B. 有一个吸合后可能烧毁，另一个不能吸合

C. 都能吸合并正常工作

（3）控制电路在正常工作或事故情况下，发生意外接通的电路称为（　　）。

A. 振荡电路　　　B. 寄生电路　　　C. 自锁电路

（4）电压等级相同，电感较大的电磁阀与电压继电器在电路中（　　）。

A. 可以直接并联　　　　　　B. 不可以直接并联

C. 不能同在一个控制电路中　　　D. 只能串联

3. 某交流笼型异步电动机单向运转，要求启动时电流不能过大，制动时要快速停车，试设计主电路与控制电路。

4. 某机床由两台交流笼型异步电动机 M1 与 M2 拖动，其拖动要求为：

（1）M1 容量较大，采用星形 – 三角形减压启动，停车带有能耗制动；

（2）M1 启动后经 20s 后方允许 M2 启动，M2 容量较小可直接启动；

（3）M2 停车后方允许 M1 停车；

（4）M1 与 M2 启动、停止均要求两地控制。

试设计电气原理图并设置必要的电气保护。

5. 图 5 – 20 所示是钻削加工时刀架自动循环示意图，试设计其自动循环控制电路。具体要求如下：

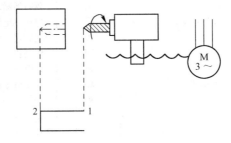

图 5 – 20　刀架自动循环示意图

（1）自动循环。即刀架自动地由位置 1 移动到位置 2 进行钻削，并自动退回位置 1。

（2）无进给切削。即刀具到达位置 2 时不再进给，钻头继续进行无进给切削以提高精度。切削一定时间后，再自动退到位置 1。（提示：利用时间继电器）

（3）快速停车。即当刀架退到位置 1 时，自动快速停车。（提示：利用速度继电器）

6. 电气控制系统设计内容包括哪些主要方面？

7. 如何确定生产机械电力拖动方案？

8. 如何选择拖动电动机？

9. 电气控制方案选择的基本原则是什么？

10. 选择交流接触器的基本依据是什么？

11. 选择继电器有什么基本要求？

12. 对电气控制电路需检查哪些内容？

13. 检查电气控制电路有哪些方法？试举例说明是如何检查的。

附录 A 电气图常用文字符号
（摘自 GB/T7159—1987）

文字符号	名　称	文字符号	名　称
A	激光器、调节器	KA	瞬时接触式继电器、瞬时通断继电器
AD	晶体管放大器	KI	电流继电器
AJ	集成电路放大器	KL	锁扣接触式继电器、双稳态继电器
AM	磁放大器	KM	接触器
AV	电子管放大器	KP	极化继电器
AP	印制电路板	KR	舌簧继电器
AT	抽屉柜	KT	延时通断继电器
B	光电池、测功计、晶体换能器、送话器、拾音器、扬声器	KV	电压继电器
		L	电感器、电抗器
BP	压力变换器	M	电动机
BQ	位置变换器	MG	发电或电动两用电机
BR	转速变换器（测速发电机）	MS	同步电动机
BT	温度变换器	MT	力矩电动机
BV	速度变换器	N	模拟器件、运算放大器、模拟数字混合器件
C	电容器		
D	数字集成电路和器件，延迟线、双稳态元件、单稳态元件、寄存器、磁芯存储器、磁带或磁盘记录机	P	测量设备、试验设备信号发生器
		PA	电流表
		PC	脉冲计数器
E	未规定的器件	PJ	电度表
EH	发热器件	PS	记录仪
EL	照明灯	PT	时钟、操作时间表
EV	空气调节器	PV	电压表
F	保护器件、过电压放电器件避雷器	Q	动力电路的机械开关器件
FA	瞬时动作限流保护器件	QF	断路器
FR	延时动作限流保护器件	QM	电动机的保护开关
FS	延时和瞬时动作限流保护器件	QS	隔离开关
FU	熔断器	R	电阻器、变阻器
FV	限电压保护器件	RP	电位器
G	发生器、发电机、电源	RS	测量分流表
GA	异步发电机	RT	热敏电阻器
GB	蓄电池	RV	压敏电阻器
GF	旋转或静止变频器	S	控制、记忆、信号电路开关器件选择器
GS	同步发电机	SA	控制开关
H	信号器件	SB	按钮
HA	音响信号器件	SL	液压传感器
HL	光信号器件、指示灯	SP	压力传感器
K	继电器、接触器	SQ	极限开关（接近开关）

文字符号	名　　称	文字符号	名　　称
SR	转数传感器	X	接线端子、插头、插座
ST	温度传感器	XB	连接片
T	互感器、变压器	XJ	测试插孔
TA	电流互感器	XP	插头
TC	控制电路电源变压器	XS	插座
TM	动力变压器	XT	接线端子板
TS	磁稳压器	Y	电动器件
TV	电压互感器	YA	电磁铁
U	鉴频器，解调器、变频器、编码器、变换器、逆变器、电报译码器	YB	电磁制动器
		YC	电磁离合器
		YH	电磁卡盘、电磁吸盘
V	电子管、气体放电管、二极管、晶体管、晶闸管	YM	电动阀
		YV	电磁阀
VC	控制电路电源的整流桥	Z	电缆平衡网络、压伸器、晶体滤波器、（补偿器）、（限幅器）、（终端装置）、（混合变压器）
W	导线、电缆、汇流条、波导管、方向耦合器、偶极天线、抛物型天线		

附录 B　电气图常用图形符号
（摘自 GB/T 4728—1996~2000）

符号名称及说明	图形符号	符号名称及说明	图形符号
直流电		带滑动触点的电位器	
交流电		电容器一般符号	
交直流		极性电容器	
导线的连接	或	可变电容器	
导线的多线连接	或	电感器、线圈、绕组	
导线的不连接		有磁芯的电感器	
接地一般符号		有两个抽头的电感器	

符号名称及说明	图形符号	符号名称及说明	图形符号
接机壳		具有两个电极的压电晶体	
电阻一般符号		半导体二极管一般符号	
可变电阻		发光二极管	
带滑动触点的电阻		三极晶闸管	
反向阻断三极晶闸管 P 型门板（阴极端受控）		单相同步电动机	
反向导通三极晶闸管 N 型门板（阳极端受控）		三相笼型异步电动机	
PNP 晶体管		单相笼型有分相抽头的异步电动机	
NPN 晶体管集电极接管壳		三相笼型绕组三角形联结的电动机	
P 型基极单结晶体管		三相绕线转子异步电动机	
N 型基极单结晶体管		步进电动机	
光敏电阻		永磁步进电动机	
PNP 型光敏晶体管		双绕组变压器	或
换向或补偿绕组		三绕组变压器	或
串励绕组		自耦变压器	或
并励或他励绕组		电抗器、扼流图	或
电刷		铁芯变压器	

符号名称及说明	图形符号	符号名称及说明	图形符号
串励直流电动机（M）或发电机（G）		有屏蔽的变压器	
他励直流电动机（M）或发电机（G）	n↑	一个绕组有中间抽头的变压器	
并励直流电动机（M）或发电机（G）	n↓	三相自耦变压器	
复励直流电动机（M）或发电机（G）		饱和电抗器框图	
磁放大器框图		手动开关一般符号	
直流变流器		按钮（不闭锁）	
整流设备、整流器		拉动开关（不闭锁）	
桥式全波整流器		旋动开关（闭锁）	
动合常开触点开关通用符号	或	脚踏开关	
动断（常闭）触点		压力开关	
先断后合转换触点		液面开关	
中间位置断开的双向触点		凸轮动作开关	
线圈通电时延时闭合的动合触点		行程开关的动合触点	

符号名称及说明	图形符号	符号名称及说明	图形符号
线圈通电时延时断开的动断触点		行程开关的动断触点	
线圈断电时延时断开的动合触点	或	双向操作的行程开关	
线圈断电时延时闭合的动断触点	或	带动合和动断触点的按钮	
线圈通电和断电都延时的动合触点		接触器的动合触点	
线圈通电和断电都延时的动断触点		接触器的动断触点	
热敏自动开关的动断触点		信号灯	
热继电器的动断触点		闪光型信号灯	
隔离开关		电喇叭	
接近开关的动合触点		电铃	
继电器线圈一般符号		报警器	
欠电压继电器线圈	$U<$	蜂鸣器	
过电流继电器的线圈	$I>$	双向二极管（交流开关二极管）	
热继电器热元件		双向三极晶闸管（三端双向晶闸管）	
缓释放继电器的线圈		光耦合器（光隔离器）	

符 号 名 称 及 说 明	图 形 符 号	符 号 名 称 及 说 明	图 形 符 号
缓吸合继电器的线圈		NPN 型，基极连接未引出的达林顿型光电耦合器	
缓吸合和释放的继电器线圈		脉冲发生器	
快速动作继电器的线圈		频率可调的正弦波发生器	
熔断器一般符号		或门	
接插器件		与门	
非门、反相器		边沿下降沿 JK 触发器	
异或门		T 型触发器（二进制分频器、补码元件）	
与非门		高增益运算放大器	
RS 触发器、RS 锁存器		放大倍数为 1 的反向放大器	
边沿上升沿 D 触发器		编码器、代码转换器	

参 考 文 献

[1] 麦崇裔. 电机学与拖动基础(第二版)【M】. 广州:华南理工大学出版社,2006.
[2] 麦崇裔,苏开才. 电力电子技术基础【M】. 广州:华南理工大学出版社,2003.
[3] 浙江天煌科技实业有限公司. DDSZ-1型电机及电气技术实验装置实验指导书【M】. 杭州:内部资料。
[4] 浙江天煌科技实业有限公司. KH系列机床电气技能培训考核实验装置实验指导书(第一版)【M】. 杭州:内部资料。
[5] 许翠,王淑英. 电气控制与PLC应用(第三版)【M】. 北京:机械工业出版社,2007.
[6] 吴丽,梅杨. 电气控制与PLC应用技术【M】. 北京:机械工业出版社,2008.
[7] 田淑珍. 工厂电气控制设备及技能训练【M】. 北京:机械工业出版社,2007.
[8] 熊幸明,陈有卿,曹开才. 工厂电气控制技术【M】. 北京:清华大学出版社,2005.
[9] 陈立定,吴玉香,苏开才. 电气控制与可编程控制器【M】. 广州:华南理工大学出版社,2001.
[10] 田效伍. 电气控制与PLC应用技术【M】. 北京:机械工业出版社,2006.
[11] 王炳实. 机床电气控制(第三版)【M】. 北京:机械工业出版社,2004.
[12] 姚永刚. 机床电器与可编程序控制器【M】. 北京:机械工业出版社,2008.
[13] 余雷声,方宗达. 电气控制与PLC应用【M】. 北京:机械工业出版社,1998.
[14] 李道霖. 电气控制与PLC原理及应用(西门子系列)【M】. 北京:电子工业出版社,2004.
[15] 马宏骞,刘佳鲁. 电气控制技术【M】. 大连:大连理工大学出版社,2005.